膜生物反应器法
污水处理原理

Principles of Membrane Bioreactors for Wastewater Treatment

朴喜登（Hee-Deung Park）

［韩］ 张仁星（In-Soung Chang）　著

李光珍（Kwang-Jin Lee）

王志留　张向涛　译

乔国刚　审校

U0285539

中国建筑工业出版社

著作权合同登记图字：01-2021-5050 号

图书在版编目（CIP）数据

膜生物反应器法污水处理原理/（韩）朴喜登，（韩）
张仁星，（韩）李光珍著；王志留，张向涛译. —北京：
中国建筑工业出版社，2022.12
书名原文：Principles of Membrane Bioreactors
for Wastewater Treatment
ISBN 978-7-112-28047-6

Ⅰ.①膜… Ⅱ.①朴…②张…③李…④王…⑤张
… Ⅲ.①生物膜反应器-污水处理-研究 Ⅳ.①X703

中国版本图书馆 CIP 数据核字（2022）第 186955 号

责任编辑：刘颖超　程素荣
责任校对：王　烨

膜生物反应器法污水处理原理
Principles of Membrane Bioreactors for Wastewater Treatment
　　　朴喜登（Hee-Deung Park）
［韩］　张仁星（In-Soung Chang）　　著
　　　李光珍（Kwang-Jin Lee）
王志留　张向涛　译
乔国刚　审校

＊

中国建筑工业出版社出版、发行（北京海淀三里河路 9 号）
各地新华书店、建筑书店经销
北京科地亚盟排版公司制版
人卫印务（北京）有限公司印刷

＊

开本：787 毫米×1092 毫米　1/16　印张：17¼　字数：426 千字
2023 年 6 月第一版　　2023 年 6 月第一次印刷
定价：**78.00** 元
ISBN 978-7-112-28047-6
　　　（40122）

版权所有　翻印必究
如有内容及印装质量问题，请联系本社读者服务中心退换
电话：（010）58337283　QQ：2885381756
（地址：北京海淀三里河路 9 号中国建筑工业出版社 604 室　邮政编码：100037）

序　言

　　膜生物反应器（MBR）技术是生物处理与膜分离技术相结合的污水处理方法。MBR技术在20世纪60年代末由史密斯及其团队首次提出，但当时并没有引起重视。在20世纪90年代中期，MBR技术在污水处理和污水回用中发挥着重要作用。严格的污水排放法规、污水回用需求的增加以及膜产品价格的降低，使得MBR技术获得广泛的应用。

　　随着MBR技术的普及，环境科学与工程的学生以及相关学科、污水处理行业的工程师需要了解该技术原理与应用。尽管如此，适合学生和专业人员了解该技术原理和应用的书籍不多。然而，这些书籍主要介绍MBR运行过程中技术的发展和大型MBR工程案例分析。因此，需要一本详细介绍MBR理论知识、适当的设计案例和运行管理经验的书提供给相关人员使用。

　　本书重点介绍了MBR技术的基本原理，如生物处理、膜过滤和膜污染，同时介绍了MBR技术的应用，包括运行、维护、设计和案例研究。本书将MBR技术的综合知识按照循序渐进的学习过程介绍给学生和污水处理工程师，最后结合实际案例介绍MBR技术原理核心章节中遇到的问题。

　　本书是一本主要为高年级本科生和研究生设计的教科书。全书由介绍性章节（第1章），核心技术章节（第2章到第4章）和技术应用章节（第5章到第7章）组成。核心技术章节介绍生物法处理的基本原理、膜过滤和膜污染，占本书内容的2/3。书中的案例能够帮助读者清楚地理解生物法用于污水处理的基本概念和原理，有助于学生更深入地学习相关理论知识。技术应用章节包括运行、维护、设计和案例研究，是MBR技术3个主要章节的延伸，有助于读者深入理解和掌握核心章节的内容。

　　MBR技术的核心是利用微生物代谢来处理污水。从这个意义上来说，MBR工艺类似于传统活性污泥法（CAS）。然而，如果我们仔细探究MBR工艺中生物反应器的设计和运行，就会发现两个工艺存在不同。比如，MBR工艺与传统活性污泥法（CAS）相比，需要更长的污泥停留时间（SRT），较长的污泥停留时间（SRT）会导致不同的处理性能和其他相关情况。因此，第2章介绍了生物法处理的基本原理（包括微生物学、化学计量学、动力学和质量平衡等），阐述了采用MBR工艺的污水处理厂生物反应器的生物法处理过程，说明其在设计和运行方面，不同于传统活性污泥法（CAS）中的生物反应器。

　　MBR工艺采用微滤或者超滤膜代替传统活性污泥法中的沉淀池（或者二沉池），从活性污泥中分离污水。膜分离技术可以克服沉淀池的缺点，出水几乎没有悬浮物。然而，使用膜也会存在膜污染的问题。MBR工艺的稳定运行很大程度上取决于系统的合理设计和运行以减少膜污染。第3章和第4章将有助于理解膜过滤现象和膜污染问题，特别是其中对膜过滤理论、膜材料和膜结构、污染现象和特征以及减少膜污染的阐述。

　　第5章到第6章从实际应用的角度对采用MBR工艺污水处理厂的设计、运行和维护进行叙述，涵盖了MBR污水处理厂的设计、运行案例和注意事项。第7章运用核心章节中介绍的理论知识来解释 MBR 技术在实际应用中遇到的相关问题。这样的内容编排，对工程师、学生理解和掌握 MBR 污水处理工艺会有所帮助。

MBR 技术的研究已经成熟，目前，世界范围内有数千个较大规模的 MBR 污水处理厂在运行。希望让更多的人熟知 MBR 知识和信息启发我们编写这本书。在过去的两年时间里，我们致力于更清晰地阐释 MBR 技术，更好地理解 MBR 基本理论。本书是我们努力的成果，希望能够为今后丰富 MBR 技术的成功应用做出贡献。

我们借此机会对支持本书出版的机构和相关人员表示感谢。首先要感谢高句丽大学参加 ACE946 课程的研究生。他们对第 2 章到第 6 章书稿中的错误进行了纠正。除此之外，感谢湖西大学宋俊宏对本书绘图的帮助，特别感谢萨曼莎·勒特对全书进行校对勘误并提出了许多建设性意见。也要感谢 CRC 出版社的策划编辑李明良，没有他的建议和鼓励，我们将无法完成这本书。最后，我们感谢我们的家人在漫长的工作时间里给予的理解和支持。

朴喜登　张仁星　李光珍

中 文 版 序

2021 年是"十四五"的开局之年，也是开启全面建设社会主义现代化国家新征程的起步之年。2022 年作为实施"十四五"的重要一年，"碳达峰"和"碳中和"依然是这一年的主旋律。"碳达峰"和"碳中和"将成为未来 40 年影响中国经济发展的重要战略。为实现"碳达峰"和"碳中和"的紧迫目标，中国将全面加快建设绿色低碳循环发展经济体系，生态环境保护也将进入污染与碳减排协同治理的新阶段。在碳达峰、碳中和纳入生态文明建设整体布局的背景下，污水处理与资源化技术必将朝着"绿色低碳化"的方向迈进，给膜法污水处理技术的发展带来了严峻挑战，也为技术的更新迭代带来了重要机遇。在绿色低碳要求下实现膜法污水处理的理论与技术创新，对于支撑双碳背景下膜法污水处理技术的可持续发展具有重要意义，是膜技术领域亟需突破的关键科技问题。

近年来，环境功能质量提升需求驱动膜法污水处理技术发展迅速，市政污水和工业废水处理领域膜法污水处理技术被广泛应用。截至 2021 年，我国已有超过 500 座 MBR 市政污水处理工程（仅统计处理规模＞1 万 m^3/d），总处理规模超 1600 万 m^3/d。在工业废水处理与循环利用方面，膜法处理技术在石油化工、煤化工、钢铁、生物医药、微电子等废水处理中均有应用。MBR 在石油化工和综合产业园区废水处理中使用比例达 58％～75％。截至 2021 年，我国有 300 余座大型工业废水 MBR 处理工程（70％左右的工程处理能力达 1 万～5 万 m^3/d）。

2020 年，译者在做一个膜处理相关的项目时候，对国内外多本膜处理相关介绍的书籍进行了查阅。当查到本书时，觉得书的内容有趣且知识性强，于是就萌生了翻译出来的想法。本书分别由从事岩土渗流及地下水处理的王志留和长期从事水处理、污水资源化一线工作的张向涛翻译。全书共 42.6 万字，王志留翻译了大约 22.6 万字，张向涛翻译了约 20 万字，经过无数次讨论，历时两年时间，最终完成翻译。期间得到了许多同行的指导，在此再次表示衷心的感谢。

希望本书能为开展污水处理研究的学者提供一份宝贵的专业参考书籍。书中翻译受作者水平所限，若有不足之处，恳请各位专家和学者批评指正。

王志留　张向涛

目 录

第1章

引　言

早在 100 多年前的 1914 年，阿登和洛基特在英国萨维胡姆污水处理厂使用了"活性污泥法"。他们发现，在微生物（如活性污泥）的协助下向半连续的反应器中曝气可以产生净水效果。用活性污泥法或者活性污泥工艺来处理污水，这一技术的发现，推动了公共卫生和环境保护方面的社会变革。

活性污泥法是一项可靠、经济、重要的技术，大大改善了我们日常生活的环境质量，在废水和污水处理中有很多优点。随着世界人口稳步增长并集中在大城市，活性污泥法污水处理技术让我们生活在更加干净、安全的水环境中。

由于对水生生物的保护和对更干净水环境的需求，污水处理厂出水水质标准变得更加严格。同时，气候变化加剧了降雨分布不均，使得水资源变得更加珍贵，也提出了加大污水回用水量的要求。在水资源短缺期间，大量、持续排放的污水不得不作为水资源重复利用。

膜法污水处理技术作为一种先进的处理工艺能够满足出水水质和污水回用的要求。膜生物反应器结合生物处理技术和膜分离技术能够同时达到以上两项要求。近 20 年来，随着膜产品价格的降低，膜生物反应器获得广泛应用。

从 20 世纪 90 年代中期开始，膜生物反应器市场稳定发展。参考弗罗斯特和沙利文的研究，膜生物反应器的市场在 2011 年的 8.382 亿美元，预计到 2018 年有望达到 34.4 亿美元，平均年增长率达 22.4%。在中东和非洲等水资源短缺地区，膜生物反应器的市场得到了快速增长。

1.1　膜生物反应器的介绍

1.1.1　膜生物反应器的原理

膜生物反应器是一种结合生物反应器和膜分离的污水处理技术。其中的生物反应器与活性污泥工艺中的曝气池具有相似功能，在生物反应器中依靠活性微生物处理污水。在膜生物反应器系统中，用孔径为 $0.05\sim0.1~\mu m$ 的多孔膜取代活性污泥工艺中的沉淀池进行泥水分离，如图 1.1 所示，膜生物反应器系统中小孔径的多孔膜可以截留活性污泥絮体、活性细菌和较大的颗粒。

膜生物反应器出水水质较好，几乎检测不出悬浮物。其出水水质与三级废水处理（活性污泥法与深度过滤相结合）出水水质相当。除此之外，膜生物反应器系统中的膜分离替代了沉淀池，与传统的活性污泥法相比，节省了占地面积。膜生物反应器系统的其他特点将在第1.1.3节和第1.1.4节中讨论。

然而，膜生物反应器系统和其他膜法水处理工艺一样，存在膜污染的缺点。膜在过滤过程中不可避免地被活性污泥、悬浮物、有机物和无机物污染（图1.1b）。因此，控制膜污染是膜生物反应器稳定运行的关键因素。实际运行中有多种措施来减缓膜污染，如膜制造商通过对膜表面进行化学改性或膜组件的优化来制作抗污染膜原件，膜运行工程师通过调节过滤周期、定期反冲洗和曝气来延缓膜污染。

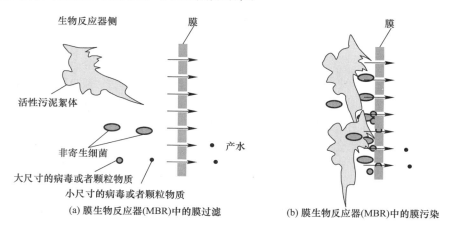

(a) 膜生物反应器(MBR)中的膜过滤   (b) 膜生物反应器(MBR)中的膜污染

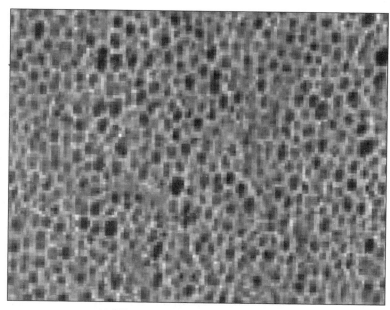

(c) 科隆 Cleanfil-S 膜表面图像（范围为1μm）

图 1.1　MBR 工艺原理示意图

1.1.2　膜生物反应器的历史回顾

1969 年，膜生物反应器在多尔·奥利弗研究项目的资助下由史密斯等人首次引入。为了研发一种没有二沉池且出水水质好的污水处理系统，他们用超滤膜进行泥水分离，在搭建的中试装置中对位于美国桑迪胡克的制造厂产生的污水进行了为期 6 个月的处理试验。

组装在反应器外面的外置式膜组件通过将反应器中的混合液以循环错流的方式通过膜表面来延缓膜污染。在 150～185 kPa 下，流速达到 1.2～1.8 m/s，膜生物反应器中滤速维持在 13.6～23.4 L/(m² · h)。其出水 BOD 一般小于 5 mg/L，对大肠杆菌的完全去除可以达到 90% 保证率。尽管这种采用 "外置式" 膜组件的膜生物反应器（图 1.2a）可以达到高标准的出水水质要求，但为了延缓膜污染，混合液的循环流动使得能耗较高，导致这项技术在工业废水和垃圾渗透液处理中成功应用的案例较少，且膜组件的投资费用高也限制了其在市政污水处理中的大规模应用。

1989 年，山本等人将孔径为 0.1 μm 的聚乙烯中空膜组件直接放到曝气池中使用，这种通过直接固液分离来处理污水的方式带来了膜生物反应器技术上的变革。他们将膜组件直接浸入生物反应器中，采用负压抽吸取代外置式中压力泵驱动混合液的方式来产生过滤液（即产水）。

在低负压（13 kPa）抽吸条件下，水力停留时间为 4 h，容积负荷可达 1.5 kgCOD/(m³ · d)，以运行 10 min、关停 10 min 的开停比间歇式运行，120 d 的运行周期内可连续稳定出水。这种 "浸没式"（图 1.2b）的操作方式，由于降低了能耗，使得膜生物反应器在包括市政污水在内的各种污水处理中得到广泛应用。

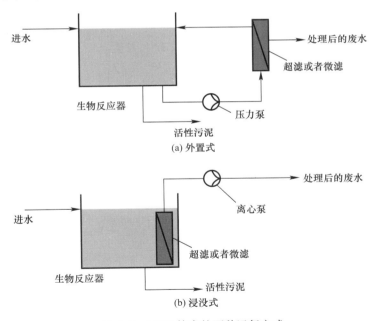

图 1.2　MBR 技术的两种运行方式

由于这种 "浸没式" 膜生物反应器的开发，出现了许多关于膜组件优化、探究最优膜孔径、减少系统运行中膜污染、膜清洗的报道。从 20 世纪中期开始，膜厂商（比如，泽农、库博塔、三菱人造丝、美净）之间的竞争和该理论在实际运行中的数据积累也加速了膜生物反应器的广泛应用。

膜产品价格的下降（每平方米售价从 1992 年的 400 美元，降到 2010 年的 50 美元）

和膜产品质量的提高，以及处理能力大于 50000 m³/d 的大型 MBR 工程的建设，也引发了中东国家、中国和美国等对污水回用必要性的讨论。在 2008 年之后，由于全球经济的衰退，MBR 工程的建设速度有所放缓，但考虑到未来对水环境质量有更高的要求，MBR 技术的应用前景是光明的。

1.1.3 活性污泥法与膜生物反应器的对比

活性污泥法主要利用生物反应器中的活性污泥（活性微生物）处理污水，通过沉淀池或二级澄清池分离处理后的水和活性污泥混合液（主要分离活性污泥形成的悬浮物）。

二沉池并不能完全分离活性污泥，其中密度比较轻的物质会随出水排出。正常的运行条件下，二沉池上清液悬浮物浓度在 5 mg/L 左右。

然而，在 MBR 系统中，活性污泥和水靠分离膜（膜孔径小于 0.1 μm）的筛分作用分离。MBR 系统出水几乎检测不出悬浮物，但是可溶解性物质仍能够透过膜。因此，MBR 系统不需要三级水处理单元，如砂滤和过滤器来去除悬浮物。

活性污泥法和膜生物反应器都利用了生物反应器中的生物降解作用来处理污水。因此，其污水处理的效率取决于生物反应器（将在第 2 章阐明生物动力学表达式）中活性污泥的浓度。但是，在活性污泥法中污泥浓度不能太高，主要受限于污泥在二沉池中的沉降性能。二沉池主要依靠重力沉降和污泥颗粒之间的相互作用达到泥水分离的目的。

沉淀效率随着二沉池中污泥浓度的增加而增加。在活性污泥法处理工艺中，生物反应器中混合液悬浮物浓度最大约在 5000 mg/L 时二沉池可以稳定出水。对于 MBR 系统来说，理论上讲，生物反应器的最大悬浮物浓度没有上限值，但是 8000～12000 mg/L 的污泥浓度是最优值。当出水水质达到标准时，在 MBR 工艺中，较高的污泥浓度对比活性污泥法占地面积较少（如图 1.3 所示，MBR 系统结构更紧凑）。或者说与活性污泥法相比，在生物反应器体积相同时，MBR 系统可以获得更好的出水水质。

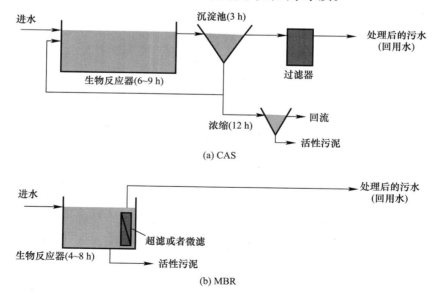

图 1.3 传统活性污泥法（CAS）与 MBR 工艺对比
（括号内的时间表示水力停留时间）

在MBR系统中，较高污泥浓度的另外一个优点是生物反应器中通过微生物内源消化产生的污泥量较少。因为污泥的降解率与微生物浓度呈正比（详细内容将在第2章中讨论），MBR系统中的剩余污泥更少，也降低了与污泥处理相关的成本。

污泥停留时间是生物反应器的一个重要的参数，与出水水质和生物反应器中的悬浮物浓度息息相关。污泥停留时间用来表征生物反应器中污泥的平均停留时间（固体颗粒从进入生物反应器到流出的平均时间）。污泥停留时间可以用生物反应器中总污泥浓度除以每日排泥速率来估算。总的来说，随着污泥停留时间的增加，污水处理效率增加，污染物浓度降低。MBR系统延长了污泥停留时间（通常大于20 d），相对于活性污泥法（通常为5～15 d）而言，有助于提高出水水质。

在许多采用活性污泥法的工程中，污泥停留时间一般受二沉池排泥速率的影响。然而，活性污泥法中剩余污泥的浓度很难控制精确，二沉池中活性污泥的沉淀性能会影响剩余污泥的浓度。在MBR系统中，剩余污泥是从生物反应器中直接排出的（悬浮物浓度等于剩余污泥浓度）。这样，污泥停留时间可用生物反应器的体积除以污泥的流出速率，因此，MBR系统中污泥停留时间可以得到有效的控制。

如前所述，MBR有很多优点，例如出水水质好（膜对活性污泥的有效截留）、占地面积小（省去了二沉池，生物反应器更加紧凑）、剩余污泥少（悬浮物浓度高）、污泥浓度控制更加精确（省去了二沉池）。但是，MBR工艺也存在与膜组件相关的一些缺点。

膜组件安装的操作过程具有一定的复杂性。这种复杂性主要与膜的维护和清洗相关。膜很容易被污染（有机和无机物堵塞膜孔），膜组件需要多种运行和维护方案以延缓膜污染（详细内容将在第5章中讨论）。

在过去的20年里，虽然膜组件价格大大下降，但是膜组件安装会产生额外费用。为了延缓膜污染而采取的措施，比如"浸没式"膜生物反应器需要使用的曝气，"外置式"膜生物反应器采取的循环流动都增加了额外的费用。有时，MBR系统运行的用电能耗费用是活性污泥法的2倍。除此之外，MBR系统运行时会产生更多的生物泡沫，这给运行维护带来了不便。MBR与CAS（活性污泥法）优缺点的对比见表1.1。

MBR与CAS技术优缺点对比 表1.1

优点	（1）处理之后的水质较好，可以回用。此外，可以去除大部分的病原菌和一些病毒
	（2）占地面积少，省去了二沉池，生物反应器尺寸较小
	（3）剩余污泥量少
	（4）污泥停留时间容易控制
缺点	（1）工艺和运行更加复杂
	（2）投资和运行费用较高
	（3）发泡倾向更加严重

摘自：Judd，S.，Trends Biotechnol.，26(2)，109，2008.

1.1.4 膜生物反应器的操作条件和性能

正如先前提到的，MBR运行时污泥浓度较高、污泥停留时间更长，这些运行条件允许生物反应器在高有机负荷和低污泥负荷条件下运行。高有机负荷意味着MBR工艺与活性污泥法相比，生物反应器结构更加紧凑。低污泥负荷率的MBR运行过程为生长速率低的菌类（如硝化细菌）创造了有利条件。其他操作因素，如生物反应器中溶解氧浓度和污泥回流用于对氮素的去除与活性污泥法相似。典型的 MBR 运行条件见表 1.2。

与活性污泥法相比，MBR 工艺出水水质更好，主要归功于膜组件对悬浮物的高效去除。尽管在活性污泥法中，稳定运行的二沉池可以使出水的悬浮物浓度维持在 5 mg/L，但 MBR 系统可以依靠膜组件过滤几乎完全截留生物反应器中的悬浮物，出水悬浮物浓度可低至 0.2 mg/L。众所周知，悬浮物组份中含有大量有机物和氮磷化合物，MBR 系统的出水水质较活性污泥法高就不足为奇了。另外，由于 MBR 系统的污泥停留时间较长，特别是冬天能够更加稳定地去除氨氮，更有效地去除降解速率较慢的有机物。典型的 MBR 系统的运行条件和出水水质见表 1.2。

典型的 MBR 系统运行条件和出水水质 表 1.2

分类	单位	典型值	范围
运行条件			
COD 负荷	kg/(m³·d)	1.5	1.0～3.2
混合液悬浮物浓度	mg/L	10000	5000～20000
混合液挥发性悬浮物浓度	mg/L	8500	4000～16000
有机负荷率	g COD/(g MLSS·d)	0.15	0.05～0.4
污泥停留时间	d	20	5～30
水力停留时间	h	6	4～9
通量	L/(m²·h)	20	15～45
负压	kPa	10	4～35
溶解氧	mg/L	2	0.5～1.0
出水水质			
BOD	mg/L	3	<5
COD	mg/L	20	<30
NH₃	mg N/L	0.2	<1
TN	mg N/L	8	<10
悬浮物浓度	mg/L	0.1	<0.2

摘自：Tchobanoglous, G. et al., Wastewater Engineering: Treatment and Reuse, 4th edn., Metcalf and Eddy Inc., McGraw-Hill, New York, 2003.

1.2 MBR 的研究和发展方向

1.2.1 膜和膜组件

MBR 系统中用的膜材料可以分为两类：有机材料和无机材料。有机材料是应用最广泛的膜材料，无机材料因其耐久性好和抗化学腐蚀开始引起关注。

有机膜材料包括聚乙烯（PE）、聚偏氟乙烯（PVDF）、聚四氟乙烯（PTFE）、聚丙烯（PP）、聚丙烯腈（PAN）、聚醚砜（PES）、聚砜（PS），均已被用来制作膜。在这些材料中，聚偏氟乙烯是最常用的材料。聚偏氟乙烯因其较高的机械性能，克服了韧性差的缺点。PVDF 膜的耐久性也使得聚偏氟乙烯在 MBR 系统中获得广泛应用。

前沿和高科技在生物法污水处理装置中应用不多。然而，近 20 年来，因纳米科学和分子生物学技术领域的不断进步，展现出了解决 MBR 系统膜污染问题的巨大潜力，例如在膜中加入碳纳米管或富勒烯，用以削减微生物在膜表面和微孔上的沉积和吸附。

膜产品可制作成平板（FS）、中空（HF）和管式（MT）等不同类型（在第 3 章中会详细介绍）。平板和中空膜元件常用于"浸没式"MBR 膜组件，管式膜元件广泛应用于"外置式"MBR 膜组件。所有类型的膜产品都已成功应用于 MBR 系统中。装填面积大的膜组件可以节省占地面积。增加平板膜的片数可以增加装填面积，在一定区域内，增加中空纤维膜的密度或者增加中空纤维膜的长度可以增加中空纤维膜组件的装填面积（图 1.4）。

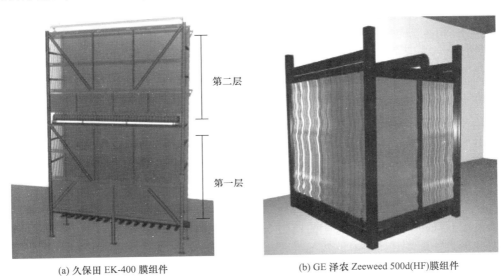

（a）久保田 EK-400 膜组件　　　　（b）GE 泽农 Zeeweed 500d(HF)膜组件

图 1.4　高装填面积膜元件

提高曝气装置的效率可以减少曝气能耗。一般曝气装置是置于膜组件下面带孔的管道。在一定的压力和流速条件下，孔径的大小需要通过试验来确定。循环曝气和间接曝气是提高曝气性能、减少曝气能耗的有效途径。

除了传统的曝气形式外，膜元件制造商开发了脉冲曝气，通过阀门控制空气进入量。西门子公司开发的脉冲曝气和通用电气公司开发的高低曝气是两种代表性曝气装置。这两种曝气装置都声称是有效、低能耗的曝气系统。

1.2.2　运行和维护

当前，MBR 系统重要的研发问题就是降低运行和维护成本（主要是能耗）以及控制膜污染。因此，MBR 技术总的发展趋势都集中在长期运行时能耗降低和膜污染控制。在实际应用中，活性污泥法和 MBR 系统在运行和维护费用方面的区别在于能耗和替换膜的费用。图 1.5 显示了活性污泥法和 MBR 系统在处理市政污水过程中操作和维护费用的估算。

MBR 系统中浸没式膜组件与外置式膜组件相比，降低了能耗。浸没式膜组件也有固有的缺点，比如末端过滤。外置式膜组件是错流过滤，流体的流动延缓了污泥在膜表面的沉积。浸没式膜组件需要额外的剪切力来控制污泥在膜表面的沉积，因此，就需要曝气系统来控制膜污染。

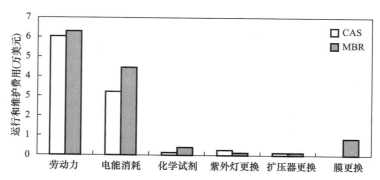

图 1.5　活性污泥法和 MBR 污水处理厂在生命周期内运行费用（2012 年按美元计算）的对比
（基于进水流速为 18927 m³/d，出水水质满足 20 mg/LBOD，20 mg/LSS，10 mg/LTN；
而且污水最低温度为 12 ℃，每小时峰值流量因子为 2，估算时省去了初沉池）

　　曝气系统需要提供大量和过量的曝气来延缓污泥在膜表面的聚集。这也导致了能耗的增加和污泥絮体的分解，与外置式膜组件相比节省了装置配制。采用曝气系统的浸没式膜组件降低了膜组件的污染速度，延长了系统运行周期。

　　从 20 世纪末开始，关于通过有效曝气削减膜污染的基础研究开始增多。高效、创新和经济的曝气装置开始在学术界和商业界不断研发和实践。上田等人用中空纤维浸没式膜组件开展了削减膜污染有效曝气系统的广泛研究，通过测试气体上升速率与膜污染的关系确定了最优的气体流速，超过这一流速阈值无法起到延缓膜污染的作用。这一研究成果的发现，在不额外消耗气体供应的情况下，为曝气装置的设计提供了依据。

　　通过大气泡曝气可促使 MBR 系统生物反应器内的生物载体移动，其与膜表面的摩擦减缓了膜污染，提高了 MBR 系统的处理能力。通用电气公司开发出一种新型的周期性曝气装置（即 10 s 曝气，10 s 停止），减少了曝气的能量消耗，也大大减少了曝气量。

　　不同类型的新型曝气系统在不断开发，多种形式的曝气方法在商业中不断应用。在降低曝气能耗方面仍有很大的空间，在不构成侵权的前提下，各厂商也在积极开发自己的曝气策略和设备。

　　除了大气泡曝气之外，不同的运行操作方法也有报道。反冲洗（水从渗透侧穿过膜）是降低膜污染和跨膜压差的重要方法。反冲洗时加入氧化剂（比如次氯酸盐）可以除去沉积在膜表面的污泥。暂停运行是减少污泥在膜表面沉积的另一种方法。优化反洗和暂停运行的周期也有学者进行研究。

　　化学清洗也可以减少或去除膜污染。选择合适的化学试剂种类、试剂的浓度和接触时间是化学清洗污染膜的关键。高效的化学清洗延长了膜的运行周期，相应也减少了需要清洗的次数。在第 5 章中将对这方面进行详细的介绍。

　　在 MBR 系统中的生物反应器内直接加入化学试剂或酶可以降低膜污染。氯化铁或者硫酸铝常用作絮凝剂，通过与 MBR 系统中的生物反应器内的可溶性物质和胞外聚合物发生絮凝反应来降低膜污染。纳尔科公司将名为 MPE30 和 MPE50 的高分子絮凝剂进行商业化，这些高分子絮凝剂对可溶性细菌和颗粒物质产生有效的絮凝作用，提高了膜的抗污染性。尹等人证明，在 MBR 系统中的生物反应器内加入 100 mg/L 的 MPE，降低了可溶性糖类的浓度，抑制了跨膜压差的增加。额外加入的 MPE 保证了 MBR 系统在高有机负荷下的稳定运行。

另一个降低膜污染的方法是利用微生物群体之间的行为调控机制。随着微生物学的发展，微生物的群体行为调控机制逐渐被发现。其主要是依靠微生物的分泌物作为微生物间交流媒介的自诱导剂，来感应菌群密度的变化包括形成菌群生物膜的发展变化情况。如果通过外部加入或者微生物可以分泌一种酶或者自诱导剂，用以降解沉积在膜表面的物质或者在膜表面形成的生物膜，就能够有效抑制膜污染。李在首尔大学的研究团队研究发现，包覆在多孔膜表面的微生物群体行为调控机制能够有效减少 MBR 生物反应器中的膜污染。基姆等人针对包覆在多孔膜表面菌群开展研究也发现了类似的现象。尽管这些研究还处于实验室开发阶段，相信在不久的将来能够应用在工程实践中。

1.2.3　MBR 研发的展望

MBR 研发的当前和未来趋势可能面临的最大问题——能源消耗。膜污染与能耗紧密相连，减少 MBR 系统的膜污染，是未来保证 MBR 技术低能耗的关键。此外，由于大多数国家面临水资源短缺问题，工业废水和市政污水的回用率正在增加。MBR 技术在中水回用领域存在巨大潜力。MBR 技术与反渗透技术或者 MBR 技术与高级氧化工艺的组合也是污水回用的典型的例子，但是这些集成的技术在经济性和合理性方面还有很大的提升空间。

MBR 技术中各个知识体系如膜性能、膜组件和操作、维护的发展等内容，将分别在 2.2.1 和 2.2.2 节中论述。就整个水处理过程而言，利用高浓度微生物的厌氧消化技术可以产生沼气，沼气作为能源供给超微滤系统。这样看来，MBR 技术是一个可以产生能源和饮用水的关键技术。厌氧 MBR 技术的一个难题就是微生物在膜表面的沉积引起的膜污染。在厌氧 MBR 中进行大气泡曝气是解决膜污染的方法，但是在厌氧消化环境中，溶解氧的存在会使厌氧细菌活性降低。研究者可使用厌氧产生的沼气曝气来达到这个目的。

香农等人论证了 MBR 技术和反渗透技术结合后的系统出水水质达到饮用水的标准的可行性。如果 MBR 用的是微滤膜，大量的可溶性物质和胶体就会通过膜。但是如果 MBR 用的是小孔径的超滤膜，这些物质的数量就会减少，更能保证 MBR 后置的反渗透膜稳定运行。反渗透之后增加消毒设备可以使出水达到饮用水水质的标准。

▶▶▶　参考文献

Judd, S. (2008) The status of membrane bioreactor technology, Trends in Biotechnology, 26(2): 109-116.

Kim, S. -R., Oh, H. -S., Jo, S. -J., Yeon, K. -M., Lee, C. -H., Lim, D. -J., Lee, C. -H., and Lee, J. -K. (2013) Biofouling control with bead-entrapped quorum quenching bacteria in membrane bioreactors: Physical and biological effects, Environmental Science and Technology, 47(2): 836-842.

Kolon Industries Inc., http://kolonmembr.co.kr/, 2014.

Lee, W. -N., Kang, I. -J., and Lee, C. -H. (2006) Factors affecting filtration characteristics in membrane-coupled moving bed biofilm reactor, Water Research, 40(9): 1827-1835.

Mishima, I. and Nakajima, J. (2009) Control of membrane fouling in membrane bioreactor process by coagulant addition, Water Science and Technology, 59(7): 1255-1262.

Oh, H. -S., Yeon, K. -M., Yang, C. -S., Kim, S. -R., Lee, C. -H., Park, S. Y., Han, J. Y., and Lee, J. -K.

（2012）Control of membrane biofouling in MBR for wastewater treatment by quorum quenching bacteria encapsulated in microporous membrane, Environmental Science & Technology, 46(9): 4877-4884.

Shannon, M. A., Bohn, P. W., Elimelech, M., Georgiadis, J. G., Marinas, B. J., and Mayes, A. M. (2008) Science and technology for water purification in the coming decades, Nature, 452(20): 301-310.

Smith, C. V., Gregorio, D. D., and Talcott, R. M. (1969) The use of ultrafiltration membranes for activated sludge separation, 24th Annual Purdue Industrial Waste Conference, Lafayette, IN, pp. 130-1310.

Tchobanoglous, G., Burton, F. L., and Stensel, H. D. (2003) Wastewater Engineering: Treatment and Reuse, 4th edn., Metcalf and Eddy Inc. /McGraw-Hill, New York.

Ueda, T., Hata, K., and Kikuoka, Y. (1996) Treatment of domestic sewage from rural settlements by a membrane bioreactor, Water Science and Technology, 34: 189-196. Water World, http://www.waterworld.com, 2014.

Yamamoto, K., Hiasa, M., Mahmood, T., and Matsuo, T. (1989) Direct solid-liquid separation using hollow fiber membrane in an activated sludge aeration tank, Water Science and Technology, 21: 43-54.

Yoon, S. -H., Collins, J. H., Musale, D., Sundararajan, S., Tsai, S. -P., Hallsby, G. A., Kong, J. F., Koppes, J., and Cachia, P. (2005) Effects of flux enhancing polymer on the characteristics of sludge in membrane bioreactor process, Water Science and Technology, 51(6-7): 151-157.

Young, T., Muftugil, M., Smoot, S., and Peeters, J. (2012) MBR vs. CAS: capital and operating cost evaluation, Water Practice & Technology, 7(4): doi: 10. 2166/wpt. 2012. 075.

第2章

生 物 法 水 处 理

膜生物反应器工艺结合生物法污水处理技术和膜分离技术的特点，因而出水水质高，悬浮物浓度极低。然而，如果微生物的生长环境不能够维持稳定，膜生物反应器的出水水质就得不到保证。污水中的污染物（比如有机物和可生物降解的物质，无机物和悬浮态胶体）主要依靠膜生物反应器中的活性微生物进行降解。此外，微生物絮体的特征（比如丝状微生物的大小和含量）都影响生物反应器的处理性能，影响膜的污染特性。保持出水水质稳定有必要使膜生物反应器中进行恰当的运行。深刻理解生物法水处理工艺原理是膜生物反应器设计和优化运行的基础。

本章包含生物法水处理的原理，比如微生物学、微生物化学计量学、动力学、物质平衡和过程，能够帮助读者更好地理解膜生物反应器中生物法水处理工艺的基本框架。污泥停留时间长和污泥浓度高是膜生物反应器有别于传统活性污泥法的特征。本章将对生物法水处理工艺在活性污泥法和膜生物反应器系统的相同和不同之处进行对比。

2.1　反应器中的微生物

膜生物反应器中的微生物将进水中的溶解态和颗粒态的污染物进行降解。即有机污染物大部分被氧化成二氧化碳和水，氨氮（一种无机污染物）被氧化为氮气。微生物形成的絮体能够吸附进水中的悬浮物和胶体颗粒。这种转化和吸附产生的新的絮体和颗粒通过恰当的方式排出膜生物反应器。

膜生物反应器中的微生物主要是絮状微生物，而不是浮游生物。反应器中的微生物有的凝聚形似钟状，在低倍显微镜下看起来像棕色的"云"或者"棉花糖"（图 2.1a）。有时，自由游动的纤毛虫在云状物质周围移动。这些微生物絮体主要由细菌和细菌分泌的物质组成。细菌围绕着分泌物质聚集，这些细菌分泌物主要是碳水化合物构成的蛋白质和核糖核酸组成的聚合物。

这些细菌分泌的聚合物指的是胞外聚合物（EPS）。用传统的低倍显微镜很难清楚地确认细菌的絮体，但在用化学试剂染色后使用相差显微镜观察或者用荧光团染色（如 DAPI）后使用荧光显微镜观察，可以清晰地区分出胞外聚合物（图 2.1b）。现代分子技术的发展也有助于识别活性污泥中细菌的功能特征，并对其定量分析。

膜生物反应器中的生物反应器内存在多种类型的微生物。不同种类的微生物随着进水和空气带入生物反应器，这些微生物构成一个开放的微生物群落，这是微生物在 MBR 系统中的主要环境特征。这就使得不同 MBR 系统中微生物群落的结构和组成是随时间而变化的。对于特定结构的反应器和运行条件，生物反应器中特定类型的微生物生长可具有竞争优势，从而能使其富集。微生物群落的结构也是决定生物反应器的功能、性能和稳定性的重要条件。

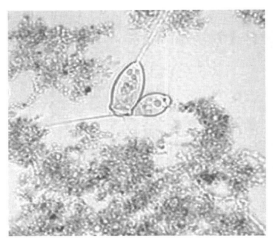 

(a) 光学显微镜观察到微生物絮体的照片　　　　(b) 用荧光素对 DNA 染色后，
　　　　　　　　　　　　　　　　　　　　　　荧光显微镜观察到的微生物絮体

图 2.1　生物反应器中微生物絮体的显微镜照片

　　MBR 系统中的微生物种类与作用和活性污泥法中的基本相同。由于 MBR 系统中生物反应器可以保证较长的污泥停留时间，这一点使得 MBR 系统中的微生物的特征与活性污泥法中的微生物特征稍有不同。与污泥停留时间较短的活性污泥法相比，较长的污泥停留时间有利于生长缓慢的微生物持续生长，从而提高难降解有机物的降解效果，但同时对系统运行不利的菌群亦能够生长，如容易产生泡沫的细菌。污泥停留时间长的另外一个负面影响就是产生了更多的失活污泥，降低了生物反应器中活性污泥的比例。在第 2.4.4 节中将对此进行详细论述。

　　本小节简要描述了生物反应器中发现的微生物，因为许多专著对这些微生物都有提及，包括麦迪根等人的《布洛克：微生物生物学》以及布莱克的《微生物学》（2008）。

2.1.1　微生物的种类

　　微生物通常被定义为肉眼看不到，但需要借助显微镜才可以看到的微小生命体。通常，微生物根据有无细胞核被分为原核微生物和真核微生物。真核微生物是有细胞核的微生物，细胞核里面有核仁，原核微生物没有细胞核，核质分布在细胞质中。除了细胞核，原核微生物和真核微生物也有以下不同：细胞尺寸、细胞器、细胞壁、细胞分裂、有性繁殖（表 2.1）等。原核微生物包括细菌和古细菌，而真核微生物包括真菌、藻类、原生生物和动物（图 2.2）。

　　按照沃瑟和福克斯首次提出的基于 16S rRNA 排列顺序的进化分析，生命形式可以分为三个大类：细菌、古生菌和真核生物。细菌和古生菌都属于微生物，一些在真核生物也属于微生物（比如轮虫）。下面简单介绍一下微生物的种类。

原核和真核微生物之间的对比　　　　　　　　　　　　　　表 2.1

	原核微生物	真核微生物
细胞核膜	不存在	存在
细胞尺寸	0.1～2 μm	10～100 μm
膜结合细胞器	不存在	存在（比如线粒体、叶绿体、高尔基体）
细胞壁	存在	不完全
菌毛	存在	不存在
细胞分裂	二分裂	有丝分裂或者减数分裂
有性繁殖	无性	有性或者无性

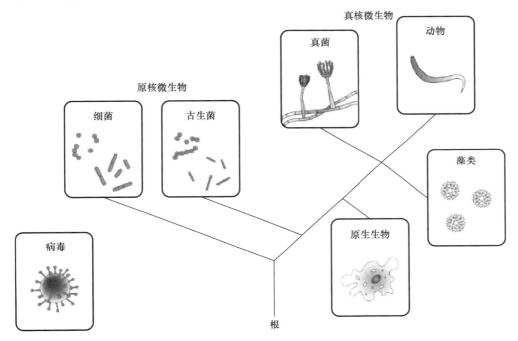

图 2.2　污水处理生物反应器中的微生物

（根据微生物类型的进化，每种类型的微生物树形图，根部表示此类微生物同源）

2.1.1.1　细菌

生物反应器中的微生物大部分由细菌构成，占 90% 以上。从形态上看，这些细菌有球形、棒状和螺旋形，它们分别称为球菌、杆菌和螺旋菌。尽管这些细菌可以以单细胞形式存活，但通常会聚集成一对、链状或者簇状。每一个聚集体大概有 1～2 μm。

正如图 2.3 所示，细胞膜包裹着细菌，同时也保护着细胞内的物质不受外部环境的损毁。细胞膜类似一个非常薄的密闭屏障，除水分子之外其他物质不能自由通过细胞膜，一方面阻止细胞内部的物质流出；另一方面也防止外界异物的进入。细胞质内含有维持细菌生活的重要物质，比如遗传物质、细胞合成和能量传递需要的酶以及传递信号的分子物质。营养物质通过细胞膜上面的孔传入细胞质，代谢废物也通过细胞膜上面的孔排出细胞质。

细胞膜上固定着各种蛋白酶，比如信号传输系统的蛋白酶。细胞膜除了作为渗透的屏

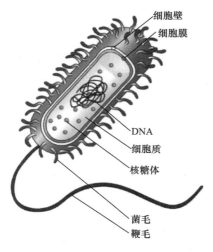

图 2.3　细菌细胞的内部结构

细胞壁
细胞膜
DNA
细胞质
核糖体
菌毛
鞭毛

障，也提供了镶嵌蛋白酶（作为离子和蛋白酶通道）的位点和，质子的移动提供空间从而产生能量。

细胞壁在细胞膜外面，由肽聚糖组成，其结合紧密，并有一定的强度，从而维持细胞形态。在细胞壁上，也有各种附着物（比如鞭毛和纤毛）。鞭毛可以使细菌自由游动，纤毛是细菌感知外界环境的桥梁。

细菌的代谢方式多种多样，通常可以利用各种能源，比如电子供体、电子受体和碳源。细菌代谢的多样性可以有助于处理废水中的各种有机和无机物的降解。利用不同种群细菌的特定能力对处理含有特定污染物的污废水是极为重要的。例如，生物反应器中的聚磷菌通过交替的好氧和厌氧环境可以达到富集磷的目的，从而去除污废水中的磷（参照第 2.6.2 节）。

细菌和其他微生物都可以在其表面富集，逐渐形成生物膜。生物膜与浮游生物细胞膜有很大不同，生物膜由细菌自身分泌的物质（胞外聚合物）聚集形成。胞外聚合物大部分由碳水化合物和蛋白质组成，这些物质有黏性，使生物膜很容易黏附到载体表面。在 MBR 系统中，膜表面形成生物膜是一个很严重的问题，应当调控外部环境以遏制生物膜的形成。熟悉生物反应器中生物膜的形成机制也有助于 MBR 系统的稳定运行。

一些细菌能够分泌生物表面活性剂。在曝气装置的协同作用下，这些细菌大量繁殖导致出现大量的泡沫。在 MBR 系统中，出现泡沫是很严重的问题。尽管形成机制不是十分明朗，但在 MBR 系统运行过程中，曝气速率较高以及污泥停留时间较长给这类细菌创造了良好的生存环境。

2.1.1.2　古生菌

古生菌从形态上看与细菌非常相似。古生菌与细菌一样没有细胞核，但在进化历史、化学成分和基因组织方面与细菌有较大差异。历史上，古生菌归属于细菌类，但如今，古生菌被认为是独立于细菌和真核生物的生物群落。

在曝气生物反应器中可以检测到古生菌，但占比不到微生物总量的 1%。曝气生物反应器通常在低于 30 ℃的中温条件下运行，不太适合古生菌的生存。在曝气生物反应器中检测出来的古生菌可能是由厌氧消化处理单元的污泥回流或者进水带入的。厌氧消化处理单元中存在可以产生甲烷的古生菌，在进水的固体颗粒里面也可能含有古生菌。但是，一些古生菌（比如氨氧化古生菌）也可以在污水处理工艺中的曝气生物反应器中生存、增殖。

2.1.1.3　病毒

病毒个体微小，尺寸通常仅有几十到几百纳米。病毒由简单的遗传物质（比如 DNA 和 RNA）和包裹遗传物质的蛋白质（也叫衣壳）组成。有些病毒在衣壳外面还有一层脂蛋白膜，病毒只能依靠宿主细胞（比如动物、植物、细菌）生存，不能脱离宿主细胞单独生存。活性污泥法中病毒的重要性还不确定，但是含有病毒的宿主细胞排放到水体可能危害人类健康。

欧文和史密斯主要研究在活性污泥法污水处理中某些病毒的去除，基于他们的研究，氯化后的二级出水可以去除肠道病毒、腺病毒和呼肠孤病毒，去除率分别达到 93%、85%

和 28%。与活性污泥法相比，MBR 技术由于采用了孔径比较小的膜（比如超滤可以截留几百种病毒），提高了病毒的去除率。

能够侵袭细菌的病毒叫作噬菌体，在活性污泥法的生物反应器中也会影响微生物群落。巴尔等人发现，随着在生物反应器中聚磷菌噬菌体浓度的增加，磷的去除率下降。但是生物反应器中细菌噬菌体也是有益处的，科泰等人发现，加入导致污泥膨胀的细菌的噬菌体可以抑制污泥膨胀现象。

2.1.1.4　真菌

真菌是不参与光合作用的好氧微生物。它们是由丝状结构的菌丝组成的多细胞微生物（图 2.2）。真菌生长缓慢，但能耐受恶劣的环境，比如低 pH 值、低温和营养匮乏的环境。它们在污水处理中的作用和扮演的角色还不是十分清楚。但是，在污水处理的生物反应器中（包括 MBR 系统），真菌的数量不是很重要。

2.1.1.5　藻类

藻类大部分是单细胞的光合微生物，在水生环境中，藻类是原生动物和鱼类的食物。藻类通过光合作用，把水中溶解的二氧化碳同化为有机物质从而不断生长繁殖。在光合作用中，水被分解为氧和氢，藻类也为自然水体提供氧。但在光照不足的情况下，藻类也消耗水体中的溶解氧。水体中营养充足的时候，藻类可以快速繁殖。

自然水体中，营养充足的现象称为富营养化。水体富营养化可以导致藻类疯狂生长，水体富营养化会产生负面影响，比如因溶解氧消耗、湖泊清晰度下降而危及其他生物、增加湖泊和河口的沉积、影响供水中的嗅和味、造成净水厂滤池堵塞和影响水上休闲活动。藻类不参与 MBR 系统中的污水处理过程，但在有阳光的污水池里可以检测到藻类。

2.1.1.6　原生生物

原生生物是不能进行光合作用的单细胞真核微生物。有些原生生物能够运动，有些不能够运动。它们以细菌和小的有机颗粒为食。在活性污泥系统中，它们在污水处理中起到净化作用。在活性污泥法水处理中，原生生物的存活对降低出水悬浮物浓度起到了重要的作用。在 MBR 系统中依靠膜的筛分作用去除悬浮物，原生生物这种去除悬浮物的作用就显得无关紧要。它们对生物反应器中的有毒物质特别敏感，因此，原生生物也常作为检测有毒物质水平的一个指标。

2.1.1.7　其他种类的真核微生物

在 MBR 系统的生物反应器中，可以看到一些微小的多细胞动物，比如线虫、轮虫和甲壳类动物。尽管在生物反应器中发现这些真核微生物早于其他微生物，但还没有发现关于这些微生物的详细作用的报道。

2.1.2　微生物定量分析

在 MBR 系统设计和运行中，微生物定量分析是非常重要的，因为微生物量直接影响了污染物的去除和污泥的产生速率（参照第 2.3.2 节）。通常采用培养基法（比如平板技术）计量生物反应器中的微生物，但这种方法也存在局限，因为某一培养基很难使反应器中所有种群的微生物都适应培养。

活性污泥中有 1%～15% 的细菌能够培养出来。这种方法的固有缺点很容易造成对生物反应器中微生物量的低估。近 20 年来，基于分子生物学的方法单独培养微生物（比如荧光原位杂交和实时监测聚合酶链式的定量反应）已经克服了这种方法的缺点，但这些方法需要熟练的工程师和昂贵的设备以及复杂的分析工作。

污水处理工程师经常使用间接的定量测试方法测量微生物的量。因为干态的微生物大多数由有机物组成，所以假设可挥发性悬浮固体（VSS）的量与微生物的量有密切关系。可挥发性悬浮固体（VSS）的测量方法简单且测试时间短。测定可挥发性悬浮固体一般是将污泥混合液通过孔径为μm级的玻璃纤维过滤，然后将过滤物在550 ℃下灼烧2 h，称量并计算质量的减少量，就可以得到有机物质量。

可挥发性悬浮固体的量包括来自进水的惰性物质、活性微生物和死亡的微生物。通常认为活性微生物的量占可挥发性悬浮固体量的50%～80%，但确切的比例往往取决于生物反应器的操作条件和污水特征。活性微生物的比例随着污泥停留时间的增加和惰性污泥浓度的增加而减少（参照第2.4.4节）。

2.1.3　微生物的代谢

代谢定义为活性生物体内的生物化学反应，大致可分为复杂的分子降解产生能量（异化作用）和小分子通过消耗能量合成细胞有机体（同化作用）。

微生物一般通过两种方式获取能量，一种是通过氧化还原有机物/无机物来获得能量（化能异养型）；另一种是通过阳光获取（光能自养型）。在污水处理过程中，大多数微生物都是化能营养型，光能营养型微生物不常出现在污水处理中。这些获得的能量用来合成细胞和维持微生物的生存。在生物法水处理中，污水含有这些化合物。根据能量来源的电子供体的不同，微生物可以分为有机营养型（主要利用有机物作为它们的能量来源）和无机营养型（主要利用无机物作为它们的能量来源）。

微生物作为电子受体只有接受电子供体才能完成产生能量的过程。微生物可以利用各种各样的电子供体，一些可以利用溶解氧（比如需氧菌），而另一些可以利用亚硝酸盐、硝酸盐、硫化物和三价铁离子（比如厌氧菌）。

环境工程师将厌氧菌分为缺氧菌和严格厌氧菌。缺氧菌可以利用一些化学氧化物作为电子供体（比如硝酸盐），严格厌氧菌利用一些其他氧化物（比如高价铁离子）作为电子供体。一些微生物既可以利用溶解氧也可以利用其他氧化物作为电子供体（比如兼性厌氧菌）。

所有微生物都需要碳源作为合成细胞的化合物。这些碳源可以是有机碳（比如异养微生物）或者二氧化碳（比如自养微生物）。一些微生物既可以利用有机碳也可以利用二氧化碳（比如兼养微生物）。

依据微生物的代谢类型可将其分成不同种类。比如，氨氧化细菌因参与硝化作用可以分为好氧化能自养型，把氨作为它们的能量来源（可以称为化能营养型生物），氧分子作为电子供体（需氧菌），有机物合成细胞组成成分（自养生物）。表2.2按照微生物能量来源、碳源、最初的电子供体和最终的电子受体的不同进行分类。

2.1.4　微生物中的能量传递

微生物是怎样利用能量繁殖和维持生命呢？有氧呼吸和无氧呼吸是微生物产生能量的两种基本方式。微生物氧化有机物或者无机物（最初的电子供体）产生能量，传递到中间能量载体上，如三磷酸腺苷（ATP），在氧化过程中释放电子，随后传递到电子载体上。

按照能量来源、碳源、最初的电子供体和最终的电子受体进行的微生物的分类　表 2.2

分类标准	分类
能量来源	化能营养型（化学能）
	光能营养型（光能）
碳源	异养型（有机物）
	自养型（二氧化碳）
	兼养型（有机物，二氧化碳）
最初电子供体	有机营养型（有机物）
	无机营养型（无机物）
最终电子受体	好氧型（氧）
	缺氧型（氧以外的氧化物）
	厌氧型（没有分子氧）
	兼性型（氧和其他物质）

如图 2.4 所示，最初电子供体（比如葡萄糖）氧化过程中产生的电子被分散的电子载体捕获，如烟酰胺二核苷酸（$NAD^+ + H^+ + 2e^- \rightarrow NADH$），接着传递到膜上电子传递系统的电子载体上（如 NADH 脱氢酶、黄素蛋白、铁硫蛋白、细胞色素、奎宁），最终被电子受体接受（比如氧）。

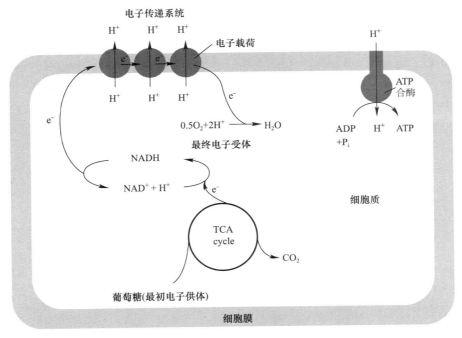

图 2.4　电子从最初电子供体到最终的电子受体
（在这个示意图中，葡萄糖作为最初电子供体，氧作为最终的电子受体）

在电子传递过程中，细胞膜两侧产生质子浓度梯度，质子（H^+）传递到细胞质外，质子用于 ADP 和磷酸盐合成 ATP，这种形式的 ATP 合成过程叫作氧化磷酸化。

微生物获取能量的另外一种方式是厌氧发酵。厌氧发酵与好氧氧化利用外源电子供体

（如氧）不同，其利用的是内源性电子受体。厌氧发酵最终的产物是酸、气体和醇类。一个典型的例子就是酵母菌以甲醇作为内源性电子供体发酵产生乙醇（$CH_3COH + 2H^+ + 2e^- \rightarrow C_2H_5OH$）。在厌氧发酵过程中，捕获电子的电子载体（比如 NADH）没有转移到膜的电子载体上，而是转移给内源性电子受体，ATP 的合成也是在最初的电子受体转移过程完成的。这种 ATP 的合成过程叫作底物磷酸化。

厌氧发酵过程与好氧氧化相比产生的能量较少，发酵产物还含有比较多的能量（如乙醇）。例如，每摩尔的葡萄糖发酵产生乙醇的过程，只产生 10.17 kJ 的能量，相当于每摩尔葡萄糖能量的 1/24。但等量的能量源条件下（每摩尔葡萄糖能量的 1/24），用氧作为电子供体的好氧氧化过程中可以产生 120.07 kJ 的能量。下面可以得到葡萄糖发酵得到乙醇的能量计算式，如下假设：葡萄糖完全氧化成二氧化碳（不是乙醛）；乙醇完全氧化分解生成二氧化碳（不是乙醛），来简化计算式：

$$\frac{1}{24}C_6H_{12}O_6 + \frac{1}{4}H_2O = \frac{1}{4}CO_2 + H^+ + e^-, \Delta G^{o'} = -41.35 \text{kJ/e}^-$$

$$\frac{1}{24}C_6H_{12}O_6 + \frac{1}{4}H_2O = \frac{1}{4}CO_2 + H^+ + e^-, \Delta G^{o'} = -41.35 \text{kJe}^-$$

$$\frac{1}{6}CO_2 + H^+ + e^- = \frac{1}{12}C_6H_{12}O_6 + \frac{1}{4}H_2O, \Delta G^{o'} = 31.18 \text{kJ/e}^-$$

$$\frac{1}{24}C_6H_{12}O_6 = \frac{1}{12}C_2H_5OH + \frac{1}{4}H_2O, \Delta G^{o'} = -10.17 \text{kJ/e}^-$$

在好氧氧化过程中，电子从最初电子供体到最终电子受体的转移过程产生的能量差与氧化还原电位差异相一致。例如，转换成标准单位（所有的反应物和产物都是以摩尔比为单位），在 pH 值为 7.0 条件下，葡萄糖作为初级电子供体，氧作为电子受体，可以得到 120.07 kJ 的能量。但当以葡萄糖作为初级电子供体，硫酸盐为电子受体的时候，仅产生 22.2 kJ 的能量。从氧化还原电位可以推测能量关系式，如图 2.5 所示。

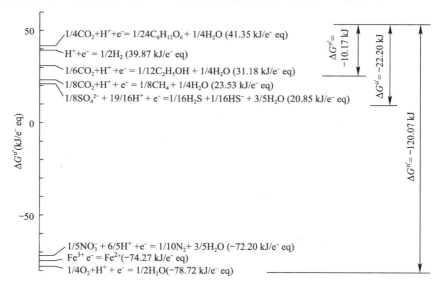

图 2.5　一些化学试剂的氧化还原电位值

（相同的最初电子供体以葡萄糖为例，依最终受体的不同，表现出不同的自由电子转移量）

$$\frac{1}{24}C_6H_{12}O_6 + \frac{1}{4}H_2O = \frac{1}{4}CO_2 + H^+ + e^-, \quad \Delta G^{\circ\prime} = -41.35 \text{ kJ/e}^-$$

$$\frac{1}{4}O_2 + H^+ + e^- = \frac{1}{2}H_2O, \quad \Delta G^{\circ\prime} = -78.72 \text{ kJ/e}^-$$

$$\frac{1}{24}C_6H_{12}O_6 + \frac{1}{4}O_2 = \frac{1}{4}CO_2 + \frac{1}{4}H_2O, \quad \Delta G^{\circ\prime} = -120.07 \text{ kJ/e}^-$$

$$\frac{1}{6}SO_4^{2-} + \frac{4}{3}H^+ + e^- = \frac{1}{6}S + \frac{2}{3}H_2O, \quad \Delta G^{\circ\prime} = 19.15 \text{ kJ/e}^-$$

$$\frac{1}{24}C_6H_{12}O_6 + \frac{1}{6}SO_4^{2-} + \frac{1}{3}H^+ = \frac{1}{4}CO_2 + \frac{1}{6}S + \frac{5}{12}H_2O, \quad \Delta G^{\circ\prime} = -22.20\text{kJ/e}^-$$

例 2.1

标准状态下，pH 值为 7.0 条件下（$\Delta G^{\circ\prime}$），吉普斯自由能可以用来衡量反应能否自由发生。如果吉布斯自由能（$\Delta G^{\circ\prime}$）小于零，该反应就会发生。在厌氧条件下，乙酸（CH_3COO^-）可以被一些细菌氧化为碳酸氢根（HCO_3^-）和氢气（H_2），尽管吉布斯自由能（$\Delta G^{\circ\prime}$）大于零。

$$CH_3COO^- + 4H_2O \rightarrow 2HCO_3^- + 4H_2 + H^+; \Delta G^{\circ\prime} = +104.6 \text{ kJ/mol}$$

计算过程解释了为什么该反应在反应器中可以发生并提出该反应发生的条件。

计算过程

标准状态下（即，在 25 ℃，pH 值为 7.0 条件下，反应物和产物都是单位摩尔浓度），反应吉普斯自由能（$\Delta G^{\circ\prime}$）。自然状况下反应的自发性可以用来 ΔG 计算。ΔG 可以用如下公式计算：

$$\Delta G = \Delta G^{\circ\prime} + RT\ln \frac{[HCO_3^-]^2[H_2]^4[H^+]}{[CH_3COO^-]}$$

式中，$[HCO_3^-]$、$[H_2]$、$[H^+]$ 分别为碳酸氢根、乙酸和氢气的浓度。

如果吉普斯自由能（ΔG）小于零（而非 $\Delta G^{\circ\prime}$），乙酸就可以被氧化。只要在该环境条件下吉普斯自由能（ΔG）小于零该反应就会发生。比如，乙酸氧化可以与氢离子浓度的降低和碳酸氢根浓度的增加同时发生。事实上，有一些古生菌（即氢自养菌）可以通过氧化乙酸消耗氢。这一协同反应就叫作产氢产乙酸菌氧化。

2.2　生物反应器中的微生物化学计量学

按照化学方程的化学计量学，化学反应的反应物和产物质量是守恒的。和化学反应的计量学一样，生物法水处理中的生物过程也可以用反应物和产物的质量守恒来表示。除了反应中催化剂的生成之外，微生物化学平衡方程式基本上跟化学平衡方程的质量守恒一样。在生物处理过程中，微生物不仅起到催化作用，还在这个过程中增殖。

下面列举两个葡萄糖（$C_6H_{12}O_6$）氧化的方程式，一个是化学氧化过程，一个是生物氧化过程。在曝气条件下，葡萄糖的化学和生物氧化方程式如下。

化学反应：

$$C_6H_{12}O_6 + 6O_2 \rightarrow 6CO_2 + 6H_2O \tag{2.1}$$

生物反应：

$$C_6H_{12}O_6 + 0.67NH_3 + 2.67O_2 \rightarrow 0.67C_5H_7O_2N + 2.67CO_2 + 4.67H_2O \quad (2.2)$$

可以看到，葡萄糖的化学氧化过程产物只有水和二氧化碳，葡萄糖的生物氧化过程产物除了水和二氧化碳之外还有（$C_5H_7O_2N$）作为微生物的合成物质。除此之外，在这个例子中生物反应需要氨氮作为营养物质来进行生物繁殖。在曝气生物反应器中，微生物的化学计量学可用来估算反应中的理论需氧量和理论微生物增加量。例如，在 MBR 系统中，葡萄糖负荷为 1 kg/d 时，生物反应方程按照化学计量学可以推导出来，需要 0.47 kg（$=[2.67 \cdot 32O_2/180\ g\ C_6H_{12}O_6] \cdot [1\ kg\ C_6H_{12}O_6/d]$）的氧，每天产生 0.4 kg（$=[0.67 \cdot 113\ g\ C_5H_7O_2N/180\ g\ C_6H_{12}O_6] \cdot [1\ kg\ C_6H_{12}O_6/d]$）的微生物。

按照微生物反应方程的化学计量学，葡萄糖氧化不仅产生能量，还促使微生物繁殖。也就是说，微生物利用一部分葡萄糖完全氧化获取能量（比如 $C_6H_{12}O_6 \rightarrow CO_2$），利用另一部分葡萄糖和获取的能量生成细胞物质（如 $C_6H_{12}O_6 \rightarrow C_5H_7O_2N$）。这种情况下微生物繁殖的比例叫作微生物产量，这一比例往往取决于生长环境和微生物本身的组成。

在本例中，1 g 葡萄糖产生 0.42 g 的细胞物质（$= 0.67 \cdot 113\ g\ C_5H_7O_2N/180\ g\ C_6H_{12}O_6$）。理论计算和试验都可以获得微生物产量。本书采用试验的方法获取该值（参照第 2.3.4 节），理论计算值可以参考其他数据（比如里特曼和麦卡蒂 2000 年发表的数据）。可以用微生物产量来建立生物计量方程式，这也说明微生物产量对评价生物法污水处理工艺的效果是非常重要的。

2.2.1 微生物反应计量平衡方程式

确定参与生物反应过程的最初电子供体、最终电子受体、营养物质、微生物和氧化产物这些内容对于建立微生物反应计量方程是很有必要的。营养物质是微生物生长的必需物质，组成不同微生物细胞的元素不同，而氮和磷是微生物生长的重要营养物质。微生物的主要组成元素包括碳、氢、氧、氮等。如果在化学反应方程式中，$C_5H_7O_2N$ 代表微生物组成成分，那么我们只需要在计量方程式中加入氮。

尽管微生物繁殖过程中可以利用亚硝酸盐氮、硝酸盐氮和有机氮，但是氨氮是最常被利用的，这些物质要放在计量方程式左边。在微生物化学反应方程式中，如果微生物的合成物质含有磷元素（比如 $C_5H_7O_2NP_{0.1}$），含磷化合物（比如磷酸盐）和其他含氮化合物一样放在计量方程式的左边。除此之外，在曝气生物反应器中，氧作为最终的电子受体，也应该放在计量方程式的左边。

在生物法水处理中，微生物在反应过程中起到一定的催化作用，但和上述介绍的化学反应催化剂不同，在这个过程中可以生成具有催化作用的微生物。微生物应该放在计量方程式的右边，因为在这个过程中有微生物产生。水和二氧化碳是污水处理过程中两种重要的产物。对于含有乙酸的污水的处理过程，我们可以建立一个简单的化学计量方程式：

$$a\mathrm{CH_3COOH} + b\mathrm{NH_3} + c\mathrm{O_2} \rightarrow d\mathrm{C_5H_7O_2N} + e\mathrm{CO_2} + f\mathrm{H_2O} \quad (2.3)$$

微生物计量方程式中的 a，b，c，d，e 和 f 是计量方程式的参数。如果生物反应中的微生物生长率（可以通过试验确定）已知，基于化学元素的质量守恒定律就可以确定计量方程中的系数。

$$碳元素(C): 2a = 5d + e$$

$$氢元素(H):4a + 3b = 7d + 2f$$

$$氧元素(O):2a + 2c = 2d + 2e + f$$

$$氮元素(N):b = d$$

要确定微生物反应计量方程式，还需要另外两个方程。假如，微生物的量是每 1 g 的乙酸产生 0.4 g 的细胞组成物（＝d 细胞组成物的摩尔质量/a 乙酸的摩尔质量），$a=1$，其他的化学计量系数就可以计算出来了。利用微生物的生长量方程和元素的质量守恒方程可以计算出微生物计量方程中的系数，如下：

利用微生物的生长量 Y，$Y = 0.4 = (d \cdot 113)/1 \cdot 60$，$d = 0.2$；

利用氮元素的质量守恒，$b = d = 0.2$；

利用碳元素的质量守恒，$2 \cdot 1 = 5 \cdot 0.2 + e$，$e = 1$；

利用氢元素的质量守恒，$4 \cdot 1 + 3 \cdot 0.2 = 7 \cdot 0.2 + 2f$，$f = 1.6$；

利用氧元素的质量守恒，$2 \cdot 1 + 2c = 2 \cdot 0.2 + 2 \cdot 1 + 1.6$，$c = 1$。

上述计算出来的计量系数如下：$a = 1$，$b = 0.2$，$c = 1$，$d = 0.2$，$e = 1$，$f = 1.6$。这样就可以写出来乙酸微生物氧化的计量方程式：

$$CH_3COOH + 0.2NH_3 + O_2 \rightarrow 0.2C_5H_7O_2N + CO_2 + 1.6H_2O \quad (2.4)$$

例 2.2

计算市政污水好氧处理平衡方程化学计量系数。假设污水和微生物的化学计量式分别为 $C_{10}H_{19}O_3N$ 和 $C_5H_7O_2N$。微生物增长量为 0.4 g 微生物/1 g 污水。

计算过程

假设污水（$C_{10}H_{19}O_3N$）和氧为主要的反应物，微生物（$C_5H_7O_2N$）、二氧化碳（CO_2）、氨（NH_3）和水（H_2O）为主要的反应产物。除此之外，假设氮来自污水而非外源性氨。因此，基本的化学计量方程可以写成：

$$C_{10}H_{19}O_3N + aO_2 \rightarrow bC_5H_7O_2N + cCO_2 + dNH_3 + eH_2O$$

使用如下方程计量关系，可以解出来反应方程。

$$生长量：\frac{b \cdot 113}{1 \cdot 201} = 0.4$$

$$C:10 = 5b + c$$

$$H:19 = 7b + 3b + 2e$$

$$O:3 + 2a = 2b + 2c + e$$

$$N:1 = b + d$$

通过解方程，可以计算出化学计量系数：$a = 8.96$，$b = 0.71$，$c = 6.45$，$d = 0.28$，$e = 6.60$。

平衡方程可以写成：

$$C_{10}H_{19}O_3N + 8.96O_2 \rightarrow 0.71C_5H_7O_2N + 6.45CO_2 + 0.28NH_3 + 6.60H_2O$$

例 2.3

制糖厂每日产生 1000 m^3 的污水。据了解污水中主要组成物为蔗糖（$C_{12}H_{22}O_{11}$，$M_w = 342$），浓度为 2000 mg COD/L。污水采用 MBR 工艺处理，污水在好氧条件下完全被氧化成二氧化碳和水。假设微生物增长量为 0.5 g 微生物/1 g 蔗糖。污水处理厂运行者想要估算在污水处理过程中理论需氧量（kg O_2/d），剩余微生物量（kg 微生物/d）。基于微生物计量方程计算该数值。

计算过程

为了估算理论需氧量和剩余微生物的量，在给定的条件下利用微生物氧化蔗糖的计量方程式是一个方法。假设微生物的组成为 $C_5H_7O_2N$，生物反应中氮的来源为氨氮，按照前面介绍的方法计算计量平衡方程式。每个元素的平衡方程和质量守恒方程式如下：

$$C_{12}H_{22}O_{11} + aNH_3 + bO_2 \rightarrow cC_5H_7O_2N + dCO_2 + eH_2O$$

$$增长量：\frac{c \cdot 113}{1 \cdot 342} = 0.5$$

$$C:12 = 5c + d$$

$$H:22 + 3a = 7c + 2e$$

$$O:11 + 2b = 2c + 2d + e$$

通过同时对方程求解，所有的计量系数就可以计算出来：$a=1.5$，$b=4.5$，$c=1.5$，$d=4.5$，$e=8$。平衡计量方程为：

$$C_{12}H_{22}O_{11} + 1.5NH_3 + 4.5O_2 \rightarrow 1.5C_5H_7O_2N + 4.5CO_2 + 8H_2O$$

由于污水中蔗糖浓度以化学需氧量（COD）形式给出，需要把蔗糖的质量单位变成用于计算的氧的质量单位。蔗糖完全氧化的方程式为：

$$C_{12}H_{22}O_{11} + 12O_2 \rightarrow 12CO_2 + 11H_2O$$

这样，蔗糖氧化的计量平衡方程每克蔗糖对应 1.12 g 氧（COD）（$=12 \cdot MW_{O_2}/1 \cdot MW_{蔗糖} = 12 \cdot 32/1 \cdot 342 = 1.12$ ［gO_2/g 蔗糖］），由于 342 g 的蔗糖（$1 \times MW_{蔗糖}$）消耗 144 g 的氧。MBR 工艺完全氧化污水中蔗糖理论需氧量为：

$$\left(\frac{1000 \text{ m}^3}{\text{d}}\right)\left(\frac{1000 \text{ L}}{\text{m}^3}\right)\left(\frac{2000 \text{ mgO}_2}{\text{L}}\right)\left(\frac{\text{mg 蔗糖}}{1.12 \text{ mgO}_2}\right)\left(\frac{\text{g 蔗糖}}{1000 \text{ mg 蔗糖}}\right)\left(\frac{144 \text{ gO}_2}{342 \text{ g 蔗糖}}\right)\left(\frac{\text{kgO}_2}{1000 \text{ gO}_2}\right)$$
$$= 752 \text{ kgO}_2/\text{d}$$

同样，剩余污泥量可以用蔗糖消耗量与微生物的质量比计算（即每消耗 342 g 的蔗糖产生 169.5 g 污泥）。

$$\left(\frac{1000 \text{ m}^3}{\text{d}}\right)\left(\frac{1000 \text{ L}}{\text{m}^3}\right)\left(\frac{2000 \text{ mgO}_2}{\text{L}}\right)\left(\frac{\text{mg 蔗糖}}{1.12 \text{ mgO}_2}\right)\left(\frac{\text{g 蔗糖}}{1000 \text{ mg 蔗糖}}\right)\left(\frac{169.5 \text{ g 剩余污泥}}{342 \text{ g 蔗糖}}\right)$$
$$\left(\frac{\text{kg 剩余污泥}}{1000 \text{ g 剩余污泥}}\right) = 885 \text{ kg 剩余污泥}/\text{d}$$

2.2.2 好氧菌生长的理论生长量

在生物反应器中，氧是好氧微生物氧化有机物或者无机物的最终电子受体。供氧量充足就会造成能量的消耗，供氧不足污水中的污染物就不能完全氧化。因此，在生物反应器的优化设计中，估计需氧量就显得很重要。在实际操作中，生物反应器的氧气供应通过曝气来完成，曝气的能量消耗占到 MBR 系统中能量消耗的一半以上。

如例 2.3 所示，生物反应计量方程式可以用来估计理论的好氧菌需氧量。如果知道在水处理过程中有机物的去除量和细菌生长量，在不知道生物反应计量方程式情况下，也可以估计理论的需氧量。对于好氧异养微生物，有机物氧化产生的能量还要满足微生物的生长，这就可以折算成当量的需氧量。

也就是说，消耗有机物的需氧当量由产生能量的需氧当量和微生物生长的需氧当量组成。理论需氧量与产生能量的需氧当量有关系，理论的需氧量又可以由微生物生长量、进水流量和有机物去除量计算得到：

$$OD_{theory} = Q(S_0 - S) - 1.42 P_{x,bio} \tag{2.5}$$

式中　OD_{theory}——理论的需氧量，gO_2/d；

　　　　Q——进水流量，m^3/d；

　　$(S_0 - S)$——有机物的去除量，g/m^3；

　　　$P_{x,bio}$——每日微生物的生长量（$=Y(S_0 - S)Q$），g 微生物/d。

式（2.5）中微生物生长系数为 1.42，根据式（2.6）中 113 g 细胞合成物完全氧化需要 160 g 氧（相当于每克细胞合成物需要 1.42 g 氧）得到，实际上这个系数随着微生物合成物和需氧量变化而变化。

$$C_5H_7O_2N + 5O_2 \longrightarrow 5CO_2 + NH_3 + 2H_2O \tag{2.6}$$
$$113\ g \qquad 5 \times 32\ g = 160\ g$$

按照例 2.3 计算理论需氧量的方法，假设蔗糖完全生物氧化，生物氧化蔗糖微生物生成速率为每 1 g 的蔗糖产生 0.5 g 的微生物，即可得到生物氧化蔗糖过程中每日生成微生物的量的计算公式：

$$P_{x,bio} = \left(\frac{0.5\ g\ 微生物}{g\ 蔗糖}\right)\left(\frac{g\ 蔗糖}{1.12\ gO_2}\right)\left(\frac{1000\ m^3}{d}\right)\left(\frac{1000\ L}{m^3}\right)\left(\frac{2000\ mg\ O_2}{L}\right)\left(\frac{kg}{10^6\ mg}\right)$$
$$= 893 kg\ 微生物\ /d$$

按照式（2.5），生物氧化蔗糖理论需氧量为：

$$需氧量 = \left(\frac{1000\ m^3}{d}\right)\left(\frac{1000\ L}{m^3}\right)\left(\frac{2000\ mgO_2}{L}\right)\left(\frac{kg}{10^6\ mg}\right) - \left(\frac{1.42\ kgO_2}{kg\ 微生物}\right)\left(\frac{893\ kg\ 微生物}{d}\right)$$
$$= 732 kg\ O_2/d$$

值得注意的是，在生物反应计量方程中，理论需氧量的值与微生物产生速率的值在例 2.3 中几乎是相等的。由于进水中有机物、微生物量和种类很难确定，因此，生物法水处理过程需氧量用有机物的去除量和微生物生成量进行估算的方法比用生物反应的计量方程式进行估算的方法更便捷。如果污水中有像氨和硝态氮这类无机物时，式（2.5）还需要修正，无机物的生物氧化过程需要消耗更多的氧。硝化过程将在第 2.5.1 节中介绍。

2.3　微生物的反应动力学

尽管生物反应计量方程式可以确定参与生物反应物质的种类和生物反应过程中物质的产生和消耗的量，但生物反应的计量方程不能反映生物反应发生的速率。环境领域的科学技术工作者非常关心生物反应的速率，因为达到某一性能需要的生物反应器的体积和微生物的浓度都取决于微生物的反应速率。在一些生物反应器的设计和运行状况下，微生物的反应速率也常被用来评价其性能。

动力学是研究化学反应速率的一门学科。微生物动力学主要研究微生物的生长速率和底物利用速率。微生物生长速率和底物利用速率的动力学表达式，可以用微生物生成量和物质利用量的物质守恒方程来建立，微生物动力学方程也可以评价生物反应器的性能（比如进水的物质浓度和微生物生成速率）和设计生物反应器（比如生物反应器的体积）。

2.3.1 微生物的生长速率

微生物通过代谢可降解底物用于生长繁殖。微生物不能利用污水进水中的所有物质，只能利用进水中可以生物降解的小部分。为了更好地评估生物反应器中的微生物动力学，确定污水中微生物可以降解成分是非常必要的。鉴定污水的水质方法在第 6 章和其他地方有简要介绍，微生物的生长速率可以用莫诺方程表示如下：

$$r_g = \frac{\mathrm{d}X}{\mathrm{d}t} = \frac{\mu_m SX}{K_s + S} \tag{2.7}$$

式中 r_g——微生物的生长速率，$g\ VSS/m^3 \cdot d$；

$\quad\quad X$——微生物浓度，$g\ VSS/m^3$；

$\quad\quad \mu_m$——最大的生长速率，d^{-1}；

$\quad\quad K_s$——可降解底物的半饱和常数，$g\ COD/m^3$；

$\quad\quad S$——可降解底物的浓度，$g\ COD/m^3$。

如图 2.6 所示，微生物的生长速率（r_g）是可降解底物的浓度（S）的函数。在低浓度下，微生物的生长速率是底物浓度的线性函数（$r_g \cong [\mu_m X/K_s] \cdot S$）。随着底物浓度的继续增加，微生物增加的趋势减弱（$r_g \cong X \cdot \mu_m$）。在动力学方程式中，在较高的底物浓度下，达到微生物最大生长速率的一半时的底物浓度定义为底物的半饱和常数（K_s）。

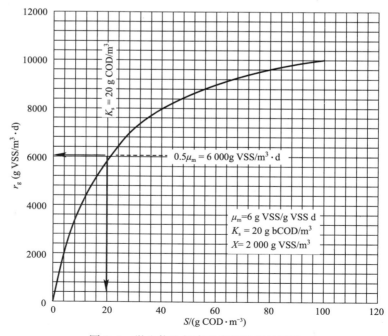

图 2.6 微生物生长率是底物浓度的函数

微生物在繁殖过程中也会逐渐衰退（如内源性衰退）。微生物的衰退速率（$r_{g,decay}$）与微生物浓度成正比。微生物的净增长速率（$r_{g,net}$）有别于微生物的增长速率（r_g）和微生物的衰退速率（$r_{g,decay}$），微生物的净增长速率（$r_{g,net}$）可表示如下：

$$r_{g,net} = \frac{dX}{dt} = \frac{\mu_m SX}{K_s + S} - k_d X \tag{2.8}$$

式中　r_g——微生物的净增长速率，g VSS/m³ · d；

k_d——微生物的衰退系数，g VSS/g VSS · d。

2.3.2　底物利用率

微生物生长以底物作为营养物，换句话说底物就是微生物需要处理的污水中的污染物。与微生物生长率相比，污水处理工程师更关注底物的去除率（即污水处理效率）。

在实际运行中，底物是微生物赖以生长的物质，因而底物的利用率与微生物的生长率密切相关。第 2.2.1 节中介绍的微生物生长量是微生物生长率和底物利用率的系数。也可以用微生物的生长量来估计微生物增长率和底物利用率（即 $Y = -r_g/r_u$，其中 r_u 就是底物利用率）。因此，底物的去除率就可以用微生物的增长率和微生物的生长量来计算：

$$r_u = \frac{dS}{dt} = -\frac{r_g}{Y} = -\frac{\mu_m SX}{Y(K_s + S)} = -\frac{kSX}{K_s + S} \tag{2.9}$$

式中　r_u——底物的利用率，g COD/m³ · d；

Y——微生物的生长量，g VSS/g COD；

k——底物利用的最大速率（$= \mu_m/Y$），g COD/g VSS · d。

值得注意的是，底物的利用率是很难测定的，因为底物的去除量随时间而变化，底物的量也不是确定的。

2.3.3　挥发性固体悬浮物总的生成率

估算生物反应器中一定时间内产生的挥发性固体悬浮物的量是非常重要的。无论是生物反应器的设计还是生物反应器运行过程中的排泥量规划，都要预先估计生物反应器中的挥发性悬浮物浓度。生物反应器中混合液的挥发性悬浮物浓度可以分为活性生物挥发性悬浮物浓度和不可降解的挥发性悬浮物浓度（nbVSS）。nbVSS 按其来源，可以进一步分为从细胞碎片而来的不可降解的挥发性悬浮物和进水带来的不可降解的挥发性悬浮物浓度。因此，生物反应器中总的挥发性悬浮物生成率可以由以下三部分组成。

（1）活性微生物的增长而产生的挥发性悬浮物生成率，如方程式（2.8）所述。

（2）微生物的衰亡而产生的不可降解的挥发性悬浮物生成率。大多数衰亡的微生物被当作底物重新利用，但是有一部分衰亡的微生物留下来的产物（约占 10%）不能被微生物重新利用，慢慢在生物反应器中积累。这部分衰亡的微生物留下来的产物叫作生物碎片。生物碎片的生成量与生物反应器中微生物的浓度成正比，表达式为：

$$r_{debris} = \frac{dX}{dt} = f_d k_d X \tag{2.10}$$

式中　r_{debris}——细胞碎片的产生率，g VSS/m³ · d；

f_d——衰亡的微生物可以在生物反应器中积累的小部分。

（3）来自进水的不可降解的挥发性悬浮物的生成率。污水进水带入的不可降解性的挥发性悬浮物的量取决于进水水质，总的来说，市政污水中含量为 $60 \sim 100$ mg nbVSS/L。进水中不可降解的挥发性悬浮物的生成率是进水不可降解物质的浓度（$X_{0,1}$）、进水流量（Q）、生物反应器的体积（V）的函数，表达式为：

$$r_{nbVSS} = \frac{dX}{dt} = \frac{X_{0,1}Q}{V} \tag{2.11}$$

式中　r_{nbVSS}——进水带入的不可降解的挥发性悬浮物生成率，g VSS/m³·d；

　　　　$X_{0,1}$——进水中不可降解的挥发性悬浮物的浓度，g VSS/m³；

　　　　Q——进水流量，m³/d；

　　　　V——生物反应器的体积，m³。

因此，活性微生物的增长带来的挥发性悬浮物生成率、微生物的衰亡带来的不可降解的挥发性悬浮物生成率和进水中的不可降解的挥发性悬浮物的生成率之和，就是总的挥发性悬浮物的产生率（$r_{XT,VSS}$），表达式为：

$$r_{XT,VSS} = \frac{dX}{dt} = r_{g,net} + r_{debris} + r_{nbVSS} = \frac{\mu_m SX}{K_s + S} - k_d X + f_d k_d X + \frac{X_{0,1}Q}{V} \tag{2.12}$$

式中　$r_{XT,VSS}$——总的挥发性悬浮物的产生率，g VSS/m³·d。

2.3.4　温度对微生物代谢的影响

一般情况下，化学反应速率随着温度的升高而增加。在大多数情况下，化学反应速率的增加通过化学反应系数的增加来表示。阿伦尼乌斯首次阐述了这种相关性。和化学反应一样，包括微生物的生长率和底物在内的生物化学反应，利用率都是随着温度的升高而增加。同样，用微生物反应速率常数的增加来表示（比如 μ_m 和 k）。环境工程师参照阿伦尼乌斯方程，推导出了微生物的反应速率与温度的关系，表达式为：

$$k_2 = k_1 \theta^{(T_1 - T_2)} \tag{2.13}$$

式中　k_2——温度为 T_2 时的反应速率常数；

　　　　k_1——温度为 T_1 时的反应速率常数；

　　　　θ——温度校正系数；

　　T_1，T_2——温度，℃。

当已知温度 T_1 的反应速率常数时，可以用式（2.13）来计算出温度为 T_2 时的反应速率常数。异养微生物在活性污泥法中的代谢系数与温度校正系数的关系在表 2.3 中列出。然而，值得注意的是，微生物的反应速率不是随着温度的升高而无限增加。到某一阈值温度时（比如 50 ℃），速率会迅速下降，这一阈值湿度与微生物的种类有关。这主要是由于在较高温度下，微生物的生物活性降低。

例 2.4

生物脱氮（BNR）涉及两个微生物过程：硝化作用和反硝化作用。硝化作用是硝化细菌将氨氮氧化为亚硝酸盐氮，最后变为硝酸盐氮；而反硝化作用是将硝酸盐氮转化为氮气。

系数	单位	范围	典型值
μ_m	g VSS/g VSS·d	3.0～13.2	6.0
K_s	g bCOD/m^3	5.0～40.0	20.0
Y	g VSS/g bCOD	0.30～0.50	0.4
k_d	g VSS/g VSS·d	0.06～0.20	0.12
f_d	无单位	0.08～0.20	0.15
θ 值			
μ_m	无单位	1.03～1.08	1.07
K_s	无单位	1.0	1.0
k_d	无单位	1.03～1.08	1.04

摘自：Tchobanoglous, G. et al., Wastewater Engineering：Treatment and Reuse, 4th edn., McGraw-Hill, New York, 2003.

氨氧化细菌是第一步硝化过程（将氨氮转化为硝酸盐）中起到重要作用的细菌，这类细菌的生长对温度的下降很敏感。假设在 15 ℃时，氨氧化细菌的最大生长率和温度校正系数分别为 0.53 d^{-1} 和 1.07，当生物反应器中的温度升高到 20 ℃和下降到 10 ℃时，分别估算氨氧化细菌的最大生长速率。

计算过程

用式（2.13）可以估算在某一温度下，微生物的最大生长率。

$$\mu_{m,20\,℃} = 0.53 \cdot 1.07^{(20-15)} = 0.74/d$$

$$\mu_{m,10\,℃} = 0.53 \cdot 1.07^{(10-15)} = 0.38/d$$

在 20 ℃时，氨氧化细菌的最大特定生长率从 0.53 d^{-1} 增加到 0.74 d^{-1}，在 10 ℃时，从 0.53 d^{-1} 减少到 0.38 d^{-1}。在其他条件不变的前提下，氨氧化细菌的生长率在 20 ℃时比 10 ℃增加了 1.9 倍。

2.4　质量守恒

微生物、底物和惰性物质的质量守恒在分析生物反应器系统特性时是非常有用的，也为评估 MBR 系统中生物反应器的性能（比如出水水质和生物反应器的微生物浓度）提供了基本的关系。质量守恒等式是一系列的积分等式，用计算软件才能计算出来。在稳态条件下，用代数方法就可以计算出来此等式，因为稳态条件下生物反应器中的物质组成（比如底物和微生物）不随时间而变化。

下面一个例子是一个简化的 MBR 系统，由一个连续搅拌的生物反应器和浸没式膜组件组成（图 2.7）。连续搅拌生物反应器假设进入反应器中的混合液是混合均匀的并且连续进水，反应器产物以相同的浓度从反应器流出。如图 2.7 所示，污水以流量 Q 进入连续搅拌生物反应器，处理后的出水以流量 Q_e 从浸没式膜组件流出。剩余的可挥发性悬浮物以流量 Q_w 从生物反应器直接排出。生物反应器的体积为 V。用质量守恒来分析的话，系统的边界包括浸没式膜组件的生物反应器，与生物反应器相关的控制体积。建立平衡方程需要的代谢系数在图 2.7 列出。

2.4.1　微生物的质量守恒（X）

生物反应器（封闭的系统中）的微生物质量守恒定律可以简化为：

生物反应器中微生物积累的速率＝进水中微生物的流入速率－出水中微生物的

流出速率＋微生物的净产生率 (2.14)

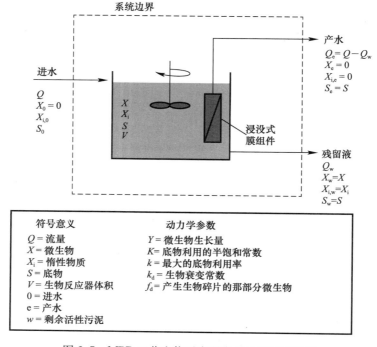

图 2.7 MBR 工艺生物反应器中质量守恒示意图

需要指出的是，质量守恒定律中使用的单位是每次质量（比如 g VSS/d），而不是每次浓度。微生物的质量守恒定律可以表达为：

$$\frac{\mathrm{d}X}{\mathrm{d}t}V = QX_0 - \left[(Q-Q_w)X_e + Q_wW\right] + r_{g,net}V \tag{2.15}$$

式中 X_0——进水中微生物的浓度，g VSS/m³；

X_e——产水中微生物的浓度，g VSS/m³；

X——反应器中微生物的浓度，g VSS/m³。

膜生物反应器中膜分离的作用，实现了对微生物的完全截留，因而，使出水中微生物的浓度近乎为零（即 $X_e=0$）。也就是说，出水中微生物的流出速率为零（即 $(Q-Q_w)$ $X_e=0$）。假设稳态条件下微生物的浓度不变（即 $\mathrm{d}X/\mathrm{d}t=0$），进水中微生物的浓度可以忽略不计（即 $X_0=0$），式（2.15）可以进一步得到简化。事实上，进水中微生物的浓度与生物反应器中微生物的浓度相比很低。稳态条件下也就保证了生物反应器中微生物的浓度保持恒定。式（2.15）所示的质量守恒定律就可以用式（2.8）所示的微生物净增长率表达为：

$$Q_wX = r_{g,net}V = \frac{\mu_m SX}{K_S+S}V - k_dXV \tag{2.16}$$

式（2.16）两边同时除以 VX，可以转换为：

$$\frac{Q_wX}{VX} = \frac{\mu_m S}{K_S+S} - k_d \tag{2.17}$$

推导到这里，我们引入生物反应器中一个重要的参数，称为污泥停留时间（SRT）。污泥停留时间是生物反应器中污泥的平均停留时间，定义为：生物反应器中总的微生物的量（$V \cdot X$）与污泥排泥速率（$Q_w \cdot X_w$）的比值。因为对于 MBR 系统而言，生物反应器中微生物的浓度与排泥中的微生物浓度相等（即 $X = X_w$，如图 2.7 所示），污泥停留时间可以表示为：

$$\text{SRT} = \frac{VX}{Q_w X_w} = \frac{V}{Q_w} \tag{2.18}$$

因此，式（2.17）可以进一步简化为：

$$\frac{1}{\text{SRT}} = \frac{\mu_m S}{K_S + S} - k_d \tag{2.19}$$

将式（2.19）中出水中的底物浓度单独提出来，可以表达为：

$$S = \frac{K_S(1 + k_d)\text{SRT}}{\text{SRT}(\mu_m - k_d) - 1} = \frac{K_S(1 + k_d)\text{SRT}}{\text{SRT}(Yk - k_d) - 1} \tag{2.20}$$

式（2.20）可以用来估计 MBR 系统中产水底物浓度（参照例 2.5）。出水中底物浓度与进水中底物浓度无关，与生物反应器的运行条件（比如 SRT）和微生物的代谢参数有关。

2.4.2　底物的质量守恒（S）

与微生物的质量守恒类似，底物的质量守恒也可以用公式表达：

生物反应器中底物的积累速率 = 进水中底物的流入速率 − 出水中
底物的流出速率 + 底物净产生速率 $\tag{2.21}$

$$\frac{dS}{dT} = QS_0 - [(Q - Q_w)S + Q_w S] + r_u V = QS_0 - QS + r_u V \tag{2.22}$$

与微生物不同，溶解性底物可以通过膜，并在出水中可以检测出来。在稳态条件下（比如底物浓度不随时间变化，$dS/dt = 0$），式（2.22）可以简化为：

$$QS_0 - QS = -r_u V \tag{2.23}$$

将式（2.23）两边除以 Q，按照式（2.9）将 $-kXS/K_S + S$ 用 r_u 表示，可以转换为：

$$S_0 - S = \left(\frac{V}{Q}\right)\left(\frac{kVS}{K_S + S}\right) \tag{2.24}$$

将 V/Q 定义为 τ（水力停留时间），根据式（2.17）将 $S/(K_S + S)$ 简化为 $(1 + k_d\text{SRT})/Yk\text{SRT}$，式（2.24）可以进一步简化为：

$$S_0 - S = \tau kX\left(\frac{1 + k_d\text{SRT}}{Yk\text{SRT}}\right) \tag{2.25}$$

将式（2.25）中 X 提出来，可以写成：

$$X = \left(\frac{\text{SRT}}{\tau}\right)\left[\frac{Y(S_0 - S)}{1 + k_d\text{SRT}}\right] = \left(\frac{Q}{Q_w}\right)\left[\frac{Y(S_0 - S)}{1 + k_d\text{SRT}}\right] \tag{2.26}$$

与底物不同，微生物的质量与进水中底物浓度、运行条件和微生物代谢水平有关。在 MBR 系统中，微生物的浓度正比于底物的去除率。

2.4.3 惰性物质的质量守恒（X_i）

与微生物和底物的质量守恒类似，惰性物质的质量守恒也可以用公式表达：

生物反应器中惰性物质的积累速率 = 进水中惰性物质的流入速率 − 出水中惰性物质的流出速率 + 惰性物质净产生速率 (2.27)

$$\frac{\mathrm{d}X_i}{\mathrm{d}t}V = QX_i - \left[(Q - Q_w)X_{e,i} + Q_w X_i\right] + r_{debris}V \tag{2.28}$$

和微生物的质量守恒一样，由于膜分离系统对颗粒物质的完全去除，出水中惰性物质的质量可以忽略不计（即 $X_{e,i}=0$）。在稳态条件下（即 $\mathrm{d}X_i/\mathrm{d}t=0$），按照式（2.18），排泥系统中惰性物质的量（$Q_w \cdot X_i$）表示为 X_iV/SRT，式（2.28）可以简化为：

$$0 = QX_{0,i} - \frac{X_iV}{\mathrm{SRT}} + f_d k_d XV \tag{2.29}$$

式中 $X_{0,i}$——进水中惰性物质的浓度，g VSS/m³。

对式（2.29）进行整理，惰性物质的量可以表达为：

$$X_i = \frac{X_{0,i}\mathrm{SRT}}{\tau} + f_d k_d X \cdot \mathrm{SRT} \tag{2.30}$$

生物反应器中的总挥发性物质的量是生物量与惰性物质的总和，可以表达为：

$$X_T = X + X_i = \left(\frac{\mathrm{SRT}}{\tau}\right)\left[\frac{Y(S_0 - S)}{1 + k_d\mathrm{SRT}}\right] + \frac{X_{0,i}\mathrm{SRT}}{\tau} + f_d k_d X \cdot \mathrm{SRT} \tag{2.31}$$

例 2.5

计算处理市政污水的生物反应器系统中底物、微生物和惰性物质的量。生物反应器在 20 ℃下运行，污泥停留时间为 30 d，水力停留时间为 0.25 d。进水中有机物的浓度和惰性物质的浓度分别为 400 g COD/m³ 和 20 g VSS/m³，代谢参数及其值为：

$$k = 12.5 \text{ g COD/g VSS} \cdot \mathrm{d}$$

$$K_s = 10 \text{ g COD/m}^3$$

$$Y = 0.40 \text{ g VSS/g COD}$$

$$f_d = 0.15 \text{ g VSS/g VSS}$$

$$k_d = 0.10 \text{ g VSS/g VSS} \cdot \mathrm{d}$$

计算过程

S、X 和 X_i 可以分别用式（2.20）、式（2.26）和式（2.30）计算：

$$S = \frac{K_s(1 + k_d\mathrm{SRT})}{\mathrm{SRT}(Yk - k_d) - 1} = 0.27 \text{ g COD/m}^3$$

$$X = \left(\frac{\mathrm{SRT}}{\tau}\right)\left[\frac{Y(S_0 - S)}{1 + k_d\mathrm{SRT}}\right] = 4797 \text{ VSS/m}^3$$

$$X_i = \frac{X_{0,i}\mathrm{SRT}}{\tau} + f_d k_d \mathrm{SRT} = 4559 \text{ g VSS/m}^3$$

2.4.4　污泥停留时间对底物、微生物和惰性物质的影响

　　MBR 法与 CAS 法的一个区别就是较长的污泥停留时间。较长的污泥停留时间影响底物浓度、活性微生物浓度和惰性物质的浓度。预估不同污泥停留时间下这些物质的浓度，对 MBR 过程是非常重要的。不同污泥停留时间下的底物浓度、活性微生物浓度和惰性物质的浓度可以分别用式（2.20）、式（2.26）和式（2.30）计算，结果列于表 2.4 和图 2.8 中。除了污泥停留时间之外，其他条件都与例 2.5 相同。

MBR 工艺不同水力停留时间（SRT）下的 S、X、X_i　　　表 2.4

SRT（d）	S(mg/L)	X(mg/L)	X_i(mg/L)	X_T(mg/L)[a]	X/X_T
5	0.64	2130	560	2690	0.79
10	0.42	3197	1280	4476	0.71
20	0.31	4263	2879	7142	0.6
30	0.27	4797	4559	9355	0.51
40	0.26	5117	6270	11387	0.45
50	0.25	5330	7998	13328	0.4
100	0.22	5815	16722	22537	0.26

a. $X_T = X + X_i$

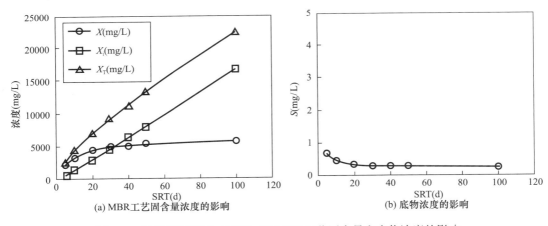

图 2.8　污泥停留时间（SRT）对 MBR 工艺固含量和底物浓度的影响

　　如表 2.4 和图 2.8 所示，底物浓度随着污泥停留时间的延长而减少，随着污泥停留时间的增加，底物浓度减少的程度不同。随着污泥停留时间从 5 d 增加到 100 d，底物浓度仅减少了 0.42 mg/L 的 COD。活性微生物的浓度和惰性物质的浓度基本上随着污泥停留时间的增加而增加。惰性物质浓度增加的速率高于活性微生物浓度增加的速率，污泥停留时间从 5 d 增加到 10 d，活性微生物浓度从 2130 mg VSS/L 增加到 5815 mg VSS/L，而惰性物质浓度却从 560 mg VSS/L 增加到 16722 mg VSS/L。值得注意的是，在污泥停留时间为 30 d 左右时，活性微生物的浓度增加减缓，但是惰性物质浓度却随着污泥停留时间的增加线性增加。

　　污泥停留时间超过 30 d 时，反应器中有机物浓度增加，膜污染速率增加，MBR 技术

污泥停留时间较长的优势就不会太明显。随着污泥停留时间的增加，活性微生物的占比逐渐降低，当污泥停留时间为 100 d 时仅占 26%，总的固含量（即活性微生物和惰性物质之和）浓度变化的趋势近乎与惰性物质变化的趋势相近。

波利切等人将泽能厂商（Zenon）生产的中空纤维膜安装在实验室内的 MBR 系统中，用市政污水进行试验，得到了不同污泥停留时间下的运行数据。试验结果也表明，随着污泥停留时间的增加，微生物的活性逐渐减弱，在污泥停留时间较长的条件下运行，膜污染变得严重，试验结果与理论值一致。

由于污泥停留时间是剩余污泥产率的函数（SRT＝V/Q_w），随着污泥停留时间的延长，MBR 系统中的污泥量减少。但是在较长污泥停留时间下，每天减少的剩余污泥量不会很大，这可以通过函数（SRT＝V/Q_w）计算出来。假设生物反应器的体积为 1000 m^3，与例 2.5 运行条件相同下，有如图 2.9 所示的相关性。每日污泥产生量的计算在第 6.3.3 节有详细的描述。

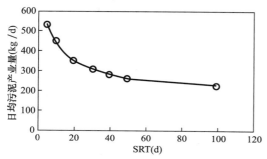

图 2.9　MBR 系统中污泥停留时间对日均污泥产生量的影响

随着污泥停留时间的增加，污泥产生量减少，但当污泥停留时间为 40 d 左右时，剩余污泥产量的减少量趋于平缓。污泥停留时间从 40 d 增加到 100 d 时，每日污泥产生量从 285 kg/d 减少到 225 kg/d。也就是说，当污泥停留时间达到一定程度（比如 40 d），继续延长的污泥停留时间将会弊大于利。生物反应器中污泥浓度过高也会降低微生物生长所需氧的传递效率，为了污泥混合得更加均匀，曝气系统也需要消耗更多的能量（详见第 6.4.1 节），这些也都导致了运行费用的增加。

2.4.5　温度对底物、微生物和惰性物质的影响

温度显著影响生物反应器中的反应速率。在生物过程中，微生物的生长速率、底物去除率和微生物的衰亡率都受温度变化的影响。在第 2.3.4 节中，已经论述过温度对反应速率的影响。例 2.6 中，示例说明了温度对 MBR 系统中底物浓度、微生物浓度、惰性物质浓度的影响。

例 2.6

用 MBR 系统处理市政污水，当生物反应器中温度从 20 ℃降低到 10 ℃时，计算生物反应器中底物、微生物和惰性物质的变化。其中，运行条件和代谢系数与例 2.5 相同。温度对代谢速率常数的影响忽略不计，与温度有关的底物利用速率常数和微生物衰亡速率分别为 1.07 和 1.04。

计算过程

下面两个等式分别计算最大底物去除（k）和微生物衰亡（k_d）的温度校正反应速率常数：

$$k_{10℃} = k_{20℃}\theta^{(10-20)} = 12.5 \cdot 1.07^{(10-20)} = 6.35 \text{ g COD/g VSS} \cdot \text{d}$$

$$k_{d,10℃} = k_{d,20℃}\theta^{(10-20)} = 0.1 \cdot 1.04^{(10-20)} = 0.07 \text{ g VSS/g VSS} \cdot \text{d}$$

根据例 2.5 中的运行条件和参数，底物浓度、微生物浓度和惰性物质浓度计算如下：

$$S = \frac{K_S(1 + k_d \cdot \mathrm{SRT})}{\mathrm{SRT}(Yk - k_d) - 1} = 0.42 \ \mathrm{g\ COD/m^3}$$

$$X = \left(\frac{\mathrm{SRT}}{\tau}\right)\left[\frac{Y(S_0 - S)}{1 + k_d \cdot \mathrm{SRT}}\right] = 6187 \ \mathrm{g\ VSS/m^3}$$

$$X_i = \frac{X_{0,i} \cdot \mathrm{SRT}}{\tau} + f_d \cdot k_d \cdot \mathrm{SRT} = 4349 \ \mathrm{g\ VSS/m^3}$$

通过 20 ℃ 条件下的底物浓度、微生物浓度和惰性物质浓度，计算在 10 ℃ 下的底物浓度、微生物浓度和惰性物质浓度值列于表 2.5。底物浓度和微生物浓度随着温度的下降而降低，惰性物质浓度随着温度的下降稍有降低。随着温度的变化，各参数增加或者降低的百分比也在下表中列出。随着温度的降低，底物的去除率和微生物衰亡率降低，但微生物和底物的浓度增加。然而，由于惰性微生物产生的惰性物质减少量大于增殖的微生物产生惰性物质减少量，惰性物质的浓度并没有增加。所以在较低温度下，总的固含量会增加。

浓度参数表　　　　　　　　　　　　　　　　　　　　　　　表 2.5

温度/℃	S/(mg COD·L^{-1})	X/(mg VSS·L^{-1})	X_i/(mg VSS·L^{-1})	X_T/(mg VSS·L^{-1})
20	0.27	4797	4559	9355
10	0.42	6187	4349	10536
	(55.6)[a]	(29.0)[a]	(−4.6)[a]	(−12.6)[a]

注：()[a] 表示随着温度从 20 ℃ 到 10 ℃ 的变化增加或者下降的百分数。

2.4.6　代谢动力学系数的测定

正如前面章节介绍的，四个代谢系数 (Y，k，K_s，k_d) 对于建立代谢动力学方程和质量守恒方程是很重要的。本书基于乔巴诺格勒斯等人介绍的方法，通过生物反应器不同的污泥停留时间测定这四个系数，来确定动力学系数的试验方法，如图 2.10 所示。

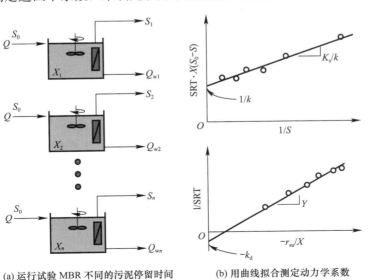

(a) 运行试验 MBR 不同的污泥停留时间　　(b) 用曲线拟合测定动力学系数

图 2.10　动力学系数的测定

首先，生物反应器在各种污泥停留时间（比如 $1\sim30$ d）下运行。在 MBR 系统中，相对而言比活性污泥法更容易，因为只需要改变污泥排泥速率就可以有效控制污泥停留时间。计算公式如下：

$$\text{SRT} = \frac{VX}{Q_w \cdot X} = \frac{V}{Q_w} \qquad (2.32)$$

然后，在每个污泥运行条件下分别达到稳定状态（即 S 和 X 不随时间变化），测定进水有机物浓度（S_0）、出水有机物浓度（S）、生物反应器中有机物浓度（X）。按照如下两个等式拟合从生物反应器中采集的数据，就可以得到代谢系数。于是，式（2.9）中的底物利用率可以转换为：

$$r_u = -\frac{k \cdot S \cdot X}{K_S + S} = -\frac{S_0 - S}{\text{SRT}} \qquad (2.33a)$$

两边同时除以 X，

$$\frac{k \cdot S}{K_S + S} = -\frac{S_0 - S}{\text{SRT} \cdot X} \qquad (2.33b)$$

转换式（2.33b）就得到：

$$\frac{\text{SRT} \cdot X}{S_0 - S} = \frac{K_S}{k} \cdot \frac{1}{S} + \frac{1}{k} \qquad (2.34)$$

将数据拟合到式（2.34），就可以得到系数 K_s 和 k。（$\text{SRT} \cdot X/S_0 - S$）可以看成 $1/S$ 的函数，斜率和截距分别是 K_S/k、$1/k$。同样，Y 和 k_d 也可以用下式计算：

$$\frac{1}{\text{SRT}} = -Y\frac{r_{su}}{X} - k_d \qquad (2.35)$$

（$1/\text{SRT}$）是（$-r_{su}/X$）的函数，斜率和截距分别为 Y 和 $-k_d$。

2.5　生物脱氮

污水处理厂出水含氮量降低，可以有效缓解大多数国家水体中氮素过高而带来的消极影响。水体中的氮素过高可引发地表水中藻类等植物快速生长，藻类死亡后产生的硝化作用会耗尽水中的溶解氧。氨氮具有一定的毒性，会带来公共健康问题以及污水再利用困难。MBR 系统中的好氧微生物仅能消耗污水中一小部分的氮元素。如例 2.2 所示，微生物仅能将 40% 的氮素转化为细胞合成物，60% 的氮素通过矿化作用完成。

因此，使用适当的技术矿化氮素（比如氨氮）是非常有必要的。氨氮的去除过程包括 MBR 系统都是为了减少氨氮排放的有害影响。生物法脱氮工艺优于物理或化学脱氮方法（比如气提脱氨或离子交换）。污水处理中的生物脱氮工艺基本上包括硝化作用和反硝化作用。本节的目的是提供与硝化作用和反硝化作用相关的基本生物学和机制。

2.5.1　硝化作用

硝化作用是通过微生物将氨氮（NH_3）先氧化为亚硝酸盐氮（NO_2^-），最终氧化为硝酸盐氮（NO_3^-）。这个过程通过两种细菌完成：氨氧化细菌（AOB）和亚硝酸盐氧化细菌（NOB）。氨氧化细菌（AOB）将氨氮氧化为亚硝酸盐氮，亚硝酸盐氧化细菌（NOB）将亚硝酸盐氮氧化为硝酸盐氮。亚硝化单胞菌属和亚硝化螺菌是在 MBR 系统中最常见的氨氧化细菌（AOB），硝化螺菌属和硝化杆菌属是最常见的亚硝酸盐氧化细菌（NOB）。氨氧化古生物菌（AOA）在生物反应器内的活性污泥中也能够被检测到，但是通常认为氨氧化古生物菌（AOA）对活性污泥的作用很小。假设不考虑生物过程中微生物的增殖，以下分别为氨氧化过程和亚硝酸态氮氧化的化学计量方程式：

$$AOB：NH_3 + 1.5O_2 \rightarrow NO_2^- + H_2O + H^+ \tag{2.36}$$

$$NOB：NO_2^- + 0.5O_2 \rightarrow NO_3^- \tag{2.37}$$

$$总反应式：NH_3 + 2O_2 \rightarrow NO_3^- + H_2O + H^+ \tag{2.38}$$

硝化细菌（AOB 和 NOB）是严格的好氧细菌，使用氧作为其最终的电子受体。如式（2.38）所示，硝化细菌氧化每 1 g 氨消耗 4.57 g 氧气（$(2 \cdot 32 \text{ g } O_2)/14 \text{ g } NH_3-N = 4.57$）。以下为包括硝化细菌增殖在内的硝化反应平衡方程：

$$NH_3 + 1.89O_2 + 0.0805CO_2 \rightarrow 0.0161C_5H_7O_2N + 0.984NO_3^-$$
$$+ 0.952H_2O + 0.98H^+ \tag{2.39}$$

这样氧化每 1 g 的氨消耗氧的量就减少到 4.32 g（$(1.89 \cdot 32 \text{ g } O_2)/14 \text{ g } NH_3-N = 4.32$）。如果知道氨氮浓度，用这个比例就可以计算出代谢过程的需氧量。这就得到了硝化代谢过程总的需氧量。

最初电子供体浓度（即氨或亚硝酸盐）、氧浓度、pH 值、温度和有毒物质的浓度等影响生物反应器运行的因素都会影响硝化细菌的生长和活性。硝化细菌利用氨氮遵循莫诺型增长动力学方程。然而，过高氨浓度（>1000 mg NH_3-N/L）会抑制氨氧化细菌的生长。

如前所述，氧是硝化细菌最终的电子受体。对于硝化细菌生长来说，氧浓度也是一个至关重要的因素。氧浓度影响硝化细菌生长率的方式与最初的电子供体类似。对于氨氧化细菌增长来说，氨浓度和氧浓度是其限制因素，氨氧化细菌的特征增长率就可以写成：

$$\mu_{AOB} = \left(\frac{\mu_{m,AOB} \cdot NH_3}{K_N + NH_3}\right)\left(\frac{DO}{K_{DO} + DO}\right) - k_{d,AOB} \tag{2.40}$$

式中　$\mu_{m,AOB}$——氨氧化细菌的最大特征生长率，d^{-1}；

　　　NH_3——生物反应器中的氨浓度，mg N/L；

　　　K_N——氨的半饱和系数，mg N/L；

　　　DO——生物反应器中的溶解氧浓度，mg/L；

　　　K_{DO}——溶解氧的半饱和系数，mg/L；

　　　$k_{d,AOB}$——氨氧化细菌的衰亡常数，d^{-1}。

为保持硝化作用的高效性，生物反应器中的氧浓度通常要大于 2 mg/L。事实上，曝气系统的设计和运行都需要达到生物反应器中微生物硝化作用对氧的需求。pH 值为 7.5～8.0 时，硝化细菌的活性最高。在硝化过程中，由于有氢离子产生［参见式（2.39）］，pH 值会有所降低。在 pH 值为 5.0 以下时，硝化细菌的效率就会下降到最大值的一半以下。

在大多数情况下，市政污水中有足够的碱度来中和硝化作用产生的氢离子，但是对于一些工业废水，生物反应器中的碱度难以维持中性环境。在这种情况下，需要向生物反应器中加入碱性物质（比如氢氧化钠）来维持中性环境。氧化 1 g 的氨需要加入 7.1 g 的碳酸钙碱度［参见式（2.39）］来维持相对中性的环境。

和其他微生物一样，硝化细菌的生长也受温度的影响。硝化作用一般发生在 4～45 ℃ 的环境中，在 35 ℃ 时达到最大值。温度对硝化作用的影响体现在最大速率增长常数上，硝化细菌的增长率遵循阿伦尼乌斯型增长率表达式：

$$\mu_{m,AOB}(T) = 0.75\theta^{(T-20)} \tag{2.41}$$

式中，θ 代表氨氧化细菌的最大特征生长率的温度校正系数，一般在 5～30 ℃ 下温度校正系数为 1.10。

硝化细菌是自养生物，利用溶解的二氧化碳替代有机物作为碳源合成细胞材料。这一特征相较于利用有机物的异养微生物来说，需要更多的能量。此外，硝化细菌是无机营养菌，从氧化氨氮到硝态氮产生的能量比氧化有机物产生的能量要少。因此，硝化细菌的生长率要比氧化有机物去除 BOD 的细菌生长速率小。污泥停留时间足够长有利于维持生长缓慢的硝化细菌含量。

MBR 系统中的生物反应器一般在污泥停留时间较长（大于 20 d）的条件下运行，有利于硝化细菌在生物反应器中繁殖。为了维持一定的硝化细菌浓度，可以参考第 6.3.2 节计算所需最小的污泥停留时间。因为同样原因（氧化氨氮到硝态氮产生的能量比氧化有机物产生的能量要少），硝化细菌比其他氧化有机物的细菌生长量要小。硝化细菌生长量的典型值为 0.1 g VSS/gNH$_3$－N。

2.5.2 反硝化作用

在曝气生物反应器中，硝化细菌将氨氮氧化为最终产物硝态氮。在大多数情况下，污水出水水质要满足总氮的排放标准才能排放，必须去除亚硝态氮。在反硝化作用下，反硝化细菌将硝态氮转化为氮气，氮素就可以从反应器中移除到大气中。反硝化作用的生物过程经历了从硝态氮到亚硝态氮，再到一氧化氮，最后转换为氮气，表达式为：

$$NO_3^- \rightarrow NO_2^- \rightarrow NO \rightarrow N_2O \rightarrow N_2 \tag{2.42}$$

在缺氧生物反应器中，多种微生物都可以发生反硝化过程。大多数反硝化细菌也能进行好氧呼吸作用。当氧和硝态氮都存在时，因为利用氧作为它们的最初电子受体可以产生更多的能量，这些反硝化细菌更倾向于利用氧而不是硝态氮。因此，为了获得高效的反硝化作用，降低缺氧池里面的氧浓度是很重要的。反硝化细菌是异养微生物，也需要利用有机物合成细胞合成物。反硝化细菌利用底物的利用率是底物、硝态氮、氧和反硝化细菌生物量的函数，表达式为：

$$r_{su} = -\left(\frac{k \cdot X \cdot S \cdot \eta}{K_S + S}\right)\left(\frac{NO_3^-}{K_{S,NO_3^-} + NO_3^-}\right)\left(\frac{K_{O_2}}{K_{O_2} + DO}\right) \tag{2.43}$$

式中　　k——最大的底物特征利用率，g COD/g VSS · d；

　　　　X——微生物浓度，g VSS/m^3；

　　　　S——可生物降解的底物浓度，g COD/m^3；

　　　　η——发生反硝化作用的微生物比例，g VSS/g VSS；

K_S——可降解底物的半饱和常数，g COD/m³；

NO_3^-——硝态氮的浓度，g N/m³；

K_{S,NO_3^-}——硝态氮减少的半饱和常数，g N/m³；

DO——溶解性氧浓度，g/m³；

K_{O_2}——抑制反硝化作用的氧的半饱和常数，g/m³。

尽管进水中含有有机物，但污水中的有机物不足以维持反硝化作用对有机物的需求量。在这种情况下，像甲醇、乙醇、乙酸还有其他有机物需要加入缺氧反应中，以维持高效的反硝化作用。基于以下的还原方程，可以从理论上计算有机物需要量：

$$\frac{1}{4}O_2 + H^+ + e^- = \frac{1}{2}H_2O \tag{2.44}$$

$$\frac{1}{5}NO_3^- + \frac{6}{5}H^+ + e^- = \frac{1}{10}N_2 + \frac{3}{5}H_2O \tag{2.45}$$

每还原 1/5 mol 的硝态氮需要消耗一个电子，产生 1/10 mol 的氮气，也就是说，1/4 mol 的氧气也需要一个电子，生成 1/2 mol 的水。换句话说，还原 2.8（＝1/5×14）g 的硝态氮等于氧化有机物消耗 8（＝1/4×32）g 氧的电子转移量。还原 1 g 的硝态氮理论上需要 2.86 g 的 COD，需要消耗 3.6 g 的碳酸钙碱度。

同样，反硝化过程需要消耗甲醇、乙醇和乙酸等有机物的理论量也可以计算出来。还原生成甲醇、乙醇和乙酸的反应方程如下：

$$甲醇：\frac{1}{6}CO_2 + H^+ + e^- = \frac{1}{6}CH_3OH + \frac{1}{6}H_2O \tag{2.46}$$

$$乙醇：\frac{1}{6}CO_2 + H^+ + e^- = \frac{1}{12}CH_3CH_2OH + \frac{1}{4}H_2O \tag{2.47}$$

$$乙酸：\frac{1}{8}CO_2 + \frac{1}{8}HCO_3^- + H^+ + e^- = \frac{1}{8}CH_3COO^- + \frac{3}{8}H_2O \tag{2.48}$$

还原 2.8（＝1/5×14）g 的硝态氮电子转移量等于氧化 5.3（＝1/6×32）g 甲醇、3.8（＝1/12×46）g 乙醇、7.4（＝1/8×59）g 乙酸的电子转移量。因此，还原 1 g 的硝态氮需要消耗甲醇、乙醇和乙酸的量分别为 1.9 g、1.36 g 和 2.63 g。在反硝化过程中，将有机物作为碳源时，这些有机物可以用来合成细胞合成物，因而需要消耗有机物的量比理论值要大。

反硝化细菌的生长量也可以用公式计算出来，生长量为微生物生成量与底物消耗量的比例，$(1-\alpha \cdot Y)$ 是反硝化过程中有机物（即底物）的比例，其中 α 为底物转换为微生物的因子。例如，假设反硝化过程中每消耗 1 g 的甲醇，产生 0.3 g 的微生物，底物转换为微生物的因子 α 为 0.944（＝(1/6·32)g 甲醇/(1/20×113)g 微生物），消耗 1 g 的甲醇用于反硝化作用的量为 0.72 g，比例为 ［＝1－(0.944×0.3)］。底物转换为微生物的因子可以参考例 2.7 计算。这样就得到还原 1 g 的硝态氮的理论消耗甲醇量为 2.64（＝1.90/0.72）g。

基于以上论述，可以得出反硝化过程中有机物需求的一般方程。与计算理论需氧量的方法（式（2.5））类似，反硝化过程中有机物总的消耗量（COD）是耗氧量（2.86N）的当量与产生的微生物耗氧量的当量（1.42Y·COD）之和，表达为：

$$COD = 2.86N + 1.42Y \cdot COD \tag{2.49}$$

式中 Y——微生物的生长量，g 微生物/g COD；

1.42——单位微生物利用单位的氧气量生成细胞合成物的系数，g COD/g 微生物。

式（2.49）可以写成：

$$\frac{COD}{N} = \frac{2.86}{1 - 1.42Y} \tag{2.50}$$

例 2.7

利用食品加工厂排水的葡萄糖废液作为反硝化过程的碳源。计算消耗每克的硝态氮需要的葡萄糖量。假设反硝化过程中细菌的生长量为 1 g 的葡萄糖生成 0.42 g 的微生物。

计算过程

还原硝态氮和生成葡萄糖的还原等式如下：

$$葡萄糖：\frac{1}{4}CO_2 + H^+ + e^- = \frac{1}{24}C_6H_{12}O_6 + \frac{1}{2}H_2O$$

$$硝态氮：\frac{1}{5}NO_3^- + \frac{6}{5}H^+ + e^- = \frac{1}{10}N_2 + \frac{3}{5}H_2O$$

还原 2.8（=1/5×14）g 的硝态氮的电子转移量相当于还原生成 7.5（=1/24×180）g 的葡萄糖电子转移量，消耗每克的硝态氮需要的理论葡萄糖量为 2.68（=7.5/2.8）g。

考虑到反硝化过程中的微生物生长量，我们需要计算葡萄糖量（即 1−α·Y）。α 为葡萄糖转换为细胞合成物的因子，可以根据葡萄糖与微生物的氧化还原半反应方程计算。1/24 g 的葡萄糖电子转移量相当于 1/20 g 的细胞合成物的电子转移量，即可得到葡萄糖转换为细胞合成物的因子 α 为 1.327(=(1/24×180) g 葡萄糖/(1/20×113) g 微生物)。

$$葡萄糖：\frac{1}{4}CO_2 + H^+ + e^- = \frac{1}{24}C_6H_{12}O_6 + \frac{1}{2}H_2O$$

$$微生物：\frac{1}{4}CO_2 + \frac{1}{20}NH_3 + H^+ + e^- = \frac{1}{200}C_5H_7O_2N + \frac{2}{5}H_2O$$

这样，理论需要的葡萄糖总量为 6.05[=2.68/(1−1.327·0.42)]g。基于还原生成的葡萄糖电子转移量与生成水的电子转移量可以得到微生物细胞合成物的 COD 相当量。

$$葡萄糖：\frac{1}{4}CO_2 + H^+ + e^- = \frac{1}{24}C_6H_{12}O_6 + \frac{1}{2}H_2O$$

$$水：\frac{1}{4}O_2 + H^+ + e^- = \frac{1}{2}H_2O$$

根据上式可知：还原生成 7.5(=1/24×180) g 的葡萄糖电子转移量相当于还原生成水需要 8(=1/4×32) g 的电子转移量。换言之，还原 1 g 葡萄糖的电子转移量相当于 1.07(=8/7.5) g COD 的电子转移量。因此，还原 1 g 的硝态氮理论需要消耗 6.47 g 葡萄糖 COD 的量 [=(1.07 g COD/g 葡萄糖)·(6.05 g 葡萄糖/g 硝态氮)]。

结合两个等式，用式（2.50）可以计算出葡萄糖的理论需求，每 1 g COD 的微生物的生长量为 0.39[=(0.42 g 微生物/g 葡萄糖)·(7.5 葡萄糖/8 g COD)]

$$\frac{\text{COD}}{N} = \frac{2.86}{1 - 1.42Y} = \frac{2.86}{1 - 1.42 \cdot 0.39} = 6.41 \text{ g COD/g 硝态氮}$$

2.5.3　生物反应器的脱氮性能

如图 2.11 所示，生物脱氮工艺一般由硝化过程（在好氧池中完成）和反硝化过程（在缺氧池中完成）组成。在实际应用中，为了使缺氧池中有更多的有机物，往往把它放在好氧池的前面，污水进水的缺氧预处理就属于这种情况。缺氧池完成反硝化反应需要的硝态氮（最终的电子受体）由好氧池污泥回流来补给。

生物脱氮过程的另一种工艺是好氧池位于缺氧池之前，后置缺氧反硝化。在这个工艺中，进水中的有机物被好氧池中的异养微生物利用，后置缺氧池中的微生物只能利用内源衰亡的微生物作为碳源完成反硝化作用。由于可利用的有机碳源较少，后置缺氧反硝化的效率比前置缺氧反硝化低。此外，后置缺氧反硝化过程需要外加碳源以提高反硝化效率。

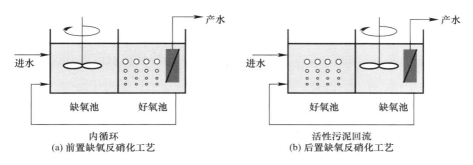

图 2.11　生物除氮工艺

在前置缺氧反硝化工艺中，带有硝态氮的污泥混合液从好氧池中回流至缺氧池以满足反硝化过程对硝态氮的需求。污泥从好氧池中回流至缺氧池的比例决定生物反应器的脱氮性能。污泥回流比越高，在缺氧池中反硝化作用就越强，生物反应器的脱氮性能越好。

依据缺氧-好氧膜生物反应器的质量守恒方程可以定量估算其脱氮性能。假设进水中没有硝态氮，缺氧池中有充足的碳源、有机氮完全矿化为氨氮，好氧池中氨氮完全转化为硝态氮，可以建立一个简化的氮质量守恒方程。图 2.11 所示为一个 MBR 系统，分别由缺氧池和好氧池组成，用于反硝化和硝化。由此可以建立缺氧池和好氧池的氮元素质量守恒（图 2.12）。

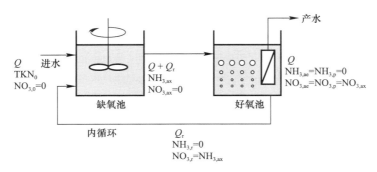

图 2.12　前置缺氧反硝化工艺除氮质量守恒（在示意图中剩余污泥没有标出）

假设缺氧池中有机氮完全矿化，并考虑微生物中同化的氮，缺氧池中氮素的质量守恒方程可以表达为：

$$Q \cdot TKN_0 (1-f) = NH_{3,ax} \cdot (Q+Q_r) \tag{2.51}$$

$$NH_{3,ax} = \frac{Q \cdot TKN_0 \cdot (1-f)}{(Q+Q_r)} \tag{2.52}$$

$$NO_{3,ax} = 0 \tag{2.53}$$

式中 TKN_0——凯氏总氮（即有机氮与氨氮之和），gN/m^3；

$NH_{3,ax}$——缺氧池中氨氮的浓度，gN/m^3；

$NO_{3,ax}$——缺氧池中硝态氮的浓度，gN/m^3；

f——微生物同化氮的比例；

Q——进水流速，m^3/d；

Q_r——回流速率，m^3/d。

在好氧池中，所有的氨氮完全转化为硝态氮，好氧池中硝态氮浓度与缺氧池中氨氮浓度相等，好氧池中氨氮的浓度为零，好氧池中氮素的质量守恒方程可以表达为：

$$NO_{3,ae} = NH_{3,ax} \tag{2.54}$$

$$NH_{3,ae} = 0 \tag{2.55}$$

式中 $NH_{3,ae}$——好氧池中氨氮的浓度，gN/m^3。

由氮素质量守恒，可得生物反应器中氮素的去除率表达式。

氮素总的去除效率为：

$$\frac{TKN_0 - NO_{3,p}}{TKN_0} = 1 - \frac{(Q/(Q+Q_r)) \cdot TKN_0 \cdot (1-f)}{TKN_0}$$
$$= 1 - \frac{Q \cdot (1-f)}{Q+Q_r} \tag{2.56}$$

式中 $NO_{3,p}$——出水中硝态氮的浓度（$NO_{3,ae} = NH_{3,ax}$），g/m^3。

缺氧-好氧膜生物反应器中的氮素去除率与污泥回流比如图 2.13 所示。在这个例子中，为了达到大于 80% 的总氮的去除率，污泥回流比（Q_r/Q）应该大于 2.0。

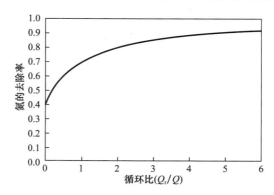

图 2.13 当微生物同化氮效率（f）为 0.4，总氮的去除效率是回流比（Q_r/Q）的函数

2.6　生物除磷

2.6.1　传统活性污泥法除磷

磷是一种营养元素，当水体中含磷量较低时，水生光合生物生长受到抑制。与氮元素一样，磷元素含量也要控制在合理范围内，以降低受纳水体中藻类的过度繁殖。活性污泥法中，磷约占细胞质量的 $2\%\sim3\%$，这样活性污泥的化学表达式为 $C_5H_7O_2NP_{0.1}$（磷占细胞质量的 2.7%）。

我们可以估算活性污泥法中通过同化作用（合成细胞物质）磷素的去除率。Rittmann 和 McCarty 研究了基于生物反应器中磷素的质量守恒，计算出水磷含量，计算公式为：

$$P = P_0 - \frac{0.0267 \cdot Y \cdot (1 + f_d k_d \theta_X) \cdot \Delta COD}{1 + k_d \cdot \theta_X} \tag{2.57}$$

式中　P——出水中磷含量，mgP/L；

　　　P_0——进水中磷含量，mgP/L；

　ΔCOD——COD 的去除量，mgCOD/L。

式（2.57）所示活性污泥法中出水磷含量是微生物生长率、污泥停留时间、COD 的去除率的函数。微生物生长量和 COD 的去除率增加，磷的去除效率也会增加；污泥停留时间增加，磷的去除效率降低。当进水中 COD＝400 mg/L，进水磷含量 5 mg P/L，微生物增长量 Y＝0.40 g VSS/g COD，f_d＝0.15 g VSS/g VSS 和 k_d＝0.10 g VSS/g VSS・d，拟合得到的不同 COD 的去除率、污泥停留时间的磷去除情况，如图 2.14 所示。

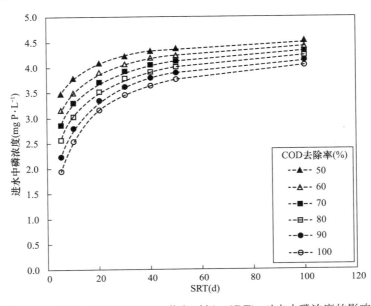

图 2.14　COD 去除效率和污泥停留时间（SRT）对出水磷浓度的影响

市政污水中典型的进水磷含量小于 1.0 mg P/L，在图 2.14 中是显示不出来的。然而，随着 COD 去除率的增加和污泥停留时间的降低，磷含量也有减少的趋势。在 MBR 运行过程中，污泥停留时间较长（比如大于 20 d），在这种运行条件下，出水中磷浓度也很难降低到 3.0 mg/L 以下。因此，需要用强化生物法或化学沉淀法进一步减少出水磷浓度。

2.6.2 强化生物除磷工艺

生物强化法就是使用特殊的菌种将磷聚合物吸附到细胞体内。这些细菌在生物反应器中富集，增加了微生物中总磷的含量。与活性污泥法相比，在相同的 COD 去除率和污泥停留时间的条件下，该方法增加了磷的去除。据报道，基于强化活性生物法除磷过程，微生物体内磷含量增加到 12.5%（用挥发性有机物测量）。假设进水中磷含量增加到 8%，可以估算强化生物除磷工艺的出水中磷含量，将式（2.57）修改如下：

$$P = P_0 - \frac{0.08 \cdot Y \cdot (1 + f_d \cdot k_d \cdot \theta_x) \cdot \Delta COD}{1 + k_d \cdot \theta_x} \tag{2.58}$$

用强化生物除磷法，在与图 2.14 相同运行条件下，可绘制出水磷含量如图 2.15 所示。强化生物除磷法大大降低了出水中总磷浓度。但是，并不是所有的条件都能将出水磷含量降低到 1 mg/L 以下。在 COD 去除率小于 70%，污泥停留时间大于 20 d 的情况下，出水含磷量在 1 mg/L 以下是不太可能的。在这些情况下，为了满足 MBR 系统出水水质要求，往往需要采用化学沉淀除磷方法。

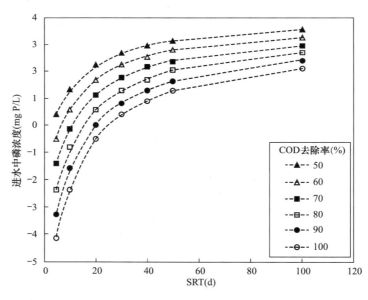

图 2.15 强化生物除磷（EBPR）工艺 COD 去除效率和污泥停留时间（SRT）对出水含磷浓度的影响（需要注意的是：负的出水磷浓度值只是表明数值曲线的形状）

例 2.8

将出水含磷量降低到 1.0 mg/L 以下，最大的污泥停留时间是多少？使用如下运行条件估算。

进水含磷量＝5 mgP/L

进水 COD＝400 mg/L

微生物产率 $Y = 0.40$ g VSS/g COD

$f_d = 0.15$ g VSS/g VSS

$k_d = 0.10$ g VSS/g VSS·d

微生物细胞含磷量=10%

COD 去除率=80%

计算过程

用式（2.58）所示的生物反应器的磷质量守恒方程，最大污泥停留时间可以计算为：

$$P = P_0 - \frac{0.1 \cdot Y \cdot (1 + f_d \cdot k_d \cdot \theta_X) \cdot \Delta COD}{1 + k_d \cdot \theta_X}$$

$$1.0 \text{ mg/L} = 5.0 \text{ mg/L} -$$

$$\frac{0.1 \cdot (0.40 \text{ g VSS/g COD})(1 + 0.15 \text{ g VSS/g VSS} \cdot 0.10 \text{ g VSS/g VSS/ 天} \cdot \theta_X) \cdot 320 \text{ mg/L}}{1 + 10 \text{ g VSS/g VSS/ 天} \cdot \theta_X}$$

当污泥停留时间大于 42.3 d 时，出水磷含量将大于 1.0 mg/L。

强化生物除磷法就是在生物反应器中富集聚磷菌。尽管没有人提取纯的聚磷菌，但是大量独立培养聚磷菌的试验以及分子生物学方法分析证实聚磷菌在交替的好氧和缺氧环境中可以得到富集。聚磷菌除磷的基本机制如图 2.16 所示。在厌氧条件下，复杂有机物被发酵细菌降解为短链脂肪酸（比如乙酸、丙酸、丁酸）。聚磷菌将短链脂肪酸转化为乙酰辅酶 A，乙酰辅酶 A 用于聚磷菌合成胞外聚合物（聚羟基丁酯）。聚磷菌将多聚磷酸盐水解生成正磷酸盐，为合成聚羟基丁酯提供所需的能量，正磷酸盐释放到水体中。

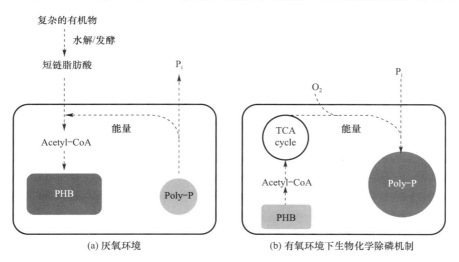

图 2.16 聚磷菌在厌氧环境和有氧环境下生物化学除磷机制

在好氧条件下，聚磷菌使用氧为最终受体氧化 PHB 产生能量（比如 NADH）用于生长和增殖。这些能量也用于细胞从外界溶液中获取正磷酸盐合成为多聚磷酸盐。在好氧条件下，聚磷菌从外界环境中吸收的正磷酸盐要比厌氧条件下释放的正磷酸盐多。这一现象叫作"过度吸磷"。通过厌氧条件下排泥就达到了生物除磷的目的。

一些聚磷菌可以将磷酸盐作为最终的电子受体，在厌氧条件下氧化 PHB 获取能量。这些聚磷菌称为反硝化聚磷菌，对在低碳/总氮比的条件下污水除氮是非常有用的。

2.6.3 化学沉淀法除磷

如前一节所述，当出水含磷量要求严格时，不可避免地要使用化学除磷的方法。多价阳离子可以与正磷酸盐生成磷酸盐沉淀。尽管这些絮凝剂可以在生物处理前或者生物处理后加入，在 MBR 系统中通常将絮凝剂直接加入生物反应器中（图 2.17）。在 MBR 系统中，如果在生物法处理之后加入絮凝剂，由于 MBR 系统出水浊度极低，可以作为絮凝核的颗粒物质较少，产生的絮体难以发生沉淀。

在实践中，铝离子、三价铁离子、钙离子等金属盐是常用的沉淀剂。铝离子、三价铁离子与磷酸盐的反应式如下：

$$Al^{3+} + PO_4^{3-} \longrightarrow AlPO_4(S)$$
$$Fe^{3+} + PO_4^{3-} \longrightarrow FePO_4(S)$$

尽管如化学反应方程式所述，一摩尔铝离子或铁离子与一摩尔磷酸盐发生沉淀，事实上由于絮凝剂的存在，更多的铝离子或者铁离子产生絮凝反应才能发生沉淀。铝离子和铁离子可以与多种配体发生复杂的反应，包括水和溶液中的氢氧根。为了获得最佳的沉淀条件，需要对不同浓度的絮凝剂、pH 值和碱度进行烧杯试验。

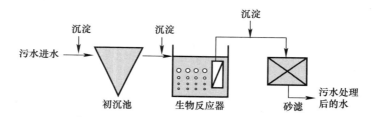

图 2.17　MBR 污水处理厂添加化学试剂除磷

在高 pH 值（大于 10）条件下，钙离子可以与磷酸盐发生沉淀，表达式为：

$$10Ca^{2+} + 6PO_4^{3-} + 2OH^- \longrightarrow Ca_{10}(PO_4)_6(OH)_2(S)$$

该反应只有在高 pH 值条件下才能发生，补加的钙（一般是石灰形式）在沉淀之前，要消耗碱度，这种方法适合在生物处理之后使用。

添加的铝盐或者铁盐会影响膜污染速度。在生物反应器中，这些盐类所带的阳离子能够中和带负电的胶体和活性污泥颗粒，从而产生磷酸盐沉淀。由于形成的颗粒粒径逐渐增大，最终可以使堵塞膜孔的颗粒逐渐减少。因此，加入铝盐或者铁盐可以减弱 MBR 系统中的膜污染。然而，过多加入絮凝剂会导致膜表面结垢。

▶▶▶ 参考文献

Amann, R. I., Ludwig, W., and Schleifer, K. H. (1995) Phylogenetic identification and in situ detection of individual microbial cells without cultivation, Microbiology and Molecular Biology Reviews, 59(1): 143-169.

Barr, J., Slater, F. R., Fukushima, T., and Bond, P. L. (2010) Evidence for bacteriophage activity causing community and performance changes in a phosphorus-removal activated sludge, FEMS Microbiology Ecology,

74(3): 631-642.

Black, J. G. (2008) Microbiology, 7th edn. John Wiley & Sons, Inc., Hoboken, NJ.

Irving, L. G. and Smith, F. A. (1981) One-year survey of enteroviruses, adenoviruses, and reoviruses isolated from effluent at an activated-sludge purification plant, Applied and Environmental Microbiology, 41(1): 51-59.

Kotaya, S. M., Dattab, T., Choi, J., and Goel, R. (2011) Biocontrol of biomass bulking caused by Haliscomenobacter hydrossis using a newly isolated lytic bacteriophage, Water Research, 45(2): 694-704.

Madigan, M. T., Matinko, J. M., and Parker, J. (2000) Brock: Biology of Microorganisms.

Prentice-Hall Inc., Upper Saddle River, NJ.

Mino, T., van Loosdrecht, M. C. M., and Heijnen, J. J. (1998) Microbiology and biochemistry of the enhanced biological phosphate removal process, Water Research, 32(11): 3193-3207.

Park, H. -D., Wells, G. W., Bae, H., Criddle, C. S., and Francis, C. A. (2006) Occurrence of ammonia-oxidizing archaea in wastewater treatment plant bioreactors, Applied and Environmental Microbiology, 72(8): 5643-5647.

Pollice, A., Laera, G., Saturno, D., and Giordano, G. (2008) Effects of sludge retention time on the performance of a membrane bioreactor treating municipal sewage, Journal of Membrane Science, 317(1-2): 65-70.

Randal, C. W., Barnard, J. L., and Stensel, H. D. (1992) Design of activated sludge biological nutrient removal plants. In Design and Retrofit of Wastewater Treatment Plants for Biological Nutrient Removal, Randal, C. W., Barnard, J. L., and Stensel, H. D. (eds.). Technomic Publishing, Lancaster, PA.

Rittmann, B. E. and McCarty, P. L. (2000) Environmental Biotechnology: Principles and Applications. McGraw-Hill Higher Education, Boston, MA.

Song, K. -G., Kim, Y., and Ahn, K. -H. (2008) Effect of coagulant addition on membrane fouling and nutrient removal in a submerged membrane bioreactor, Desalination, 221(1-3): 467-474.

Tchobanoglous, G., Burton, F. L., and Stensel, H. D. (2003) Wastewater Engineering: Treatment and Reuse, 4th edn. McGraw-Hill, New York.

US EPA (1993) Manual: Nitrogen control. Environmental Protection Agency, Washington, DC.

Wagner, M. and Loy, A. (2002) Bacterial community composition and function in sewage treatment systems, Current Opinion in Biotechnology, 13: 218-227.

Wells, G. F., Park, H. -D., Yeung, C. -H., Eggleston, B., Francis, C. A., and Criddle, C. S. (2009) Ammonia-oxidizing communities in a highly aerated full-scale activated sludgebioreactor: Betaproteobacterial dynamics and low relative abundance of Crenarchaea, Environmental Microbiology, 11(9): 2310-2328.

Woese, C. and Fox, G. (1977) Phylogenetic structure of the prokaryotic domain: The primary kingdoms, Proceedings of the National Academy of Science of the United States of America, 74(11): 5088-5090.

第**3**章

膜、膜组件和膜箱

在膜生物反应器系统中，微生物和膜构成了主要的处理技术。我们在第 2 章介绍了微生物，这一章我们将讨论膜技术，本章的内容包括从膜材料到膜产品的基本工艺技术。

3.1 膜分离理论

膜分离技术用于固液分离主要有两种机制：深层过滤和表面过滤。

深层过滤可以完成固液分离，过滤器的平均孔径比要分离的颗粒的平均粒径大十倍。一些颗粒被过滤器中积累的颗粒截留，另外一些颗粒通过过滤器中曲折孔道时被吸附。深层过滤的主要机制就是吸附。过滤器吸附饱和时，颗粒物质就不能再被去除。这时，可以通过反冲洗洗出累积的颗粒物质或者替换新的过滤器。颗粒活性炭过滤器、砂滤器和多介质过滤器都属于深层过滤器。

筛网过滤器的表面孔径因为比颗粒物质小而可以去除颗粒物，这一作用叫作截留机制。原水或者进水中的颗粒物质在膜表面截留和积累，过滤器同样可以截留颗粒的粒径比膜表面孔径小的物质。表面积累的颗粒物质不能进入内部，筛网过滤器表现出较好的截留性能。MBR 系统用到的大多数超微滤膜都属于表面过滤。

用膜过滤原水中的颗粒物质，不仅要考虑颗粒物质对膜表面和内部孔壁的相互作用，还要考虑进水水质和复杂的传质机制。我们将膜对固液分离现象分成两个问题讨论：一个是悬浮物颗粒的传递至超微滤膜的表面；另一个是水通过膜孔的传质。

3.1.1 悬浮颗粒物质传递到膜表面及颗粒物质与膜的相互作用

分离液体悬浮物过程中，固液分离系统中液体的传输机制主要的影响条件是液体黏度。膜进出水两侧的压力差是固液分离的驱动力，影响流体流态。

悬浮颗粒的粒径和颗粒与膜的相互作用都影响膜对渗透液和截留物质的作用。图 3.1 表示膜对悬浮颗粒物质的传质机制。悬浮物质通过对流和扩散两种方式作用于膜表面。液压或者水压差促使颗粒物质对流流动。在膜表面附近，颗粒物质不断靠近膜表面，同时不断从膜表面脱离，当颗粒物质靠近膜表面速率等于从膜表面脱离的速率时，就达到一个动态平衡。

颗粒物质不断靠近膜表面，不断从膜表面脱离，通过与膜表面的相互作用使得颗粒物质通过筛分作用被截留。比孔径小的水分子通过扩散作用透过膜孔，有时依靠水压差（跨膜压差，详见第 3.5.1 节）透过膜。颗粒物质传质和颗粒物质与膜相互作用的主要类型将在后面章节中论述。

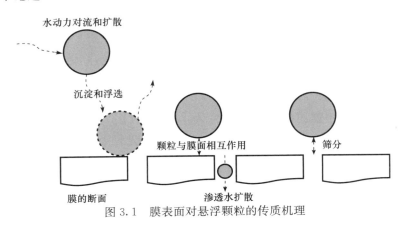

图 3.1　膜表面对悬浮颗粒的传质机理

3.1.1.1　流体对流

进水与出水两侧的压力差是颗粒物质靠近膜表面的驱动力。颗粒物质逐渐向膜表面靠近，水力阻力随着距离的减小而增大，当颗粒物质靠近膜表面的位置没有孔时，阻力趋于无穷大。当颗粒物质靠近膜表面的位置有一个空隙时，水力阻力是有限大的，压力差就会驱动流体穿过多孔屏障。

由于这些现象对筛分过滤有很大的影响，不少学者进行了大量的分析和试验来研究这些相互作用因素，经典的斯托克斯流体动力学表达式描述的就是颗粒物质沿着法向或者切向向有孔或者无孔膜表面移动的过程。值得注意的是，在膜表面附近，颗粒物质吸附到膜表面之前，水压驱动颗粒物质冲刷着膜表面。

3.1.1.2　沉淀和再悬浮

对于大于 1 μm 的颗粒，重力作用影响相当大。污水处理中进水的颗粒通常大于 1 μm。因此，在颗粒靠近膜表面的对流作用过程中，重力起到重要作用。

与液体相比，颗粒的相对密度较大，在膜表面会产生沉淀和再悬浮的现象。在大多数情况下，重力作用的影响往往和其他迁移的作用相结合（比如流体动力学迁移作用）。当颗粒物与膜表面的距离较近时，其他机制开始占主导地位，比如电动双层相互作用和范德华力。

3.1.1.3　颗粒物与膜间的相互作用

在膜孔附近，颗粒物质越靠近膜孔，颗粒物质与膜间的相互作用越明显。通常，在膜孔附近，范德华力和电动双层相互作用会影响颗粒物质的迁移。范德华力往往起到吸引作用；根据膜表面和溶液的性质不同，双层力作用往往起到排斥作用，当颗粒物质与膜表面距离达到一个临界值时，这种作用力会迅速增大。

定量估算这些相互作用的物理化学常数是非常有必要的，但当这些常数低于或者高于某一临界值时，颗粒物质的截留率和这些常数的关系不大。需要强调的是，在孔径小于 10 nm 的纳滤膜中，这种双层力作用就会占主导，许多带电颗粒就会被截留，在膜表面积累，就整个膜而言，在许多情况下，截留作用还会提高。

3.1.1.4 筛分作用

基于颗粒尺寸范围的筛分作用是最简单的分离理论，该方法能够达到对悬浮颗粒物的高效截留。然而，小孔径的膜往往通量较低，在过滤过程中，由于滤饼层的形成或者颗粒物质的累积往往会导致孔径进一步减小，为了去除滤饼层或者累积的颗粒物质，需要在出水侧进行反冲洗。

3.1.1.5 颗粒的扩散作用

在液体过滤中，布朗扩散可能是亚微米级的颗粒物质（小于 $1\ \mu m$）的一个重要传输机制。正如质量扩散方程中描述的典型扩散方程 [式 (3.1)]，依据数值 d_{par}/d_p（其中 d_{par} 为颗粒物质的有效直径，d_p 为膜的有效孔径）的大小，处理系统就能判断颗粒物质能否被膜截留。用布朗扩散代替通常的扩散系数，如下式：

$$BD = \frac{C_S k_B T}{3\pi\mu d_{par}} \tag{3.1}$$

式中　C_S——坎宁安修正因子；

　　　k_B——玻尔兹曼常数，J/K 或者（kg m^2/s^2）K；

　　　T——绝对温度，K；

　　　d_{par}——有效的颗粒直径，m；

　　　μ——水的黏度，kg/(m·s)。

如果流体阻力和布朗运动驱动力都很大，则颗粒的运动受到对流扩散（由流体黏度和时间步长影响）和布朗扩散（无规则的运动由布朗运动系数和时间步长影响）的双重影响。

例 3.1

计算在一定条件下，水温 20 ℃，颗粒直径为 10 μm 的布朗扩散系数。在不同温度下，坎宁安校正系数见表 3.1。

计算过程

如表 3.1 所示，两种文献介绍的在一定温度下，颗粒直径为 10 μm 的坎宁安校正系数为 1.02，20 ℃下水的黏度为 1.002×10^{-3} kg/(m·s)。因而，根据式 (3.1) 颗粒布朗扩散系数的计算公式为：

$$BD = \frac{C_S k_B T}{3\pi\mu d_{par}} = 4.44\times10^{-14}\ m^2/s$$

两种文献中的坎宁安校正系数　　　　　　　　　　　　　　　表 3.1

$d_p(\mu m)$	坎宁安校正系数，C_S	
	Davies（1945）	Allen 和 Raabe（1982）
0.01	22.7	22.4
0.02	11.6	11.6
0.05	5.06	5.09
0.1	2.91	2.94
0.2	1.89	1.9
0.5	1.34	1.32
1	1.17	1.16

续表

$d_p(\mu m)$	坎宁安校正系数，C_s	
	Davies（1945）	Allen 和 Raabe（1982）
2	1.08	1.08
5	1.03	1.03
10	1.02	1.02
20	1.01	1.01

3.1.2　超微滤膜的传质理论

哈根-泊肃叶方程假设膜由许多垂直于表面或者倾斜的平行圆柱孔组成。水以层流状态通过直径为 R_p 的毛细管。每个毛细管孔的流速为：

$$Q_c = \frac{\pi R_p^4}{8\mu} \times \frac{\Delta P}{\Delta X} \tag{3.2}$$

式中　μ——水的黏度，Pa·s；

ΔP——压力差，Pa；

ΔX——膜的厚度，μm；

R_p——孔的直径，μm。

如果膜有 N 个毛细孔，通过膜的总流量（Q_p 或 Q_w）为：

$$Q_p \text{ 或者 } Q_w = NQ_c \tag{3.3}$$

那么膜有效的孔面积可以用下式计算：

$$A = \frac{N\pi R_p^2}{\varepsilon} \tag{3.4}$$

式中　N——孔的数目；

ε——膜的孔隙率。

膜的通量等于渗透流量除以有效流动面积，计算公式为：

$$J_w = \frac{N \cdot Q_c}{A} = \frac{N \cdot Q_c}{N \cdot \pi \cdot R_p^2/\varepsilon} = \frac{N[(\pi R_p^4/8\mu) \times (\Delta P/\Delta X)]}{N\pi R_p^2/\varepsilon} = \frac{\varepsilon R_p^2}{8\mu} \times \frac{\Delta P}{\Delta X} \tag{3.5}$$

事实上，膜中的孔不是直的，因而前面介绍的公式应该引入一个因子：毛孔的曲折度（τ）和 $\varepsilon R_p^2/8\mu\tau$。这一因子简写为 K_p，用来表示水的渗透性：

$$J_w = \frac{\varepsilon R_p^2}{8\mu\tau} \times \frac{\Delta P}{\Delta X} = K_p \times \frac{\Delta P}{\Delta X} \tag{3.6}$$

同时，康尼乐和卡曼（1939）假设膜是一系列密集排列的球体，推导渗透通量为：

$$J_w = \frac{\varepsilon^3}{(1-\varepsilon^2)\mu K S^2} \times \frac{\Delta P}{\Delta X} \tag{3.7}$$

式中　ε——膜的孔隙率，无单位；

S——内表面积，m^2；

K——与孔形状和弯曲有关的康尼尔-卡曼常数。

式（3.7）称为康尼尔-卡曼方程，注意式中 $\varepsilon^3/(1-\varepsilon^2)\mu KS^2$ 项与哈根-泊肃叶方程中的 K_p 相等。

超微滤膜的实际孔结构既不是圆柱形也不是球形，用 NIPS 法制得的膜为海绵状结构（详见第 3.3.1 节）。所以，孔结构是很复杂的，而不是圆柱形，这就是说在理论计算值和实际测量值之间存在一个偏差。

例 3.2

假设膜上孔为圆柱形，膜上长宽为 1 μm 的面积内只有一个孔，膜内部孔完全浸润，在水压驱动下，水从进水侧到出水侧以 100 cm/s 的速度匀速通过。假设跨膜压差为 0.2 bar（1 bar＝100 kPa），温度恒定为 20 ℃，计算膜的孔径。

计算过程

因为膜的孔形状为圆柱形，可以用哈根-泊肃叶方程得到膜的孔径。水通过端面的速度是线性增加的，可以计算出每个圆柱孔的流速。

$$Q_c = \nu \times \pi R_p{}^2 = \frac{\pi R_p{}^4}{8\mu} \times \frac{\Delta P}{\Delta X}$$

$$\nu = \frac{R_p{}^2}{8\mu} \times \frac{\Delta P}{\Delta X}$$

$$R_p = \sqrt{8\mu\nu \times \frac{\Delta X}{\Delta P}}$$

$$R_p = \sqrt{8(1.002 \times 10^{-3}\,\text{Pa}\cdot\text{s})(10^3\,\mu\text{m} \times 10^6\,\mu\text{m/s})/(\pi(0.2 \times 10^5\,\text{Pa}))} = 11.3\,\mu\text{m}$$

由此，膜的孔径为 11.3 μm。

例 3.3

假设膜上有 N 个圆柱形孔，水以 45.0 mL/min 的速度透过膜，跨膜压差为 0.4 bar，膜的孔径为 0.1 μm。对厚度为 0.12 mm，长宽都是 5 mm 的膜，计算单位面积的孔密度（假设在 20 ℃ 恒定条件下运行）。

计算过程

使用式（3.2）和式（3.3），孔密度的表达式为：

$$Q_p = N \times Q_c = N \times \frac{\pi R_p{}^4}{8\mu} \times \frac{\Delta P}{\Delta X}$$

$$N = Q_p \times \frac{8\mu}{\pi R_p{}^4} \times \frac{\Delta X}{\Delta P}$$

孔密度为：

$$\frac{N}{A} = \frac{Q_p}{W \times L} \times \frac{8\mu}{\pi R_p{}^4} \times \frac{\Delta X}{\Delta P}$$

$$\frac{N}{A} = \frac{45.0/60\,\text{cm}^3/\text{s}}{0.5\,\text{m} \times 0.5\,\text{m}} \times \frac{8 \times 1.002 \times 10^{-3}\,\text{Pa}\cdot\text{s}}{\pi(0.1 \times 10^{-4}\,\text{cm})^4} \times \frac{0.012\,\text{m}}{0.2 \times 10^5\,\text{Pa}}$$

由此得到孔密度为 4.59 ea/cm²。

3.2　膜材料

在对科学和专利文献的调查后发现，已有 130 多种材料可以用来制造膜产品，但是只有少数已经商业化。在水和废水处理过程中，有几项要求限制了很多材料的应用。在运行时间超过 5 年时，膜要有良好的耐强酸、强碱、化学试剂和机械性能。膜一般在 pH 值为 4～10 条件下运行，但是膜产品的清洗恢复在 pH 值为 1～12 的环境中进行。膜要与氯和次氯酸盐等有毒的氧化剂接触，在较长的运行周期内，还要经受气水反冲洗产生的高剪切作用。

因此，为了满足这些运行要求，必须要用性能稳定的材料，如工程塑料、不锈钢和陶瓷材料。这一章主要介绍包括 MBR 在内的水和污废水处理中占主导地位的聚合物材料。在水和污废水处理中经常使用的聚合物材料分子结构，如图 3.2 所示，相对应的膜产品性能见表 3.2。

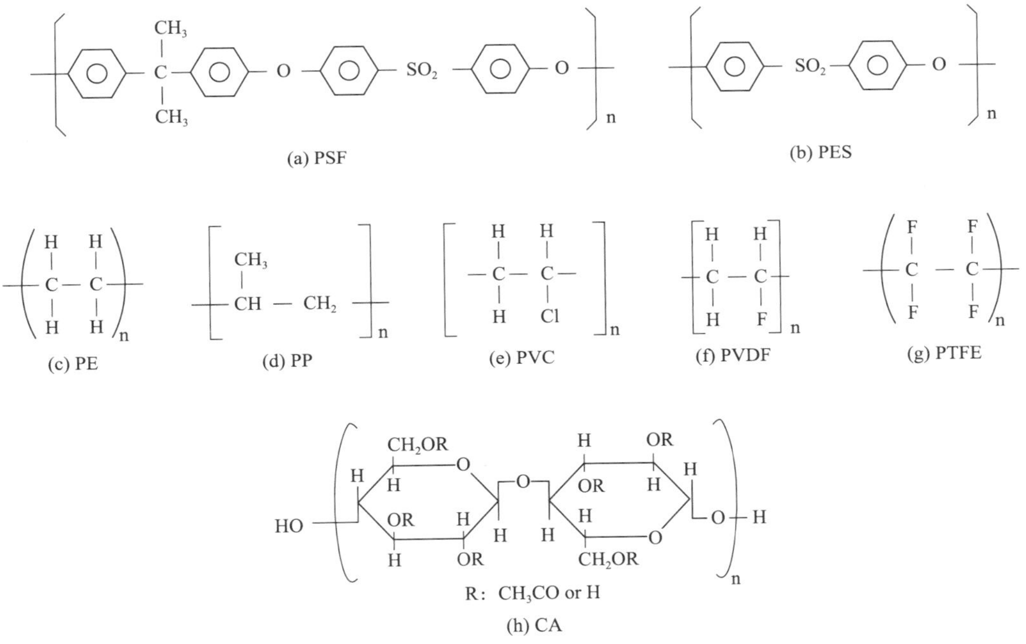

图 3.2　分离膜常用聚合物材料的分子结构

膜　材　料　　　　　　　　表 3.2

聚合物	制备方法	优势	劣势
PSF	NIPS	1. 易于成型 2. 浸出液安全 3. 机械强度高	1. 硬/脆 2. 低的化学耐受性
PES	NIPS	1. 易于成型 2. 浸出液安全 3. 机械强度高	1. 硬/脆 2. 低的化学耐受性
PE	MSCS	1. 材料价格较低 2. 伸长率高	孔径分布宽

聚合物	制备方法	优势	劣势
PP	MSCS	1. 材料价格较低 2. 伸长率高	孔径分布宽
PVC	MSCS	1. 材料价格较低 2. 伸长率高	1. 孔径分布宽 2. 材料添加剂副作用
PVDF	NIPS、TIPS	1. 孔径分布窄 2. 化学耐受性高	1. 不太容易成型 2. 耐碱性差
PTFE	MSCS	1. 水的渗透性好 2. 化学耐受性高	1. 难以成型 2. 材料价格高 3. 抗污染能力弱
CA	NIPS	1. 亲水性（容易润湿） 2. 易于成型	1. 耐酸/碱性差 2. 耐化学性差

3.2.1 聚砜

早在 1965 年，联合碳化物公司就实现了聚砜工业化生产，聚砜是使用最广泛的工程塑料之一。由于原材料和聚合过程费用较高，聚砜一般用在特殊的场合，也作为聚碳酸酯的高端替代品。聚砜作为膜材料，与其他材料相比浸出性低，浸出液较为安全，最早用于医疗和制药行业，比如渗析和高温分离。除此之外，用聚砜做的过滤装置可以用在蒸汽灭菌领域，用聚砜做的高压釜使用 50 次以上仍性能完好。用它来制备超微滤膜，孔径也比较容易控制。用非溶剂凝胶法制备的聚砜膜，由于凝胶时间短（凝胶时间详见第 3.3.3 节），也可以有效控制孔结构。

因其芳香环结构，聚砜刚度强，具有很高的机械强度、抗蠕变性能和抗高温变形能力。与醋酸纤维素相比，聚砜具有较宽的温度和 pH 值稳定性范围。聚砜可以在 75 ℃ 和 pH 值为 1~13 的环境下运行，同时也有较好的抗氯性能。但与聚偏氟乙烯（PVDF）、聚四氟乙烯（PTFE）和聚烃类材料相比，其耐化学试剂能力较差，因此聚砜膜要尽量避免在强酸、强碱条件下化学清洗。

3.2.2 聚醚砜

聚醚砜的特性与聚砜类似。它是一种耐热、透明、琥珀色、非结晶的工程塑料。纯净的聚醚砜可以加热到 100 ℃。聚醚砜具有一定的亲水特性，过滤过程中聚醚砜膜会很快浸润。聚醚砜这种亲水特性使得其不需要添加表面活性剂来增加浸润性（详见第 3.4.2.1 节）。但是，与聚砜膜相比，聚醚砜有更高的玻璃转化温度和融化温度，因此聚醚砜膜更加脆弱。即使聚醚砜膜浸润之后刚性降低，但在长期运行过程中，其脆性仍然会降低使用寿命。

3.2.3 聚烯烃类：聚乙烯、聚丙烯和聚氯乙烯

这些材料的最大优势就是价格低廉，是使用最广泛的也是较为廉价的塑料。它们具有与聚砜、聚醚砜类似的拉伸强度。由于其具有较高的拉伸强度，因此具有更高的机械强度。聚乙烯、聚丙烯和聚氯乙烯膜在水和废水处理过程中，最大的问题就是膜的破损造成原水渗透，导致出水水质下降。只要这些膜不破损，即使拉伸变形至细长，出水水质还是

能达标。这种抗拉形变要求材料具有较高的弹性性能。一些膜供应商利用这种特性，采用较高的气压进行反冲洗以提高清洗恢复率。

聚乙烯、聚丙烯和聚氯乙烯与其他材料相比，具有较强的憎水性。这一特性也使得膜在过滤时不容易被浸润，它需要额外的浸润剂处理。第 3.4 节将详细介绍这一浸润问题。此外，这些膜也采用不同的制膜方法（熔体纺丝-冷却拉伸法），这一过程产生梳状孔结构。使用这种方法很难控制孔径，因而这些材料制成的膜孔径为 0.2～0.4 μm。

3.2.4　聚偏氟乙烯

与常见的膜材料醋酸纤维素、聚砜和聚醚砜相比，聚偏氟乙烯在水和废水处理过程中是使用最广泛的膜材料。由于在膜制造过程中有较长的凝胶时间，聚偏氟乙烯膜可以很容易形成较窄的孔径。此外，较长的凝胶时间会导致均匀的孔径分布。商品化的聚偏氟乙烯膜孔径从 0.02 μm（超滤）到 0.4（微滤）μm，也表现出较强的耐化学性和抗氯性能。

3.2.5　聚四氟乙烯

在水和废水处理过程中，聚四氟乙烯是最有希望替代聚偏氟乙烯的膜材料。聚四氟乙烯表现出较强的耐酸碱性能、耐氯性能和耐大多数化学试剂的性能，是最为稳定的膜材料。聚四氟乙烯膜也具有较宽的 pH 值（从 1～13）和温度（从 -100 ℃到 260 ℃）运行条件。聚四氟乙烯具有很强的疏水性，创造了一定范围的滑移边界条件，加速了水通过膜孔的流动，因此聚四氟乙烯膜表现出较高的渗透通量。这也是聚偏四氟乙烯膜显示高渗透通量的主要原因。但这种超高的疏水性会造成较差的附着性能，从而需要额外的铸胶工艺（详见第 3.6.1 节）。

3.2.6　醋酸纤维素

醋酸纤维素是最早使用的膜材料。醋酸纤维素可以从木浆或棉短绒等自然资源中获得，这也是醋酸纤维素最初作为膜材料的原因。醋酸纤维素可以制备出各种孔径，也是用于制造水处理中各种膜的唯一材料，用途包括微滤、超滤、纳滤和反渗透。醋酸纤维素价格低廉，较高的亲水性增加了其抗污染能力。

然而，应用广泛的醋酸纤维素也有一些局限性，其运行温度和 pH 值范围较窄。正常运行的最大温度为 30 ℃，醋酸纤维素与三醋酸纤维素混合可以将温度提高到 40 ℃。一般膜产品都需要较宽的 pH 值运行范围，特别对 MBR 系统而言。膜产品表面存在不可避免的污染，需要用酸、碱和氯进行周期清洗，以恢复其性能。

膜运行过程中正常的 pH 值变化为 5～9，清洗过程中的 pH 值变化为 2～11，但大多数醋酸纤维素膜的 pH 值限制在 2～8，这个范围不太适合化学清洗。此外，醋酸纤维素膜很容易被生物降解，很难保证长期运行。

3.3　膜的制造

3.3.1　膜的制造方法

有三种主要的制膜方法：非溶剂致相分离法（NIPS）、熔体纺丝-冷却拉伸法

（MSCS）和热致相分离法（TIPS）。

NIPS 就是使用对聚合物溶解性能不同的溶剂。有两个不同的溶剂：一类是"良溶剂"，能很好地溶解聚合物；另一类是"弱溶剂"或者"非溶剂"，对聚合物溶解能力较弱。然而，两种溶剂却能很好地相溶。当聚合物和"良溶剂"所配的溶液浸入"弱溶剂"，"良溶剂"从聚合物和"良溶剂"所配的溶液中扩散出来，与"弱溶剂"形成新的聚合物，导致了聚合物的分相（凝固）。

在聚合物分相过程中，"良溶剂"存在的地方就形成了膜孔。漂洗之后去除残留的"良溶剂""弱溶剂"和其他添加剂，进行干燥，就形成了膜。喷丝板的形状和尺寸、聚合物组成和溶液中的"良溶剂"决定膜孔的内外径。在这种方法中，大多数聚合物都有相应的"良溶剂"和"弱溶剂"。聚合物的分子结构式如图 3.3 所示。用非溶剂致相分离法制备的膜的表面孔径如图 3.4（a）所示。

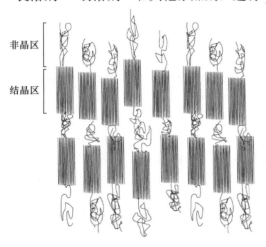

图 3.3　聚合物中的结晶区和非结晶区
（结晶区（结晶）分子结构排列有序。
结晶度越高，聚合物材质越坚硬，
越坚固，韧性稍差）

一般情况下，聚合物都可以分为结晶层状结构（刚硬的）和无定形排列结构（柔韧的）。聚合物有两个转变温度：一个是玻璃化转变温度（T_g），另外一个是融化温度（T_m）。一般情况下，玻璃化转变温度（T_g）高于融化温度（T_m）。非结晶分子结构在温度高于融化温度（T_m）变得具有活动性，结晶体分子结构在温度高于玻璃化转变温度（T_g）时变得具有活动性。

MSCS 适合在室温下没有"良溶剂"溶解的非结晶体聚合物。将熔融的聚合物降低到融化温度（T_m）以下，在一个或两个方向拉伸，结晶体聚合物的结构仍能保持其原有的形态，非结晶体聚合物的结构开始变长，该过程中产生的缝隙就可以看作膜孔。

这些膜都有各向异性的孔结构，如图 3.4（b）所示，与其他的制膜方法相比有较宽的孔径分布，这对膜的完整性会产生不利的影响。使用这种方法很难控制孔径大小，也不太可能制造超滤膜。使用 MSCS 制造的商业膜的总体平均孔径为 0.4 μm。出于这个原因，用 MSCS 生产的膜产品主要用于 MBR 工艺，不用于饮用水处理。然而，由于采用 MSCS 的材料便宜，比如 PE 或者 PP，采用 MSCS 能制造出最便宜的膜产品。

就制造机制而言，TIPS 处于 NIPS 和 MSCS 之间的中间位置。TIPS 在溶解性和熔融温度点方面有所不同。TIPS 中聚合物在较高温度下，溶解于溶剂或者稀释剂中，接着再低温淬火，溶剂或者稀释剂排出，诱导产生孔。之后会对膜进行拉伸，使其增加一定的机械强度。所有的聚合物都可以使用 NIPS 或者 MSCS 制造膜产品。

近年来，为了解决 TIPS 生产的膜产品机械性能弱的问题，进行了很多研究。TIPS 也是主要的制造方法，但是最常用的方法是 NIPS。新的膜产品采用编织管增强型，具有 TIPS 和 NIPS 的优点。具有编织管的支撑层，在膜编织管表面采用 NIPS 法制造膜分离层。这种方法制造的膜产品在所有膜产品中具有最高的机械强度。其抗拉强度为 20～

$30 \mathrm{~kg} / \mathrm{cm}^2$，是其他膜产品机械强度的 30 倍以上，在运行过程中不容易破裂。

对于 NIPS，选择一种聚合物作为膜材料，两种溶剂中，"良溶剂"与聚合物具有相似的溶解度参数，"弱溶剂"的溶解度参数与聚合物有所差异。

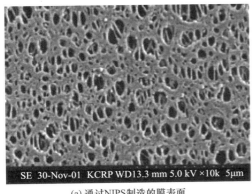

(a) 通过NIPS制造的膜表面	(b) 增强型膜的断面

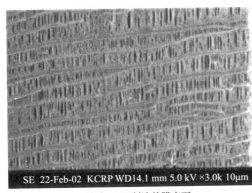

(c) 通过MSCS制造的膜表面	(d) 通过TIPS制造的膜表面

图 3.4　制备膜产品的照片

3.3.2　NIPS 和 TIPS 工艺的溶解度参数

溶剂对聚合物的相容性，也就是聚合物溶解到溶剂中的趋势，即溶解度参数。当聚合物和溶剂的溶解度参数相接近时，聚合物更容易溶解到溶剂中。聚合物溶解伴随着自由能的变化，ΔG（单位 J/mol）可以表达为：

$$\Delta G = \Delta H - T\Delta S \tag{3.8}$$

式中　ΔH——混合热，J/mol；

T——绝对温度，K；

ΔS——混合熵，J/(mol·K)。

由于聚合物溶解过程伴随着混合熵变化，自由能的变化是增加还是降低主要取决于混合热的大小（ΔH）。有几种计算混合热（ΔH）的方法，在这些方法中，最常使用的是希尔德布兰德和斯科特提出的如下等式：

$$\Delta H_{\mathrm{M}} = V_{\mathrm{M}} \left[\left(\frac{\Delta E_1}{V_1} \right)^{1/2} - \left(\frac{\Delta E_2}{V_2} \right)^{1/2} \right]^2 \phi_1 \phi_2 \tag{3.9}$$

式中 ΔH_M——总的混合热，J/mol；

   V_M——混合物总的摩尔体积，m^3/mol；

   ΔE——汽化或结合能热量，J/mol；

   V——摩尔体积，m^3/mol；

   ϕ——体积分数。

下标 1 和 2 代表混合溶液中组分 1 和组分 2。

ΔE 的物理意义为液体中分子之间的吸引力。式（3.9）中的 $\Delta E/V$ 相当于汽化潜热的密度，或者称为物质的"内部压力"或"内聚能"。$(\Delta E/V)_{1/2}$ 表示为 δ_{sp}，定义为溶解度参数，聚合物和溶剂的溶解度参数都可以计算出来。聚合物的溶解度参数可以粗略地用分子结构的重复单元计算，溶剂的溶解度参数通常可以从文献中查到。溶解度参数可以分为三部分，每一部分都代表不同种类的分子间作用力：

$$\delta_{sp}^2 = \delta_d^2 + \delta_p^2 + \delta_h^2 \tag{3.10}$$

式中 δ_d^2——范德华力；

   δ_p^2——偶极矩；

   δ_h^2——氢键力成分。

例 3.4

参照表 3.3 和表 3.4 所示的溶解度参数，计算溶剂（正己烷、N，N-二甲基甲酰胺（DMF）和水）与相对应的聚合物的相容性：

（1）PE；（2）PAN；（3）CA（56%酯基含量）。

计算过程

在表 3.3 中，我们可以查到正己烷、N，N-二甲基甲酰胺（DMF）和水的溶解度参数，分别为 7.3 cal/cm^3，12.1 cal/cm^3，23.4 cal/cm^3。在表 3.4 中，PE、PAN 和 CA 的溶解度参数分别为 8.0 cal/cm^3、12.5 cal/cm^3 和 27.8 cal/cm^3。最佳的搭配为 PE-正己烷、PAN-DMF 和 CA-水。我们也可以推测水和 PE 是最不相容的，因为两者之间的溶解度参数相差最大。

膜制造过程中经常使用的溶剂溶解度参数   表 3.3

溶剂	δ（cal/cm^3）F	氢键作用力
丙酮	9.9	m
乙腈	11.9	p
乙酸戊酯	8.5	m
苯胺	10.3	s
苯	9.2	p
乙酸丁酯	8.3	m
丁醇	11.4	s
丁酸丁酯	8.1	m
二硫化碳	10	p
四氯化碳	8.6	p
氯苯	9.5	p
氯仿	9.3	p
甲酚	10.2	s
环己醇	11.4	s

续表

溶剂	δ（cal/cm³）F	氢键作用力
二戊醚	7.3	m
邻苯二甲酸二戊酯	9.1	m
二苄醚	9.4	m
苯二甲酸正丁酯	9.3	m
癸二酸二丁酯	9.2	m
1，2-二氯苯	10	p
碳酸二乙酯	8.8	m
二（乙二醇）	12.1	s
二乙二醇单丁醚（二乙二醇丁醚®）	9.5	m
二乙二醇单乙醚（卡必醇®）	10.2	m
乙醚	7.4	m
二乙基甲酮	8.8	m
邻苯二甲酸二乙酯	10	m
邻苯二甲酸二己酯	8.9	m
邻苯二甲酸二异癸酯	7.2	m
N，N-二甲基乙酰胺	10.8	m
二甲醚	8.8	m
N，N-二甲基甲酰胺	12.1	m
邻苯二甲酸二甲酯	10.7	m
二甲基硅氧烷	4.9～5.9	p
二甲基亚砜	12	m
己二酸二辛酯	8.7	m
邻苯二甲酸二辛酯	7.9	m
癸二酸二辛酯	8.6	m
1，4-二氧六环	10	m
丙二醇	10	s
二丙二醇甲醚	9.3	m
邻苯二甲酸二丙酯	9.7	m
乙酸乙酯	9.1	m
乙基戊基甲酮	8.2	m
丁酸乙酯	8.5	m
碳酸乙烯酯	14.7	m
二氯乙烯	9.8	p
乙二醇	14.6	s
乙二醇二乙酸酯	10	m
乙二醇二乙醚	8.3	m
乙二醇二甲醚	8.6	b
乙二醇单丁醚（丁基溶纤剂®）	9.5	m
乙二醇单乙醚（溶纤剂®）	10.5	m
糠醇	12.5	s
甘油	16.5	s
正己烷	7.3	p

续表

溶剂	δ（cal/cm^3）F	氢键作用力
异丙醇	8.8	m
甲醇	14.5	s
甲基戊基甲酮	8.5	m
二氯甲烷	9.7	p
甲基乙基酮	9.3	m
甲基异丁基酮	8.4	m
乙酸正丙酯	8.8	m
1，2-丙二醇碳酸酯	13.3	m
丙二醇	12.6	s
丙二醇甲基醚	10.1	m
吡啶	10.7	s
四氯乙烷	9.7	p
四氯乙烯	9.3	p
四氢呋喃	9.1	m
甲苯	8.9	p
水	23.4	s

膜制造中常使用聚合物的溶解度参数　　　　表 3.4

重复单元	$\delta(cal \cdot cm^{-3})^{1/2}$
按字母顺序	
丙烯腈	12.5
丙烯酸丁酯	9
甲基丙烯酸丁酯	8.8
纤维素	15.6
醋酸纤维素（56%酸根）	27.8
硝酸纤维素（11.8%N）	14.8
氯丁二烯	9.4
二甲基硅氧烷	7.5
丙烯酸乙酯	9.5
乙烯	8
对苯二甲酸乙二醇酯	10.7
甲基丙烯酸乙酯	9
福尔马林（甲醛）	9.9
己二酰二胺（尼龙6/6）	13.6
甲基丙烯酸正己酯	8.6
异冰片基丙烯酸酯	8.2
1，4-顺-异戊二烯	8
异戊二烯，天然橡胶	8.2
异丁烯	7.8
甲基丙烯酸异冰片酯	8.1
甲基丙烯酸异丁酯	7.2

重复单元	$\delta(cal \cdot cm^{-3})^{1/2}$
甲基丙烯酸月桂酯	8.2
甲基丙烯腈	10.7
丙烯酸甲酯	10
甲基丙烯酸甲酯	9.5
甲基丙烯酸辛酯	8.4
丙烯酸丙酯	9
丙烯	9.3
环氧丙烷	7.5
甲基丙烯酸丙酯	8.8
甲基丙烯酸十八烷基酯	7.8
苯乙烯	8.7
四氟乙烯	6.2
四氢呋喃	9.4
醋酸乙烯酯	10
乙烯醇	12.6
氯乙烯	9.5
偏氯乙烯	12.2
δ值递增排列	
四氟乙烯	6.2
甲基丙烯酸异丁酯	7.2
二甲基硅氧烷	7.5
环氧丙烷	7.5
异丁烯	7.8
甲基丙烯酸十八烷基酯	7.8
乙烯	8
1，4-顺-异戊二烯	8
甲基丙烯酸异冰片酯	8.1
异戊二烯，天然橡胶	8.2
甲基丙烯酸月桂酯	8.2
丙烯酸异冰片酯	8.2
甲基丙烯酸异辛酯	8.4
甲基丙烯酸正己酯	8.6
苯乙烯	8.7
甲基丙烯酸丙酯	8.8
甲基丙烯酸丁酯	8.8
甲基丙烯酸乙酯	9
丙烯酸丁酯	9
丙烯酸丙酯	9

续表

重复单元	$\delta(cal \cdot cm^{-3})^{1/2}$
丙烯	9.3
氯丁二烯	9.4
四氢呋喃	9.4
甲基丙烯酸甲酯	9.5
丙烯酸乙酯	9.5
氯乙烯	9.5
福尔马林（甲醛）	9.9
丙烯酸甲酯	10
醋酸乙烯酯	10
甲基丙烯腈	10.7
乙二醇对苯二甲酸酯	10.7
偏氯乙烯	12.2
丙烯腈	12.5
乙烯醇	12.6
己二酰二胺（尼龙6/6）	13.6
硝酸纤维素（11.8%N）	14.8
纤维素	15.6
醋酸纤维素（56%酸根）	27.8

例 3.5

用表 3.5 中的数据，估计聚乙烯醇－CH_2－$C(OH)H$－和乙醇 CH_3CH_2OH 的溶解度参数分量 δ_d、δ_h 和 δ_{sp}。

基于基团贡献参数和相关摩尔体积计算的有机化学试剂的溶解度参数　　表 3.5

基团参数	n	$F_d[(J \cdot m^3)^{1/2} \cdot mol^{-1}]$	$F_p[(J \cdot m^3)^{1/2} \cdot mol^{-1}]$	E_h $(J \cdot mol^{-1})$	V_m $(L \cdot mol^{-1})$
－CH_3	21	336.6	0	0	33.5
－CH_2－	35	234.6	0	0	16.1
－CH－	31	132.6	0	0	－1.0
$\overset{\vert}{\underset{\vert}{C}}$	4	－214.2	0.0	0.0	－19.2
＝CH－	44	255	38	0	13.5
＝C	46	－56.7	20	0	－5.5
苯基	7	1515	50	20.9	71.4
苯	16	1173	63.7	40.4	52.4
－$COOH$	3	561	833	14645	28.5
－$COOH$ 邻位	3	450	180	9000	24
－$COOH$ 芳香	3	335	200	8800	26
－$COOR$	1	204	450	12500	18
－CHO	1	198.9	4351.2	27783.7	22.8

基团参数	n	$F_d[(J \cdot m^3)^{1/2} \cdot mol^{-1}]$	$F_p[(J \cdot m^3)^{1/2} \cdot mol^{-1}]$	E_h (J·mol^{-1})	V_m (L·mol^{-1})
—CO—	5	105	600	9500	10.8
—O—	1	76.5	1225	101	3.8
—O—邻位	8	30	407	277.8	4.5
—OH	7	76.5	1225	6060	10
—OH 邻位	22	132.6	400	4000	13
—OH 苯环上	2	51	1300	12000	12
—CO—NH—	6	225	400	11000	11
—CO—NR—	5	360	930	9250	15
—NH₂	3	132.6	1176	11541.8	17.5
—NH—	2	122.4	700.7	1500	4.5
=N‹	11	30	150	750	—9.0
—N=	12	380	100	250	5
—S—	1	815.9	196	297.5	12
—SO₂—	3	295.8	4361	200	51
—F	6	102	493.9	6544.3	18
—Cl 芳香	9	397.8	1477.2	4706	26
环 3-4	1	204	0	0	18
环 5-	32	142.8	0	0	16
双键	49	15	14.3	83.5	—2.2
基团参数		$F_d[(J \cdot m^3)^{1/2} \cdot mol^{-1}]$	$F_p[(J \cdot m^3)^{1/2} \cdot mol^{-1}]$	E_h(J·mol^{-1})	V_m(L·mol^{-1})
(a) PVA：从以上数据，可以获得如下数值					
—CH₂—		234.6	0	0	16.1
—CH—		132.6	0	0	—1.0
—OH		132.6	400	4000	13
总体		499.8	400	4000	28.1
(b) 乙醇：从以上数据，可以获得如下数值					
—CH₂—		234.6	0	0	16.1
—CH₃		336.6	0	0	33.5
—OH		132.6	400	4000	13
总体		703.8	400	4000	62.6

聚乙烯醇和乙醇分子链的组成单元分别为（—CH₂—）、（—CH—）、（—OH）和（—CH₃）、（—CH₂—）、（—OH）。计算聚乙烯醇和乙醇的相容性。

计算过程

$$\delta_d = \frac{\sum F_d}{V_m} = \frac{499.8 \times 1000^{0.5} \; J^{0.5} L^{0.5}/mol}{28.1 \; L/mol} = 562.5 \; J^{0.5}/L^{0.5}$$

$$\delta_p = \frac{\sqrt{\sum F_p^2}}{V_m} = \frac{400.0 \times 1000^{0.5} \; J^{0.5} L^{0.5}/mol}{28.1 \; L/mol} = 450.1 \; J^{0.5}/L^{0.5}$$

$$\delta_h = \sqrt{\frac{\sum E_h}{V_m}} = \sqrt{\frac{4000.0 \; J/mol}{28.1 \; L/mol}} = 11.93 \; J^{0.5}/L^{0.5}$$

$$\delta_{sp}^2=\delta_d^2+\delta_p^2+\delta_h^2=316406 \text{ J/L}+202590 \text{ J/L}+142 \text{ J/L}=519138 \text{ J/L}$$

因此，$\delta_{sp}=720.5 \text{ J/L}$。

$$\delta_d=\frac{\sum F_d}{V_m}=\frac{703.8\times1000^{0.5} \text{ J}^{0.5}\text{L}^{0.5}/\text{mol}}{62.6 \text{ L/mol}}=355.3 \text{ J}^{0.5}/\text{L}^{0.5}$$

$$\delta_p=\frac{\sqrt{\sum F_p^2}}{V_m}=\frac{400.0\times1000^{0.5} \text{ J}^{0.5}\text{L}^{0.5}/\text{mol}}{62.6 \text{ L/mol}}=202.1 \text{ J}^{0.5}/\text{L}^{0.5}$$

$$\delta_h=\sqrt{\frac{\sum E_h}{V_m}}=\sqrt{\frac{4000.0 \text{ J/mol}}{62.6 \text{ L/mol}}}=7.99 \text{ J}^{0.5}/\text{L}^{0.5}$$

$$\delta_{sp}^2=\delta_d^2+\delta_p^2+\delta_h^2=126238 \text{ J/L}+40844 \text{ J/L}+64 \text{ J/L}=167146 \text{ J/L}$$

因此，$\delta_{sp}=408.8 \text{ J/L}$。

3.3.3　相分离和三角相图

在溶剂相分离过程中，相分离的组成要素有聚合物、"良溶剂"和"弱溶剂"。整个相分离过程可以看成在凝胶槽中这些混合物组成的变化，可以用一个三角〔非溶剂（N）、溶剂（S）、聚合物（P）〕组成图表示，如图 3.5 所示。

将一定的组成中相分离为两种不同的组成是一个热力学平衡过程，绘制相分离边界线必须要考虑到热力学因素。另一方面，三角相图中组成的变化也受到溶剂蒸发速度和在凝胶槽中"良溶剂"与"非溶剂"的交换速度的影响。因此，绘制相分离边界线也要考虑热力学的因素。因此，理论上相分离制膜过程受到两方面的影响：热力学和动力学。这一部分我们从三角相图中组成的变化定性地论述相分离过程（图 3.5）。

聚合物溶液凝胶的过程可以描述为组成从 A 变化到 B，组分 A 没有"弱溶剂"，组分 B 没有"良溶剂"。从组分 A 到组分 B 有无穷多种路径。如果曲线向上凸，就说明凝胶速度太慢或者说良溶剂向外扩散的速度较慢。如果组分含有太多的弱溶剂，该组分就会变得不稳定，不稳定区域或者亚稳定区域就会接近聚合物和弱溶剂的边界。聚合物分相从聚合物稳定区域与不稳定区域的边缘开始，每种组分在边缘线上发生变化。

如果我们想提高膜的孔隙率，就需要降低聚合物的浓度。当降低聚合物的浓度，聚合物溶液的组分从 A 移动到 B，通常大多数的路径和最终的组成都是往上移动的，如图 3.6 所示。最终导致弱溶剂相对聚合物含量增加，就出现了更多的孔。

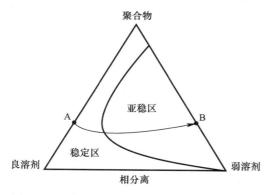

图 3.5　聚合物/良溶剂/弱溶剂组成的三角相图

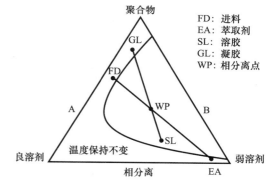

图 3.6　聚合物浓度的影响

例 3.6

用如图 3.6 所示的三角相图，如果我们用溶剂 S' 替换溶剂 S，S' 与聚合物有更好的相容性，相图会发生什么变化？

计算过程

溶剂与聚合物具有更好的相容性，在三角相图中的稳定区域会增大（图 3.6）。

3.3.4　中空纤维膜和平板膜的制造

溶液凝胶法制膜过程分为五步：（1）配制聚合物溶液；（2）注射成型；（3）凝胶；（4）漂洗；（5）干燥。在中空纤维膜或者平板膜制造过程中，制膜设备几乎没有差异。主要区别在于喷嘴和成型部件。中空纤维膜需要两个喷嘴来完成注射和成型过程。一个孔在喷嘴的中心，另一个在喷嘴圆周的横截面上。聚合物和良溶剂组成的溶液通过环形孔，弱溶剂通过喷嘴中心孔。在中心孔的支撑下，聚合物溶液中心处与弱溶剂发生分相过程。

平板膜有独立的注射和成型部件。聚合物和良溶剂形成的溶液被涂在多孔的无纺布上，接着将其浸入凝胶槽中。刮刀与支撑体之间的距离和聚合物溶液的浓度用来调控平板膜的厚度（图 3.7）。

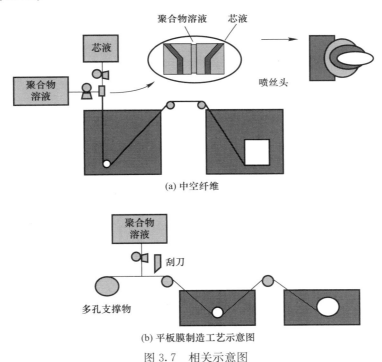

(a) 中空纤维

(b) 平板膜制造工艺示意图

图 3.7　相关示意图

3.4　膜的特征

3.4.1　尺寸

膜的形状主要有两种：中空纤维膜和平板膜。内径、外径和膜的长度是中空纤维膜的主要尺寸。中空纤维膜通常被分为两类：直径大于 3 mm 的称为管式膜，直径小于 3 mm

的称为中空纤维膜。

就平板膜而言，厚度、长度和宽度是主要的尺寸参数。平板膜主要以平板的形式使用，有时也非常紧密地缠绕形成螺旋形膜组件。所有的膜尺寸都可以用特定的尺子测量，比如千分尺或者游标卡尺，也可以使用用场发射扫描电子显微镜来测量。大多数中空纤维膜的外径为 0.8～2 mm，内径为 0.4～1.6 mm，组件长度为 300～3000 mm。

用这些尺寸，我们就可以计算有效的膜表面积：

$$A = (2\pi r) \times L（中空纤维膜） \tag{3.11}$$

$$A = W \times L[\times 2]^{\dagger}（平板膜） \tag{3.12}$$

式中　A——有效的膜表面积，m^2；

　　　r——膜断面圆周的半径，m；

　　　L——膜的长度，m；

　　　W——膜的宽度，m；

　　　$\dagger$——用于平板膜两面都是有效面积的时候。

就中空纤维膜而言，可以分为两种形式：外压式和内压式。前者的分离层在外表面，也就是说膜的外表面与原水接触，出水从中空纤维膜的内部流出。后者的内表面接触原水，出水从外表面流出。外压式膜的半径为中空纤维膜的外径的一半，内压式膜的半径为中空纤维膜内径的一半。

例 3.7

计算两种类型膜的有效面积：

（1）中空纤维膜（外压型）：内径为 0.80 mm，外径为 1.2 mm，膜长度为 50 cm。

（2）平板膜：宽度为 0.50 m，长度为 1.0 m，厚度为 0.70 mm，两侧都为有效膜面积。

计算过程

（1）中空纤维膜的有效膜面积计算公式为：

$$A = (2\pi r) \times L$$

式中，中空纤维膜横截面半径（r）为 0.60 mm，中空纤维膜长度（L）为 50 cm，有效膜面积（A）为：

$$A = 2\pi(0.60 \times 10^{-3}\ m) \times (50 \times 10^{-2}\ m) = 1.9 \times 10^{-3}\ m^2$$

（2）平板膜的有效膜面积计算公式为：

$$A = W \times L \times 2$$

式中，平板膜的宽度（W）为 0.50 m，平板膜长度（L）为 1.0 m，有效膜面积（A）为：

$$A = 0.50\ m \times 1.0\ m \times 2 = 1.0\ m^2$$

3.4.2　孔径分布

评估膜孔径分布的直接方法是用电子显微镜测量所有膜表面照片的孔径。但无论我们拍多少张膜表面的照片，所得到的总面积只是整个膜的一小部分。因此，通过用 FE-SEM 分析的膜表面照片，是很难得到总孔径分布。如果需要大量的孔径分布数据，以下三种方法可以满足需求。

3.4.2.1　泡点

　　这种方法是基于泡点理论。干膜就是指所有的膜孔都充满空气，如果膜孔被液体浸润，就要克服足够大的表面张力，空气要通过膜孔就需要更大的压力。膜孔越大，需要克服的表面张力所需的进气压力就越小。需要的最小压力就称为"泡点"，这一压力的大小与膜最大的孔径、存留液体的表面张力和膜孔与液体的接触角有直接关系。

　　与泡点有关的参数（图3.8），如康托尔方程所示：

$$P = \frac{4k\sigma\cos\theta}{d} \tag{3.13}$$

式中　P——最低进气压力，psi；

　　　k——孔形修正因子，无单位；

　　　σ——液体与空气之间的表面张力，dyn/cm（1dyn＝10^{-5}N）；

　　　θ——润湿角，°；

　　　d——最大的孔径，μm。

　　k 值介于0与1之间，当膜孔是理想的圆柱孔时，数值为1。当孔隙形状比较规则时，k 值通常为1。水的表面张力主要与温度有关，在水处理运行中温度一般在1℃到40℃之间（图3.9），其值不会有太大的变化。

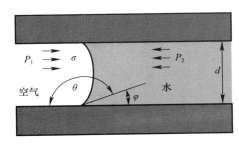

图3.8　泡点测试示意图

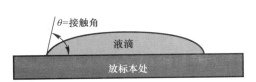

图3.9　液滴接触角

　　润湿角就是固液的接触角，随着材料的化学性质不同有很大变化，变化范围为0～90℃。其余弦值为0～1。接触角不同，式（3.13）有很大变化。

　　水和污水处理过程中的膜类型大多数为中空纤维膜。与平板膜相比，测量它们的润湿角并不容易。最近研制出的动态接触角测试装置可以准确测量中空纤维膜的接触角数值。现在大多数膜产品供应商用这种设备测量接触角。接触角数值越高，余弦值越小，所需压力就越小（图3.10）。

　　可以单独测量获得 σ 和 θ 值，缓慢增加进气压力，当通过膜孔的进气压力突然增大时，记录该压力，用前面的公式可以计算膜最大的孔径。此时忽略溶解在膜孔液体中的气体。

　　汇总一系列的泡点数据，就可以得到膜的

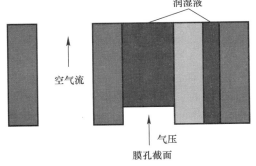

图3.10　毛细管流动分析仪原理示意图

孔径。这种方法不仅可以测量最大的孔径，也可以测量膜的孔径分布。通过进气压力与流速的关系可逆推膜的孔径分布。当气压超过能够产生泡点的最小压力而继续增加时，气体流速就会增加。气流体积与进气压力的关系如图 3.11 所示，在一定的进气压力下，气流体积正比于一定孔径的孔体积。原始数据转换为孔径分布曲线如图 3.11 所示。

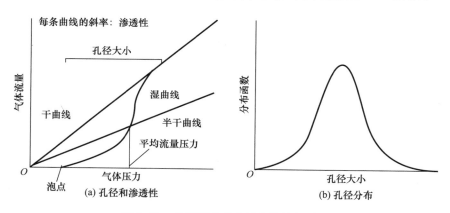

图 3.11　毛细管流动分析仪的特征测量

　　这种测试方法的主要优点是与其他方法相比快速、简单。把膜样品放入所需设备中，运行 30 min 即可。一般情况下，测量出来孔径大小比实际值小。

　　这个方法的一个偏差来源于假设膜孔都为圆柱形结构。用相转换法工艺所得的膜孔都是复杂的孔道，需要额外的压力排除存留在膜孔中的液体。这一额外的压力导致所测量孔径小于真实的孔径。就膜而言，很多小孔没有足够的机械强度抵挡过高的进气压力，在测试过程中造成膜的破损，这也导致了这部分孔大小和分布数据的测量偏差。

例 3.8

　　为了测量样品的接触角，将一滴去离子水滴到平板膜的表面。如图 3.8 所示，测量横端面夹角，当样品的接触角为 45°时，计算其余弦值。

计算过程

　　因样品的接触角为 45°，其余弦值为 0.707。

例 3.9

　　就像毛细管试验那样，假设中空纤维膜为理想的圆柱孔，最大孔径为 2.83 μm，1.00 bar 出现泡点。使用如例 3.8 中的接触角数据，计算表面张力，并推测测试温度。

　　在式（3.13）中，

$$P = \frac{4k\sigma\cos\theta}{d}$$

$P = 1.00$ bar，$k = 1$，$\cos\theta = 0.707$，$d = 2.83$ μm。

因此，

$$\sigma = \frac{P \times d}{4k\sigma\cos\theta} = \frac{(1.0 \times 10^6 \text{ dyn/cm}^2) \times (2.83 \times 10^{-4} \text{ cm})}{4 \times 1 \times 0.707} = 72.0 \text{ dyn/cm}$$

水在 25 ℃条件下，表面张力为 72.0 dyn/cm，因此，系统测试温度为 25 ℃。

例 3. 10

我们对几种不同孔径的膜进行了泡点测试。计算不同孔径范围内的泡点压力。水的表面张力为 72.0 dyn/cm。所有的膜的接触角都为 75°。

（1）孔径为 0.00500 μm 的超滤膜。

（2）孔径为 0.01000 μm 的超滤或者微滤膜。

（3）孔径为 0.10000 μm 的微滤膜。

计算过程

在式（3.13）中：

$$P = \frac{4k\sigma\cos\theta}{d}$$

（1）$k=1$，$\sigma=72.0$ dyn/cm，$\cos 75°=0.259$，$d=0.00500$ μm

$$P = \frac{4k\sigma\cos\theta}{d} = \frac{4 \times 1 \times 72 \text{ dyn/cm} \times 0.259}{5 \times 10^{-7} \text{ cm}} = 1.49 \times 10^8 \text{ dyn/cm}^2 = 149 \text{ bar}$$

（2）$k=1$，$\sigma=72.0$ dyn/cm，$\cos 75°=0.259$，$d=0.01000$ μm

$$P = \frac{4k\sigma\cos\theta}{d} = \frac{4 \times 1 \times 72 \text{ dyn/cm} \times 0.259}{1 \times 10^{-6} \text{ cm}} = 7.46 \times 10^7 \text{ dyn/cm}^2 = 74.6 \text{ bar}$$

（3）$k=1$，$\sigma=72.0$ dyn/cm，$\cos 75°=0.259$，$d=0.10000$ μm

$$P = \frac{4k\sigma\cos\theta}{d} = \frac{4 \times 1 \times 72 \text{ dyn/cm} \times 0.259}{1 \times 10^{-5} \text{ cm}} = 7.46 \times 10^6 \text{ dyn/cm}^2 = 7.46 \text{ bar}$$

3. 4. 2. 2　颗粒的截留

有一种直接测量膜孔径的方法，如图 3.12 所示。假设被截留最小的颗粒大小与膜的孔径大小相等。配制浓度已知、不同颗粒尺寸的乳状液或者悬浮液，用膜过滤各个标准的乳状液或者悬浮液，用紫外可见光谱吸收光度计、折射率检测仪和蒸发光散射仪测量出水的浓度，依据过滤前后的浓度，利用如下公式，计算截留率 R。

$$R = \frac{C_{\text{in}} - C_{\text{out}}}{C_{\text{in}}} \times 100\% \tag{3.14}$$

式中　C_{in}——参照浓度，%；

　　　C_{out}——产水浓度，%。

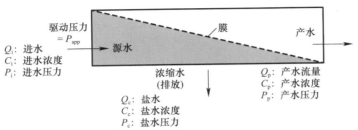

图 3.12　膜运行工艺流程图

标准颗粒大小与对应截留率的虚线图，连接这些点，拟合标准曲线。由图 3.12 可知标准颗粒大小与对应截留率呈线性关系，截留率为 90%（有一些膜厂家为 95%）对应的颗粒物质的大小为标称的膜孔径。

许多研究表明，膜能够截留比孔径小的颗粒物质，这是因为截留机制不只与膜孔径相关。颗粒物质与膜表面或者膜孔之间的相互作用，包括电荷的不同、偶极子、亲水性和光滑度，也影响截留率。因此，用这种方法计算出来的膜孔径大小小于膜真实的孔径。

例 3.11

参考图 3.13，计算一定条件下的膜的截留率。

（1）进水中颗粒的浓度为 100.0 mg/L，产水颗粒浓度为 2.00 mg/L。

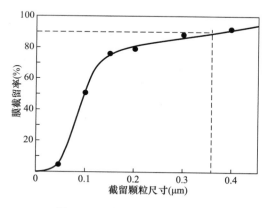

图 3.13　膜截留率与颗粒尺寸

（2）进水中颗粒的浓度为 100.0 mg/L，浓缩液浓度为 99.00 mg/L。回收率为 50.0%，也就是说浓缩速率等于产水速率。

（3）进水中颗粒的浓度为 100.0 mg/L，进水流速为 10.00 mL/min。浓缩液浓度为 900.0 mg/L，回收率为 90.00%。

计算过程

由式（3.14）得：

$$R = \frac{C_{in} - C_{out}}{C_{in}} \times 100\%$$

（1）$C_{in} = 100.0$ mg/L、$C_{out} = 2.00$ mg/L

因而，$R = (100.0 \text{ mg/L} - 2.00 \text{ mg/L})/(100.0 \text{ mg/L}) \times 100\% = 98.0\%$。

（2）$C_{in} = 100.0$ mg/L、$C_{conc} = 99.00$ mg/L、回收率 $= 50\%$

在膜运行过程中，进入膜系统中颗粒质量流速的变化率等于两种流出膜系统的颗粒质量流速的变化率之和，也就是说：

$$\frac{dM_{in}}{dt} = \frac{dM_{conc}}{dt} = \frac{dM_{out}}{dt} \tag{3.15}$$

$dM/dt = C \times Q$，式中 C 代表颗粒溶液的浓度，Q 代表颗粒溶液的流速。因此，式（3.15）可以转换为：

$$C_{in} \times Q_{in} = C_{conc} \times Q_{conc} + C_{out} \times Q_{out} \tag{3.16}$$

截留率为 50%，$Q_{conc} = Q_{out} = 0.5 \times Q_{in}$

$$100.0 \text{ mg/L} \times Q_{in} = (99.0 \text{ mg/L}) \times (0.5 \times Q_{in}) + C_{out} \times (0.5 \times Q_{in})$$

$$C_{out} = \frac{100.0 \text{ mg/L} - 49.50 \text{ mg/L}}{0.5} = 25.25 \text{ mg/L}$$

（3）已知：$C_{in} = 100.0$ mg/L、$Q_{in} = 10.00$ mL/min、$C_{conc} = 900.0$ mg/L、回收率 $= 90.00\%$

因为，截留率为 90.00%，$Q_{conc} = 0.1 \times Q_{in}$，$Q_{out} = 0.9 \times Q_{in}$

由式（3.16）可知：

$$C_{in} \times Q_{in} = C_{conc} \times Q_{conc} + C_{out} \times Q_{out}$$

$$(100.0 \text{ mg/L})(10.0 \text{ mL/min})(L/1000 \text{ mL}) = (900.0 \text{ mg/L})(1.0 \text{ mL/min})(L/1000 \text{ mL})$$

$$+ C_{out} \times (9.0 \text{ mL/min})(L/1000 \text{ mL})$$

$$C_{out} = \frac{(1.0 - 0.9)\,\text{mg/min}}{0.009\,\text{L/min}} = 11.11\,\text{mg/L}$$

因而，$C_{out} = 11.11\,\text{mg/L}$

$$R = \frac{(100.0 - 11.11)\,\text{mg/L}}{100.0\,\text{mg/L}} \times 100\% = 88.89\%$$

例 3.12

如图 3.13 所示，当我们将标准截留率从 90％降低到 80％时，计算颗粒截留率引起的膜公称孔径的变化。

计算过程

当膜的截留率为 80％时，我们可以知道对应的颗粒粒径为 0.2 μm，因此，膜的公称直径为 0.2 μm。

3.4.2.3 聚合物截留

聚合物截留是另外一种直接测量膜孔径大小的方法。聚合物截留与颗粒物质截留机制相同，但是这两者之间有两点不同。

一个区别是样品溶液的状态。标准颗粒物质是乳液或者悬浮状，因而，当用光检测仪测量浓度时，光检测设备与悬浮颗粒之间不必要的相互作用造成了测量偏差。不需要的相互作用使光强度的损失减少了衍射或反射作用，比尔-朗伯定律是一个简单但非常准确的等式关系，它反映了溶液浓度和光吸收之间的线性关系。

$$A = abc \tag{3.17}$$

$$T = \frac{I}{I_0}, \quad A = -\lg T \tag{3.18}$$

式中　A——吸光度；

　　　a——吸光率，$\text{cm}^{-1} \cdot \text{mol}^{-1}$；

　　　b——装置常数，光路系统长度，cm；

　　　c——样品浓度，摩尔，mol；

　　　I_0——入射光强度；

　　　I——透射光强度；

　　　T——透过率。

然而，只有当样品成溶解状态时，光学探测器的测量值才是准确的。完全溶解状态指的是在液体中颗粒的大小，包括离子，小于光源的波长，光强度的损失只来自吸收。这种方法中光源波长为 200～800 μm。如果颗粒物质大于 1 μm，就会有除了吸收作用之外的衍射或反射等其他相互作用，这样就会影响测试结果。这些额外的相互作用会导致吸收光的测量值大于真实值。因为这个原因，在颗粒截留试验中，有如图 3.14 所示的稍微的弯曲直线。

聚合物与颗粒物质截留之间的另一个区别是检测方法，各种分子量的有机物溶液都有连续的质谱。样品溶液和渗透溶液的分子量分布都用凝胶渗透色谱（GPC）测量。与颗粒物质截留不同，这种方法中的截留与分子质量之间是线性关系。静态激光光散射光谱可以将所有的分子量数据转换为尺寸大小数值（图 3.15）。

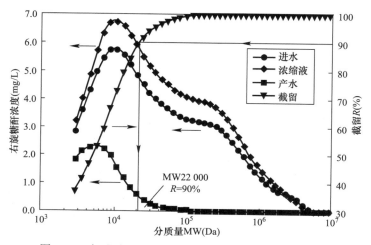

图 3.14 标准溶液和产水的分子量分布曲线和截留曲线

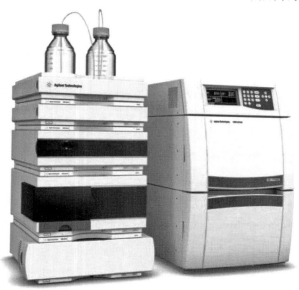

图 3.15 GPC 和激光光散射光谱仪

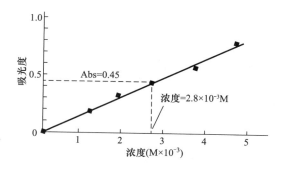

图 3.16 紫外可见吸收光谱结果:
吸光度与样品浓度

例 3.13

样品浓度与光吸收率之间关系如图 3.16 所示。依此图计算样品溶液的吸收率。假设吸收层厚度为 1.0 cm,使用给定的点。

计算过程

用式(3.17)查看图 3.16 所示的给定点。

$$0.45 = a \times (1.0 \text{ cm}) \times (2.8 \times 10^{-3} \text{ mol})$$

因而,样品溶液吸光率为:

$$a = \frac{(1.0 \text{ cm}) \times (2.8 \times 10^{-3} \text{ mol})}{0.45}$$

$$= 6.2 \times 10^{-3} \text{ cm}^{-1} \text{ mol}^{-1}$$

例 3.14

如图 3.17 所示，样品的吸光度随入射光波长的不同而不同。确定样品溶液的最大波长（λ_{max}）。讨论与其他波长相比，使用最大波长的原因。

计算过程

如图 3.17 所示，样品溶液的最大波长为 304 nm。在入射光的光谱中，最大波长（λ_{max}）的吸收率最大，灵敏度也最大。因此，最大波长可以用来测量最低浓度的样品溶液。

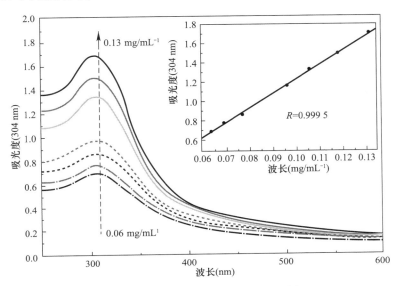

图 3.17　吸光度与样品溶液的入口波长

例 3.15

用式（3.18），将光的透射率转换为吸光度，讨论透射率和吸光度的优缺点。

（1）$T=10\%$。

（2）$T=25\%$。

（3）$T=50\%$。

（4）$T=75\%$。

（5）$T=100\%$。

计算过程

用公式（3.18），透射率可以转换为吸光度：$A=-\lg T$

（1）$A=-\lg 0.10=1.0$。

（2）$A=-\lg 0.25=0.60$。

（3）$A=-\lg 0.50=0.30$。

（4）$A=-\lg 0.75=0.12$。

（5）$A=-\lg 1.0=0.00$。

吸光度可以直接转换为溶液的摩尔浓度，但是透射率不可以。然而，测量低浓度的溶质或者颗粒，透射率更加准确，因此，低浓度的溶液的透射率转换为吸光度具有更高的灵敏度。

例 3.16

图 3.16 和表 3.6 所示为标准材料对应的吸光度数据和样品溶液浓度。表 3.6 所示的

样品浓度是吸光度和 R^2 的函数，使用最小二乘法画出样品浓度的标准曲线。这种方法有依据吗？

计算过程

独立变量 A 代表吸光度，独立变量 C 代表样品浓度。根据表 3.6 使用计算器或电子表格程序如微软 Excel 进行计算，可得函数 $f(A，C)$：

$$C = 6.03 \times A + 0.0753, R^2 = 0.998$$

当要测量许多样品溶液时，因为 R^2 值非常接近 1，使用这个函数可以很快计算出样品浓度。

紫外可见吸收光谱结果：吸光度与样品浓度　　　　　　　　　　　　表 3.6

样品浓度（$\times 10^{-3}$ mol）	吸光度
0	0
1.22	0.18
2	0.32
2.8	0.45
3.8	0.6
4.8	0.8

例 3.17

图 3.14 所示为出水有机物浓度与对应的吸光度，假设对标准分子量截留 90%，计算的膜公称孔径。

计算过程

如图 3.14 所示，当膜对有机物的截留率达到 90% 时的标准分子量为 22000。因此，膜的公称孔径为 22000MWCO。

3.4.3　亲水性（接触角）

用于生产膜的大多数聚合物是疏水性的。疏水膜不容易被水浸润或者膜孔中的空气不太容易被水替换。除非膜是润湿的，水就不会穿过膜孔渗透。一些供应商提供已被甘油溶液浸润的膜，以利于水的初始渗透。如果没有甘油、乙醇这些亲水试剂，就需要额外的水压排出膜孔中的空气。

当知道孔径、水的表面张力和接触角，用式（3.13）可以计算需要最小水压。接触角可以反映膜的亲水性能：

$$P = \frac{4k\sigma\cos\theta}{d}$$

疏水膜的最大缺点就是很容易产生污染。MBR 系统中主要的污染来自活性污泥产生的微生物和微生物分泌的有机物质。这些物质通常是疏水的，因而污染物与疏水性膜有很强的附着潜力。为了减轻膜污染，在膜制造过程中需要使用一些亲水添加剂降低疏水性（即接触角）。

平板膜的接触角用测角仪测量。样品放在设备的平台上，将水滴在样品上。通过侧面的摄像机监测液滴，如图 3.18 所示，由一张液滴图片就可以直接测量接触角。

这种方法的优点在于只需要一小片样品，并且样品的每一面都可以获得独立的数据。但是这种方法存在一定的误差，主要是由于粗糙度和样品表面的不均匀性。对于中空纤维膜而言，接触角的动态变化过程是非常重要的。

例 3.18

通过五次不同的液滴，测量接触角，判断膜的亲水性，如图 3.19 所示。

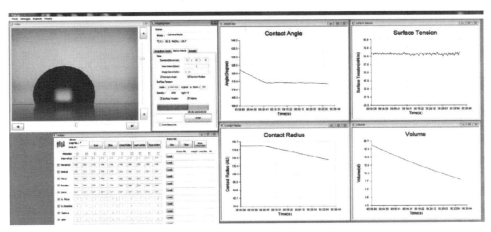

图 3.18　静滴和接触角测量机

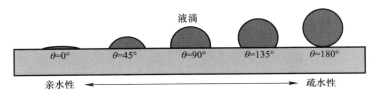

图 3.19　样品表面的液滴

计算过程

样品中接触角最小的，亲水性最强，反之亦然。0°的接触角表示最为亲水，180°的接触角表示最为疏水。

3.4.4　荷电性（Zeta 电位）

在溶液中，所有材料包括膜和污染物都有自己的表面带电性。与亲疏水性和粗糙度一样，表面带电性与膜污染密切相关。一般污染物被分成四种：颗粒物质、有机物、离子结垢和微生物。超微滤膜的主要污染物是有机物。一般水体中的污染物带负电，因而膜表面带负电量越大，产生的膜污染就越小。膜表面的带电性可以用 Zeta 电位仪定量地表示。

Zeta 电位可以用电泳、电渗、流动电位和沉积电位特征等几种方法测量。流动电位是测量 Zeta 电位最常用的方法（图 3.20 和图 3.21）。

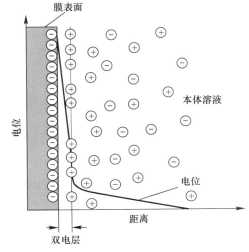

图 3.20　膜表面双电层结构与 Zeta 电位

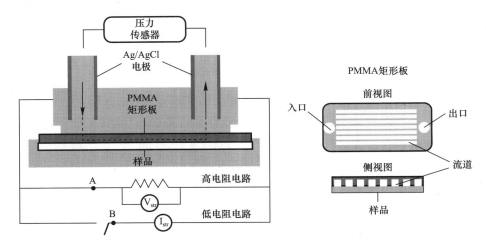

图 3.21　流电位测量的基本概念

水溶液中的电解质在两种材料之间流动，流动电位不断产生。可以用如下等式表示二者关系：

$$\frac{\Delta E}{\Delta P} = \frac{\varepsilon \xi}{\eta \lambda}$$ (3.19)

式中　ΔE——电压差，mV；

　　　ΔP——压力差，mbar；

　　　ε——电解质的介电常数；

　　　ξ——Zeta 电位，mV；

　　　η——电解质的黏度，MPa/s；

　　　λ——电解质的电导率，mS/m。

对于已知电导率、黏度和电解质的介电常数，测量所施加的电压，就可以计算 Zeta 电位（图 3.22）。

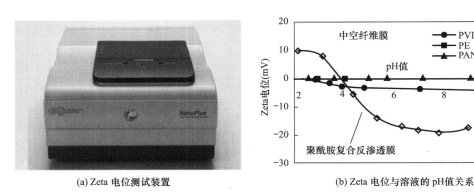

(a) Zeta 电位测试装置　　　　　　(b) Zeta 电位与溶液的 pH 值关系

图 3.22　Zeta 电位测试装置和 Zeta 电位与溶液的 pH 值关系

3.4.5　粗糙度（原子力显微镜）

膜表面的粗糙度对于膜污染来说是非常重要的参数。通常来说，膜表面越粗糙，与污染物接触的面积就越大，膜表面与污染物的相互作用就越大，膜污染越严重。因此，在应用膜之前应了解膜表面的粗糙度和原水颗粒物质的粒径分布。

超微滤膜的粗糙度可以用原子力显微镜（AFM）测量，原子力显微镜是一种扫描探针显微镜。扫描探针显微镜由宾宁、罗埃尔、格伯和韦尔贝尔在 1962 年研制，是电子显微镜之后的一种新型显微镜。它使用一种尖锐的探针扫描样品表面。有多种类型的探针可供选择，对各种样品表面有不同的物理化学特性。根据样品表面性质，需要选择合适的探针。

通常，按照探针的类型，扫描显微镜可以分为测量粗糙度的原子力学显微镜（AFM）、测量磁力的磁力显微镜［MFM］、测量原子排列的扫描隧道显微镜［STM］、测量横向力的侧向力显微镜［LFM］、测量力调制的力调制显微镜［FMM］、测量静电力的静力显微镜［EFM］、测量电容的扫描电容显微镜［SCM］等。

原子力学显微镜利用在悬臂末端的一个带有 30 nm 的探针，可以扫描大于 30 nm 末端探针的粗糙度。末端探针与膜表面的相互作用为范德华力，末端探针有接触模式下的范德华排斥力和非接触式的吸引力。

间接接触模式又叫轻敲模式。通过激光相位差来表示悬臂末端的位置，这种位置可以转换为膜的粗糙度。超微滤膜的表面比较粗糙，接触模式会对膜表面造成损伤，不能完全表征膜的粗糙度，因此，非接触模式或轻敲模式更适合测量超微滤膜的粗糙度（图 3.23～图 3.25）。

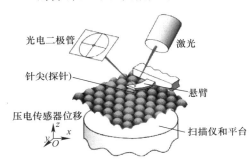

图 3.23　悬臂与样品表面的相互作用

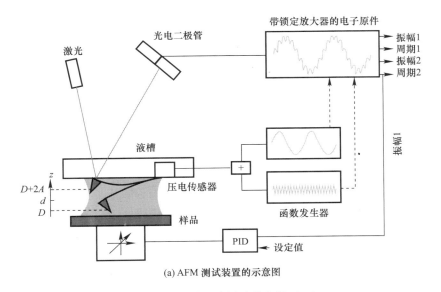

(a) AFM 测试装置的示意图

图 3.24　相关示意图及设备图（一）

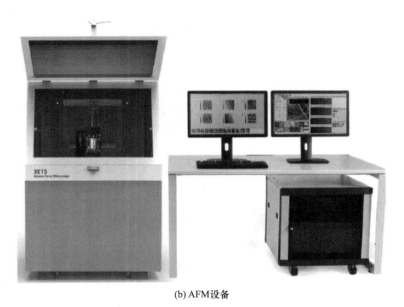

(b) AFM设备

图 3.24　相关示意图及设备图（二）

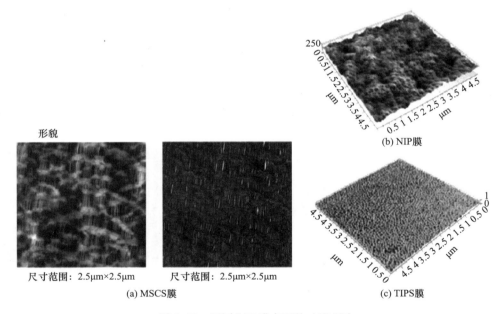

图 3.25　不同 MF 膜表面的 AFM 图

3.5　膜的性能

膜有两个主要的性能标准：一个是膜的出水量或者通过膜产生多少水；另一个是膜截留了多少污染物，或者通过膜的出水有多干净。前者代表渗透性，后者代表截留率。在膜运行过程中，由于渗透压会使膜不断致密。水压使膜孔减小，降低了渗透流速。膜污染对膜渗透速率的影响最大，可以表示为渗透速率或污染阻力随时间的变化。

3.5.1　渗透性

渗透性能定义为：

$$L_p = \frac{J}{\Delta P} \tag{3.20}$$

式中　L_p——膜的水渗透性能，LMH/bar；

J——膜的水通量，LMH，L/(m² · h)；

ΔP——跨膜压差（TMP），bar。

跨膜压差可以用膜运行过程中的压力计算，如图 3.26 所示，跨膜压差可以定义为：

$$TMP = \Delta P = P_{perm} - P_{source\text{-}water\text{-}side} = P_{perm} - \frac{(P_{in} + P_{conc})}{2} \tag{3.21}$$

式中　P_{perm}——膜出水侧的压力；

$P_{source\text{-}water\text{-}side}$——膜原水侧的压力；

P_{in}——原水膜进口的压力；

P_{conc}——浓缩作用一侧膜的压力。

如果没有错流（浓缩作用的一侧），跨膜压差就是进水侧或入口侧与出水侧或渗透侧的压力差。因此，P_{conc} 等于零，$P_{source\text{-}water\text{-}side}$ 等于 P_{in}。在错流系统中，进水被分为两股：一部分为与分离层接触的原水进口侧水流，另一部分为从膜分离层排出的浓水侧水流。在错流过程中，$P_{source\text{-}water\text{-}side}$ 可以用 P_{in} 和 P_{conc} 差值的平均值计算。通常，从进水侧到浓水侧错流通过膜表面，压力会降低，因而 P_{in} 要大于 P_{conc}。

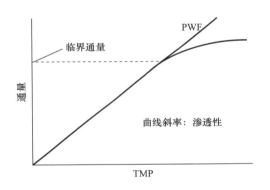

图 3.26　恒定温度下通量与跨膜压差

在恒定温度条件下，膜的渗透性能可以用水流量与跨膜压差计算出来。式（3.20）中 $J = L_p \times \Delta P$，J 与 ΔP 成线性正相关。在一定温度下，获得几个（ΔP，J）点，就可以画出通量关于压力差的函数，为一个线性函数，L_p 为直线的斜率。

在室温条件下，大多数微滤膜的渗透通量为 200～1000 LMH/bar，超滤膜通量为 100～500 LMH/bar。

例 3.19

在恒定温度下，在一定的跨膜压差条件下运行四种类型的膜，原水为去离子水，渗透通量见表 3.7。计算膜各自的渗透性能。

每个跨膜压差下的膜通量　　表 3.7

TMP(bar)	(a) MF(LMH)	(b) UF(LMH)	(c) NF(LMH)	(d) RO(LMH)
0	0	0	0	0
0.25	125	55	1.29	0.42
0.5	252	102	2.6	0.81
0.75	371	151	3.75	1.19
1	505	195	5.1	1.6

计算过程

对每种膜的渗透通量与跨膜压差的函数关系可以得到标准函数，结果如下：

（a）MF：$J=502\times\Delta P$

微滤的渗透通量为 502 LMH/bar。$R^2=0.9997$。

（b）UF：$J=199\times\Delta P$

超滤的渗透通量为 199 LMH/bar。$R^2=0.9998$。

（c）NF：$J=5.09\times\Delta P$

超滤的渗透通量为 5.09 LMH/bar。$R^2=0.9995$。

（d）RO：$J=1.60\times\Delta P$

反渗透的渗透通量为 1.60 LMH/bar。$R^2=0.9996$。

3.5.2　截留

截留率的定义如式（3.14）所示。超微滤膜的主要去除目标为胶体颗粒和微生物絮体。胶体颗粒常用浊度（NTU）或悬浮物（SS_s，mg/L）来表示。传统污水处理厂的出水水质为 1~10 NTU 的浊度或者 1~10 mg/L 悬浮物浓度，但是 MBR 污水处理厂浊度小于 0.2 NTU 或者悬浮物小于 1 mg/L。MBR 污水处理厂的出水水质比传统污水处理厂的水质要好 5~10 倍。有时，传统的污水处理厂会有污泥膨胀现象，导致出水水质下降。但是在 MBR 污水处理厂在任何运行条件下都能保证出水水质，比如浊度、悬浮物浓度。

3.5.3　压密

商品化的膜产品为了保证稳定的渗透性能，通常将膜完全压密，膜的压密也是一个动态平衡过程。因此，在高水压或者长时间恶劣运行条件下，膜产品会进一步压密，如图 3.27 所示。

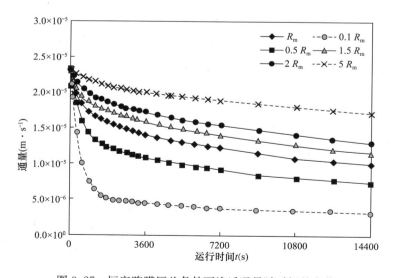

图 3.27　恒定跨膜压差条件下渗透通量随时间的变化

3.5.4 污染性能

当膜被污染后，在相同的温度和跨膜压差条件下，渗透通量下降。为了弥补这部分下降的通量，应提高跨膜压差。为了维持持续的运行，所有的膜产品都设置有最大跨膜压差，其目的是为了防制运行过程中很难清洗的不可逆污染的产生。大多数不可逆污染可以用高浓度的化学试剂配以剧烈的反冲洗洗掉，但还有一些不可逆污染是很难清洗的，这部分污染称为不可恢复性污染。而且，频繁的化学恢复性清洗会对膜材料造成腐蚀，加上不可恢复性污染物的累积，会降低膜的寿命。

对于维持膜处理的持续运行，膜污染是最重要的指示参数，膜污染与原水水质和运行条件密切相关。由于原水水质的多样性和膜运行过程的复杂性，尚没有一套系统的评估过程来预测膜污染。

有两个标准可表示污染的程度：一个是渗透通量；另一个是污染阻力。基于串联阻力（RIS）模型，污染阻力可以用渗透通量和跨膜压差计算出来，公式为：

$$J = \frac{\Delta P}{\eta \times R} \tag{3.22}$$

式中　J——渗透通量，LMH；

　　　ΔP——跨膜压差，bar；

　　　η——水的黏度，bar·s；

　　　R——阻力，m^{-1}。

当运行温度和跨膜压差恒定，就可以确定这个等式的各个参数。

通量与阻力成反比，并有其自身的特点。就对膜污染的灵敏度而言，通量在初始运行阶段对膜污染的反应比阻力更加灵敏，但是随着污染程度的加重，阻力变得更加灵敏。阻力直接反映膜污染的程度。用串联阻力（RIS）模型，膜污染可以更加详细地表达出来。与通量不同，阻力为几个独立的串联数字之和。阻力之间的关系式为：

$$R_t = R_m + R_r + R_{ir} \tag{3.23}$$

式中　R_t——总的污染阻力；

　　　R_m——膜阻力；

　　　R_r——可逆污染阻力；

　　　R_{ir}——不可逆污染阻力。

有时，R_r 可以用滤饼层阻力 R_c 表示，R_{ir} 可以用膜孔堵塞阻力 R_p 或者膜孔窄化阻力 R_b 表示。$R_r + R_{ir}$，$R_c + R_p$ 或者 $R_t - R_m$ 有时也称为膜污染阻力 R_f（图 3.28）。

例 3.20

将例 3.19 中的纯水通量转换为膜阻力（R_m）。

计算过程

使用式（3.22）：

$$J = \frac{\Delta P}{\eta \times R}$$

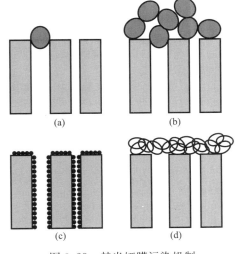

图 3.28　赫米娅膜污染机制

因为新膜没有污染，可以将式（3.22）中的 R 替换为 R_m。我们可以将式（3.22）中的 R_m 转换为：

$$R_m = \frac{\Delta P}{\eta \times J} = \frac{1}{\eta \times (J/\Delta P)} = \frac{1}{\eta \times L_p}$$

在 20 ℃下，水的黏度为 1.002×10^{-7} bar·s。

（a）MF：$L_p = 502$ LMH/bar。

因此，

$$R_m = \frac{\Delta P}{\eta \times J} = \frac{1}{\eta \times (J/\Delta P)} = \frac{1}{\eta \times L_p}$$

（b）UF：$L_p = 199$ LMH/bar。

因此，

$$R_m = \frac{1}{\eta \times L_p} = \frac{1}{(1.002 \times 10^{-7} \text{ bar·s})(502 \text{ LMH/bar})(1 \text{ h}/3600 \text{ s})(1 \text{ m/h}/1000 \text{ LMH})}$$
$$= 7.14 \times 10^{10} \text{ m}^{-1}$$

（c）NF：$L_p = 5.09$ LMH/bar。

因此，

$$R_m = \frac{1}{\eta \times L_p} = \frac{1}{(1.002 \times 10^{-7} \text{ bar·s})(199 \text{ LMH/bar})(1 \text{ h}/3600 \text{ s})(1 \text{ m/h}/1000 \text{ LMH})}$$
$$= 1.81 \times 10^{11} \text{ m}^{-1}$$

（d）RO：$L_p = 1.60$ LMH/bar。

因此，

$$R_m = \frac{1}{\eta \times L_p} = \frac{1}{(1.002 \times 10^{-7} \text{ bar·s})(1.6 \text{ LMH/bar})(1\text{h}/3600 \text{ s})(1 \text{ m/h}/1000 \text{ LMH})}$$
$$= 2.25 \times 10^{13} \text{ m}^{-1}$$

例 3.21

用新膜过滤：（a）用去离子水，以通量 420 LMH 运行；（b）用地表水制备饮用水，以通量 60 LMH 运行。计算（1）中膜阻力和（2）中地表水产生的膜污染阻力。

假设各种水的黏度值都一样，在恒定条件下运行：20 ℃，跨膜压差 1.00 bar。

计算过程

（1）膜是没被污染的新膜，原水为去离子水，因此，膜自身阻力构成总的阻力：

$$R_m = \frac{\Delta P}{\eta \times J} = \frac{1.0 \text{ bar}}{(1.002 \times 10^{-7} \text{ bar·s})(420 \text{ LMH/bar})(1 \text{ h}/3600 \text{ s})(1 \text{ m/h}/1000 \text{ LMH})}$$
$$= 8.55 \times 10^{10} \text{ m}^{-1}$$

（2）原水为地表水，因为水通量会比纯水通量低，因此要计算污染膜总的阻力：

$$R_m = \frac{\Delta P}{\eta \times J} = \frac{1.0 \text{ bar}}{(1.002 \times 10^{-7} \text{ bar·s})(60.0 \text{ LMH/bar})(1 \text{ h}/3600 \text{ s})(1 \text{ m/h}/1000 \text{ LMH})}$$
$$= 5.99 \times 10^{11} \text{ m}^{-1}$$

因为 $R_t = R_m + R_f$，可以用 R_m 和 R_t 计算出 R_f，公式如下：

$$R_f = R_t - R_m = 5.99 \times 10^{11} \, \mathrm{m}^{-1} - 8.55 \times 10^{10} \, \mathrm{m}^{-1} = 5.14 \times 10^{11} \, \mathrm{m}^{-1}$$

3.6　膜组件

将膜做成膜组件，有几个重要的参数需要考虑。第一，从膜到膜组件的扩展过程中，如何降低对膜性能的损伤是非常重要的；第二，在长期的运行过程中，膜要保持完整性，不管膜材料的选择多么合适，膜组件的设计多么恰当，膜和膜组件长期暴露在高浓度的化学试剂中或者在持续的运行过程中，不可避免地会导致膜破损和膜组件间黏结剂的分离，这些会导致膜组件完整性的下降；第三，膜组件性能的优化必须要考虑到膜的装填密度（详见第 3.6.4 节），膜运行和维护方面的专家也坚信，组装简易的膜组件和减少膜组件的部件数量有利于膜的运行和维护。

3.6.1　化学性能

膜块的主要部件由坚固的塑料组成，如聚氯乙烯（PVC）、丙烯腈-丁二烯-苯乙烯共聚物（ABS）、聚碳酸酯（PC）。膜组件主要有框架、渗透水通道和连接器。ABS 是最便宜的塑料，并且很容易浇铸成各种各样的形状，但其机械性能和耐化学持久性不如其他材料。PVC 是另一种使用最广泛的材料，PVC 韧性不足，但可以通过加入丙烯酸酯、丁二烯和苯乙烯的组合物或者加入其他添加剂和增塑剂来改变其韧性。然而，有时这些添加剂和其他增塑剂会出现浸出问题。

灌封树脂（类似于胶）是膜壳的另外一个重要部件。对于平板膜组件来说，灌封树脂充当胶的作用，将两个平板粘到一块。对于中空纤维来说，在中空纤维膜组件的末端灌树脂胶，密封中空纤维。灌胶也将进水侧与出水侧分开。一旦膜丝之间灌满树脂，膜的进水侧就连在一块，膜的中间孔也连在一块成出水侧。灌注的树脂不仅需要良好的机械性能和耐化学持久性，而且需要与膜组件材料有良好的附着性能。

3.6.2　形态

膜组件有两种形态，柱状和片状。这两种膜组件可以包含中空纤维膜、管式膜，甚至是平板膜。平板膜制作的圆柱形膜组件叫作卷式膜组件。因均匀的分布和容易连接到管件，柱状膜组件可以灌封得更加紧密。然而，片状膜组件具有更高的堆积密度，很容易扩展并形成更大的膜箱（图 3.29）。

3.6.3　有效膜面积

膜组件中通常有两个以上的膜，因此，在有效的面积内能够装填更多的膜，可以通过如下等式计算膜组件内总的膜有效面积：

$$A = 2\pi \times r \times L \times N \text{（中空纤维或者柱状）} \tag{3.24}$$

$$A = W \times L \times N \text{（平板型）} \tag{3.25}$$

式中　A——有效的膜面积，m^2；

(a) 中空纤维膜圆柱膜组件

(b) 平板膜卷式圆柱膜组件

(c) 平板膜板式膜组件

图 3.29　不同形式的膜组件

r——膜端面的半径，m；

L——膜的长度，m；

W——膜的宽度，m；

N——膜组件内膜的根数。

通常，对于 MBR 系统来说，每个组件的中空纤维膜为 $5\sim100$ m²/模块；平板膜为 $0.4\sim1$ m²/模块。

例 3.22

计算两种类型膜组件的有效面积：

(1) 中空纤维膜组件：内径为 0.80 mm，外径为 1.20 mm，膜长度为 50 cm。中空纤维膜根数为 3600，膜运行方式为外压式（分离层在膜的外表面）。

(2) 平板膜：宽度为 0.50 m，长度为 1.0 m，厚度为 0.70 mm。两侧都可以做分离层，总的平板数为 100。

计算过程

(1) 对于中空纤维膜组件，每个膜组件有效的膜面积计算公式如下：

$$A = 2\pi \times r \times L \times N$$

式中，$r=0.6$ mm，$L=50$ cm，$N=3600$

因此，$A=(2\pi)\times(0.6\times10^{-3}\text{m})\times(50\times10^{-1}\text{m})\times(3600)=6.8$ m²

(2) 对于平板膜组件来说，每个膜组件有效的膜面积为：

$$A = W \times L \times N$$

式中，$W=0.50$ m，$L=1.0$ m，$N=100$。因为膜的两侧都有分离层，要乘以 2。

因此，$A=0.5\text{ m}\times1.0\text{ m}\times100\times2=1.0\times10^{2}$ m²

3.6.4　装填密度

有两种类型的参数用来表示膜组件的装填面积：一种基于占地面积；另一种基于膜组件占用的体积。它们的确切定义为每个膜组件单位面积或单位体积内有效的膜面积。装填面积最精确的表达方式要基于体积，但是对于 MBR 反应器来说，有足够高的空间放置膜组件或者膜箱，因此，基于占地面积的装填面积更为实用。我们可以很容易地用膜和膜组件的尺寸计算出来。

例 3.23

分别基于面积和体积计算下面每个组件的填充面积：

（1）中空纤维膜组件：内径为 0.80 mm，外径为 1.20 mm，膜长度为 50 cm。中空纤维总的根数为 12379，膜组件尺寸为：宽 0.10 m，长度 1.0 m，高度 0.70 m。

（2）平板膜组件：宽度为 0.50 m，长度为 1.0 m，厚度为 0.70 m，膜的两面都为有效分离层。总的平板膜数为 20，膜组件尺寸为：宽度 0.10 m，长度 1.0 m，高度 0.70 m。

（3）柱形膜组件：内径为 1.8 mm，外径为 3.2 mm，膜长度为 50 cm。总的膜数量为 1741，膜组件尺寸为：宽度 0.10 m，长度 1.0 m，高度 0.70 m。

（4）卷式膜组件：宽度为 0.50 m，长度为 20.0 m，厚度为 0.70 mm，膜的两面都为有效分离层。一个卷式膜组件有一页膜片，膜组件尺寸为：宽度 0.10 m，长度 1.0 m，高度 0.70 m。

计算过程

（1）组件的有效膜面积计算表达式为：

$$A = 2\pi \times r \times L \times N$$

式中，$r = 0.6$ mm，$L = 50$ cm，$N = 12379$。

因此，$A = 2\pi \times (0.6 \times 10^{-3}$ m$) \times (50 \times 10^{-1}$ m$) \times (12379) = 23$ m^2

因为，膜组件的形状为矩形，膜组件的占地面积和占用体积分别为：

$$F = W \times L = (0.10 \text{ m}) \times (1.0 \text{ m}) = 0.10 \text{ m}^2$$

$$V = W \times L \times H = (0.10 \text{ m}) \times (1.0 \text{ m}) \times (0.7 \text{ m}) = 0.07 \text{ m}^3$$

因此，膜组件基于占地面积（PD_F）和占用体积（PD_V）的装填密度分别为：

$$PD_F = \frac{A}{F} = \frac{23 \text{ m}^2}{0.10 \text{ m}^2} = 2.3 \times 10^2 \text{ m}^2/\text{m}^2$$

$$PD_V = \frac{A}{V} = \frac{23 \text{ m}^2}{0.07 \text{ m}^3} = 3.3 \times 10^2 \text{ m}^2/\text{m}^3$$

（2）对于平板膜组件来说，每个膜组件有效的膜面积计算公式为：

$$A = W \times L \times N \times 2$$

式中，$W = 0.50$ m，$L = 1.0$ m，$N = 20$。平板膜的两面都为有效分离层，因而要乘以 2。因此，

$$A = 0.50 \times 1.0 \times 20 \times 2 = 2.0 \times 10 \text{ m}^2$$

因为，组件形状为矩形，膜组件的占地面积和占用体积分别为：

$$F = W \times L = 0.10 \times 1.0 = 0.10 \text{ m}^2$$

$$V = W \times L \times H = 0.10 \times 1.0 \times 0.70 = 0.07 \text{ m}^3$$

因此，基于占地面积（PD_F）和占用体积（PD_V）的装填面积分别为：

$$PD_F = \frac{A}{F} = \frac{2.0 \times 10 \text{ m}^2}{0.10 \text{ m}^2} = 2.0 \times 10^2 \text{ m}^2/\text{m}^2$$

$$PD_V = \frac{A}{V} = \frac{2.0 \times 10 \text{ m}^2}{0.07 \text{ m}^3} = 2.9 \times 10^2 \text{ m}^2/\text{m}^3$$

（3）膜组件的有效面积计算表达式为：

$$A = 2\pi \times r \times L \times M$$

式中，$r = 1.6$ mm，$L = 50$ cm，$N = 1741$。

因此，$A = 2\pi \times 1.6 \times 10^{-3} \times 5.0 \times 10^{-1} \times 1741 = 8.8 \text{ m}^2$

因为膜的形状为矩形，组件的占地面积和占用体积分别为：

$$F = W \times L = 0.10 \times 1.0 = 0.10 \text{ m}^2$$

$$V = W \times L \times H = 0.10 \times 1.0 \times 0.7 = 0.07 \text{ m}^3$$

因此，基于占地面积（PD_F）和占用体积（PD_V）的装填面积分别为：

$$PD_F = \frac{A}{F} = \frac{8.8 \times 10 \text{ m}^2}{0.10 \text{ m}^2} = 8.8 \times 10 \text{ m}^2/\text{m}^2$$

$$PD_V = \frac{A}{V} = \frac{8.8 \times 10 \text{ m}^2}{0.07 \text{ m}^3} = 1.3 \times 10^2 \text{ m}^2/\text{m}^3$$

（4）对于平板膜组件，每个膜组件有效面积计算公式为：

$$A = W \times L \times N \times 2$$

式中，$W = 0.50$ m，$L = 20.0$ m，$N = 1$。膜的两面都为有效分离层，因而要乘以 2。

因此，$A = 0.50 \times 20.0 \times 1 \times 2 = 2.0 \times 10 \text{ m}^2$

因为膜组件形状为矩形，基于占地面积（PD_F）和占用体积（PD_V）分别为：

$$F = W \times L = (0.10 \text{ m}) \times (1.0 \text{ m}) = 0.10 \text{ m}^2$$

$$V = W \times L \times H = (0.10 \text{ m}) \times (1.0 \text{ m}) \times (0.7 \text{ m}) = 0.07 \text{ m}^3$$

因此，基于占地面积（PD_F）和占用体积（PD_V）的装填密度分别为：

$$PD_F = \frac{A}{F} = \frac{2.0 \times 10 \text{ m}^2}{0.10 \text{ m}^2} = 2.0 \times 10 \text{ m}^2/\text{m}^2$$

$$PD_V = \frac{A}{V} = \frac{2.0 \times 10 \text{ m}^2}{0.07 \text{ m}^3} = 2.9 \times 10^2 \text{ m}^2/\text{m}^3$$

例 3.23 中每种类型的膜组件的装填面积计算结果表明，即使膜组件占用体积（7.0×10^{-3} m³）相同的情况下，不同类型的膜组件有不同的装填面积。中空纤维膜组件有最高的装填面积，换言之，装填面积相同时，中空纤维膜的占用体积最小，因而与其他膜产品相比具有最高的装填密度。

3.6.5 运行方式

膜用于固液分离的驱动力通常是水压。驱使原水穿过膜产生渗透液的驱动力有两种。渗透液产水这个过程在大气压下进行，只要我们在原水侧提供水压，原水与出水侧产生分压，渗透产水就会从原水侧通过出水侧，这就是加压式运行过程。就浸没式膜组件而言，泵在出水侧产生很小的真空，产生的分压也会驱动原水侧产生渗透液。根据项目的具体情况，每种方法都有优点（图 3.30）。

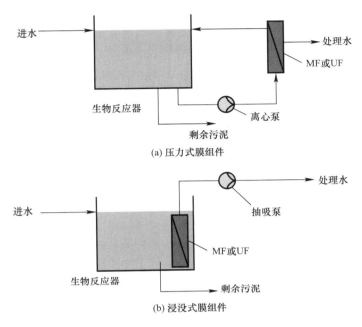

(a) 压力式膜组件

(b) 浸没式膜组件

图 3.30　膜工艺示意图

3.6.5.1　浸没式

通常，浸没式膜组件直接安装在原水池中。在 MBR 系统中，膜组件安装在生物反应器中或者在生物反应器内的膜分离池里。在第二种情况下，膜分离池同样有很多微生物。浸没式膜组件减少占地面积，无需额外的原水池。膜组件放在原水里，可以自由移动。这种安装方式维护方便，安装在膜组件下面的曝气管，可以降低膜污染。

在给定恒定温度的相同渗透压下，真空泵的耗能低于增压泵。出水通量小是浸没式膜组件的缺点，大多运行通量为增压泵运行通量的 70%。在 MBR 系统中，20 ℃下的渗透通量范围通常为 10～40 LMH。

与平板膜不同，中空纤维膜组件都是定向安装的（图 3.31）。垂直安装的膜组件可以减缓物质或者絮状污泥在膜表面积累的趋势。由于膜组件下面的产水通道阻挡了从曝气系统出来的气体，因而在整个系统内只有一小部分通道可供曝气使用。水平放置的膜组件在两侧出水，因而安装过程中不占用膜组件的空间，这样与垂直放置的膜组件相比，具有更大的装填密度。然而，水平放置的膜组件膜污染速度更快，很容易积累污染物或者活性污泥。

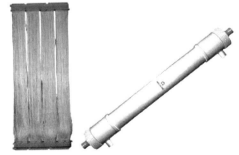

图 3.31　垂直和水平安装的浸没式
中空纤维膜组件

3.6.5.2　加压式

大多数加压膜组件为圆柱形，可以是平板膜也可以是中空纤维膜。加压式膜组件需要承受较高的水压，并容纳数千根纤维膜以获得更大的装填面积，圆柱式是最合适的。平板膜被紧密地缠绕在一块，要留合适的进水间距和出水间距。最后制作成圆柱形的卷式膜组件。卷式膜紧密缠绕形成比较窄的流道而具有较高的流速，因而卷式膜可以水平或者竖直放置。和卷式膜组件一样，内压式膜组件在放置方式上有多种选择，但外压式膜组件为了避免出现空水流道，需要垂直放置。

加压式膜组件最大的优点就是渗透通量高。与饮用水处理膜不同，MBR 用膜需要承受较高的微生物浓度（5000～15000 mg/L）、较高的操作压力和流量，这些都加速了膜污染。加压式膜组件在过滤过程中很难用曝气来清洗，所以更容易污染。为了解决这个问题，使用高速错流替代曝气，但是高速错流，需要添加泵产生比设计渗透流量高 5～15 倍的错流流量，导致能耗提高。至少在 MBR 系统中，加压式膜组件需要解决在进水速率高的条件下维持渗透通量高的问题。

3.7 膜箱

在过去的 20 年里，膜产品价格快速下降，2013 年为每平方米从 500 美元下降到 50 美元，并且还在继续下降。价格下降是膜组件制造过程扩大和自动化程度提高的结果。提高膜与膜组件的制造效率，对其尺寸就有一定的限制。限制尺寸不仅节约了生产时的占地面积，也可以提高自动化程度和相关部件的生产效率。为了适应净水和污水处理厂规模扩大对膜产品的需求，市场也需要更大尺寸的膜箱。工程师和膜供应商也开始努力以满足市场的需求。膜箱或者膜运行过程中所需的一系列膜组件被集成制造成为"膜块"，有时也叫作"膜堆"。

3.7.1 组件和材质

就加压式膜组件而言，膜箱包括膜组件、出水管的连接器、曝气管，对于浸没式膜组件而言，膜箱包括原水箱、集水管和曝气机。膜箱的主要目的是提高有效的装填面积、维持单一膜或者膜组件的运行、提高长期运行过程中的机械强度。膜箱比较笨重，需要结实的吊耳以供运输时吊装。

对于包括顶部环结构的膜箱来说，不锈钢是非常好的主体材料，但是要考虑特殊应用的腐蚀问题，比如海水淡化过程。不锈钢支撑膜组件防止连续压密（比如曝气系统带来的振动），有时也可以作为水和气体输送的管件。管件可以为不锈钢或者 PVC 材质，PVC 具有很好的耐化学性，在出现破损泄露时易于维修。

浸没式膜系统中，曝气是最重要的工艺过程。大气量的曝气气泡有利于冲刷膜表面的污染物。但是不管曝气装置的尺寸有多大，由于水压的存在，气泡尺寸有一个平衡点。此外，曝气装置的尺寸越大，从曝气装置中释放出来的气体均匀度越难控制。因此，很有必要优化曝气孔的尺寸，获得最优的性能和最低的能量消耗。曝气孔需要优化的主要参数就是孔间距离、曝气孔的夹角和曝气孔和膜之间的距离（图 3.32 和图 3.33）。

3.7.2 安装和维护

通常，制造商将膜箱运往现场安装，这是因为膜箱太大难以运输。有时甚至膜箱的主

图 3.32　浸没式膜箱和曝气装置示意图

图 3.33　压力式膜箱和曝气装置示意图

要构架也要在现场组装,即将所有的部件都运到现场,主体构架完成组装,再将膜组件安装到主体构架上,最后再连接到其他部件上。大多数膜箱由制造商提供,用方便的安装方法将膜组件安装到膜箱上。膜箱的装配过程如图 3.34 和图 3.35 所示。

一个膜组件有成百上千个膜,在膜箱中又有几百个膜组件。如果膜箱中有破损的膜,运行人员只需要准确找到破损的膜组件,用新的膜组件换上,并固定膜块,然后继续运行即可。在运行过程中,膜表面出现微小损伤时,小的颗粒或者微生物就会堵塞膜孔,但是相对较大的破损就需要修补了。在处理能力为 10000 m³/d 的 WWTP 运行过程中,运行人员每年会遇到几十处破损。当然,膜上的几处破损不会严重影响出水水质,因此,运行人员通常会在常规的清洗时修补,对于处理能力为 10000 m³/d 的 WWTP 来说,常规的清洗通常超过一周一次。恢复性清洗周期为 3~6 个月,清洗周期随着原水水质和运行条件的变化而变化。

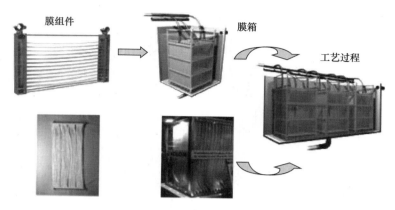

图 3.34 浸没式膜箱的安装

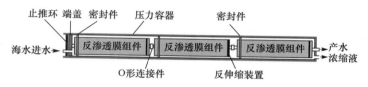

图 3.35 压力式膜组件（RO）的安装

3.7.3 有效的膜面积和装填密度

我们只需考虑每个膜箱中膜组件的数量这一参数，就很容易计算出膜箱的有效面积。由于大多数膜箱的形状为矩形，我们可以测量膜箱的长度、宽度和高度来计算膜箱的装填面积。即使有些膜箱带有弧度，也可以看作矩形，膜箱的装填密度就可以计算出来。

3.7.4 曝气

3.7.4.1 曝气装置

在膜运行过程中，有几种抑制污染的方法，比如错流、反冲洗、停运、维护性清洗（或化学强化反冲洗）、恢复性清洗和曝气。我们比较各种抑制膜污染或从膜表面去除污染物的效果，化学清洗包括维护性清洗和恢复性清洗是最有效的。但在不使用化学试剂的清洗过程中，曝气在两个不同阶段（液体和气体）之间产生有效的冲刷，是最有效抑制膜污染的方法。

3.7.4.2 气体需要量

然而，产生并供应到膜箱中的气体消耗的能量是不能忽略的，并且应该有一个最佳的能量供应范围，称为特征供气量（SAD）。特征供气量（SAD）有两个值：①SAD_m（单位膜面积的供应量），单位为 N·m^3/(h·m^2)；②SAD_p（单位体积内的供应量），单位为 m^3 气体/m^3 出水。大多数膜箱的 SAD_m 值为 0.3～0.8 N·m^3/(h·m^2)，SAD_p 的范围为 10～90 m^3 气体/m^3 出水。

例 3.24

每个膜组件的气体供应流速为 15 N·m^3/h，计算 SAD_m 和 SAD_p。每个膜组件的出水量为 0.5 m^3/h。使用例 3.23 中的膜组件的有效膜面积。

计算过程

（1）膜组件的有效膜面积为 23 m^2。

因此，SAD_m 和 SAD_p 为：

$$SAD_m = \frac{Q_a}{A} = \frac{15 N \cdot m^3/h}{23 \ m^2} = 0.65 \ N \cdot m^3/(h \cdot m^2)$$

$$SAD_p = \frac{Q_a}{Q_w} = \frac{15 N \cdot m^3/h}{0.5 \ m^3/h} = 30 \ N \cdot m^3/m^3$$

（2）膜组件的有效膜面积为 $2.0 \times 10 \ m^2$。

因此，SAD_m 和 SAD_p 为：

$$SAD_m = \frac{Q_a}{A} = \frac{15 \ N \cdot m^3/h}{2.0 \times 10 \ m^2} = 0.75 \ N \cdot m^3/(h \cdot m^2)$$

$$SAD_p = \frac{Q_a}{Q_w} = \frac{15 \ N \cdot m^3/h}{0.5 \ m^3/h} = 30 \ N \cdot m^3/m^3$$

（3）膜组件的有效膜面积为 8.8 m^2。

因此，SAD_m 和 SAD_p 为：

$$SAD_m = \frac{Q_a}{A} = \frac{15 \ N \cdot m^3/h}{8.8 \ m^2} = 1.7 \ N \cdot m^3/(h \cdot m^2)$$

$$SAD_p = \frac{Q_a}{Q_w} = \frac{15 \ N \cdot m^3/h}{0.5 \ m^3/h} = 30 \ N \cdot m^3/m^3$$

（4）膜组件的有效膜面积为 $2.0 \times 10 \ m^2$。

因此，SAD_m 和 SAD_p 为：

$$SAD_m = \frac{Q_a}{A} = \frac{15 \ N \cdot m^3/h}{2.0 \times 10 \ m^2} = 0.75 \ N \cdot m^3/(h \cdot m^2)$$

$$SAD_p = \frac{Q_a}{Q_w} = \frac{15 \ N \cdot m^3/h}{0.5 \ m^3/h} = 30 \ N \cdot m^3/m^3$$

▶▶▶ **参考文献**

Allen, M. D. and Raabe, O. G. (1982) Re-evaluation of Millikan's oil drop data for the motion of small particles in air. J. Aerosol Sci., 13: 537.

Davies, C. N. (1945) Definitive equations for the fluid resistance of spheres. Proc. Phys. Soc., 57: 259-270.

Hildebrand, J. H. and Scott, R. L. (1950) The Solubility of Non-Electrolyte, 3rd edn. Reinhold, New York, pp. 123-124.

Stumm, W. W. (1992) Dissolution kinetics of kaolinite in acidic aqueous solutions at 25 C, Geochimica et Cosmochimica Acta, 56: 3339-3355.

第4章

膜 污 染

膜污染是膜分离法在水和污水处理过程中遇到的一个主要问题。与其他压力式驱动膜过滤过程遇到的问题一样，膜生物反应器（MBRs）工艺中的主要问题就是膜污染。因此，膜运行成功与否，主要取决于膜污染的延缓情况，膜污染受到许多因素的影响，如污水进水水质、膜的性能、生物反应器的运行条件和膜的清洗方法。

为了进一步了解膜生物反应器中的膜污染，本章首先介绍了膜污染现象的基本原理，包括污染物的分类、主要污染物和影响膜污染的因素。本章还解释了如何定量计算膜生物反应器中的膜污染程度。

4.1　污染现象

膜污染依据运行方式不同（分别为恒压运行和恒流运行方式），可以通过渗透通量的降低和跨膜压差的增加。也就是说，膜污染伴随着恒流运行方式下的跨膜压差的上升和恒压运行方式下的渗透通量的下降。恒压过滤方式在过滤初始阶段渗透通量会快速的下降，随后渗透通量稳定下降，直到达到稳定状态或伪稳态流量。

不同运行方式的膜生物反应器中典型的膜污染现象如图 4.1 所示。在恒通量和恒压运行条件下，监测跨膜压差和渗透通量随着运行时间的变化来判断膜生物反应器中的膜是否受到污染。图 4.1 表示了相对应的跨膜压差和渗透通量的变化，它们的对应关系将在这一章后面论述（串联阻力模型，详见第 4.5.1 节）。

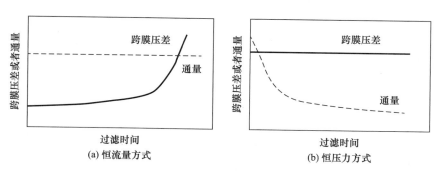

图 4.1　根据运行方式表示 MBR 系统膜污染的两种方法

由于大多数污水处理厂（WWTPs）都是以恒流量方式运行，以跨膜压差随着运行时间的变化来表示膜污染程度。膜生物反应器中的膜污染历程为缓慢的和渐进的压力上升。在 MBR 系统运行过程中，清洗方法是否合适，可以通过运行过程中跨膜压差的变化来判断，渐进的上升之后是否有突然的上升。这种跨膜压差的增长方式叫作两段式跨膜压差增长。随着运行时间的持续，跨膜压差快速增加所需的时间和清洗方式有很大关系，正确的物理化学清洗方法有助于延长到达跨膜压差快速增加的时间。

跨膜压差两段式增长方式有两种不同的理论解释：

（1）局部通量大于临界通量导致跨膜压差的快速增加。

在次临界通量运行条件下，多孔膜表面的污染物在第一阶段缓慢增加，如图 4.2(a) 所示。在这一阶段，局部通量仍低于临界通量，膜开孔数量持续降低，在水压的作用下跨膜压差发生不可逆转的增加；这主要归因于孔壁和膜表面对溶解性物质的吸附而产生的堵塞作用。运行较长周期之后，当局部通量大于临界通量时，跨膜压差就会快速增加。这就进入了跨膜压差的第二个增长阶段。

（2）膜表面滤饼层胞外聚合物的改变导致跨膜压差的快速增加。

膜表面滤饼层底部胞外聚合物浓度的突然增加与第二阶段跨膜压差的快速增加密切相关。在次临界通量的长期运行条件下，膜表面滤饼层底部胞外聚合物的大量的产生导致了跨膜压差的快速增加。

也有研究表明，跨膜压差按照如图 4.2(b) 所示的三段增长方式增长。在 MBR 膜运行的初期，通常可以观察到跨膜压差的缓慢和快速增加阶段，跨膜压差快速增加阶段主要归因于初始运行阶段活性污泥造成的膜孔堵塞、浓度极化和膜的压密。第二阶段跨膜压差的增加来源于第一阶段的跨膜压差的积累，因此，总体上看，跨膜压差成两段式增加。第二阶段与第三阶段跨膜压差增加机制与前面介绍的一样。

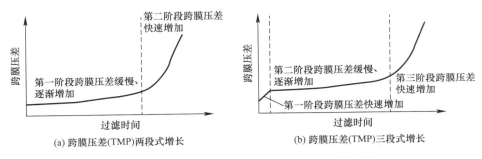

(a) 跨膜压差(TMP)两段式增长　　　　　(b) 跨膜压差(TMP)三段式增长

图 4.2　MBR 系统跨压差（TMP）的典型增长方式

微生物絮体和颗粒物质在膜表面的沉积造成第二阶段跨膜压差的缓慢、渐进的增加。然而，第一阶段跨膜压差增加的原因是溶解性物质在膜表面的吸附。第三阶段跨膜压差的快速增加主要与孔隙率的减少有关，主要来源于在运行过程中滤饼层的压密和滤饼层内部胞外聚合物含量的增加。

4.1.1　污染速率

膜污染的速率通常作为污染程度的评判标准。污染的过程可以分为四个步骤：①小孔堵塞；②大孔内壁的吸附；③大孔的堵塞和颗粒物质的累积；④滤饼层形成。由于每一步的污染无法定性或者定量确定，通常确定总体的污染程度，而不是每一步的污染程度。

　　了解膜污染程度的最简单方式就是污染速率。如图 4.3（a）所示，单位时间内跨膜压差的增长量（即 dTMP/dt）通常用来表示膜污染的速率，单位为 kPa/h 或者 psi/h。在特定时间内，计算污染阻力代替跨膜压差表达膜污染的趋势，这样，污染的速率单位为 $\text{m}^{-1} \cdot \text{h}^{-1}$。

　　污染的速率与运行通量有关，如图 4.3（b）所示，运行通量越高，污染速率越大。随着运行通量的增加（$J_4 \rightarrow J_3 \rightarrow J_2 \rightarrow J_1$）直到增加到临界通量，污染速率加快。当运行通量超过临界通量时，污染的速率突然增快，这一运行通量称为超临界通量。运行通量以临界通量为分界线可以划分为次临界通量和超临界通量。在市政污水的 MBR 系统中，临界通量通常为 10～40 LMH。在工业废水处理的 MBR 系统中或进水水质变化比较大时，临界通量可能不同。

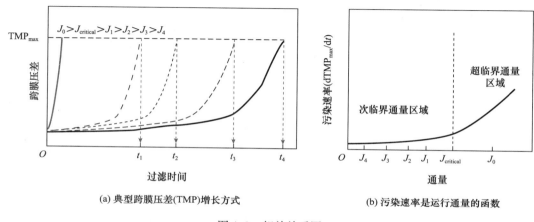

(a) 典型跨膜压差(TMP)增长方式　　　　　　(b) 污染速率是运行通量的函数

图 4.3　相关关系图

4.2　污染的分类

　　MBR 系统的膜污染解释起来非常复杂，不能用单一的机制来解释。许多研究者将 MBR 系统中膜污染分成许多类，但是至今没有统一的标准。因此，根据分类标准的应用，MBR 系统中的膜污染可以分为不同的类别。

　　MBR 系统中的膜污染的分类如表 4.1 所示。最简单而容易的膜污染分类方法是依据运行简单清洗后通量是否可恢复。根据这一分类标准，膜污染可以分为可逆污染、不可逆污染和不可恢复污染。根据第二个分类标准，膜污染发生在膜的不同部位，污染可以分为膜孔堵塞、滤饼层沉积和膜孔内部吸附。严格来讲，悬浮物在膜孔内阻塞或堵塞不应该定义为膜污染，因为这个过程没有发生在膜的外表面。但是，该过程使膜性能恶化，所以也常被当作膜污染。最后一个为悬浮物的累积，可以分为滤饼层的形成、膜孔的窄化和膜孔的堵塞。尽管膜的压密没有被列为污染物，膜的压密会像膜孔堵塞一样造成膜性能的恶化。

MBR 系统膜污染的分类 表 4.1

膜污染分类准则	污染现象	描述
清洗后通量可恢复性	可逆污染	通过简单清洗或者化学清洗之后可以恢复的那部分通量
	不可逆性污染	通过任何清洗方式都不能恢复的那部分通量
	可恢复性污染	通过简单清洗，比如反冲洗或者短暂停顿，可以恢复的那部分通量
	不可恢复性污染	只有通过化学清洗才可以恢复的那部分通量
污染发生的位置	堵塞	污泥在中空纤维膜或者平板膜组件流道中积累
	滤饼层沉积	污泥膜表面沉积
	膜孔内部污染	膜孔壁吸附比膜孔还小的溶液
污泥沉积方式	凝胶层形成	在膜表面垂直方向的滤饼层堆积
	膜孔窄化	由于溶液在膜孔壁上的累积造成的膜孔窄化
	膜孔堵塞	颗粒物质堵塞膜孔或者膜孔壁
溶液污染	浓差极化	靠近膜表面溶液的浓度梯度
	凝胶层的形成	溶液（或者污泥）初始附着在膜表面
未污染	压密	驱动力使膜结构发生压密

4.2.1 可逆与不可逆污染以及可恢复与不可恢复污染

通常来说，膜污染可分为可逆与不可逆污染。这一分类按照常规清洗后通量的恢复能力进行划分。可逆污染可以字面理解为简单清洗后，比如反冲洗、压力释放、空气擦洗，膜通量可以恢复到污染之前的水平。只有经过化学清洗之后通量才能恢复的污染称为不可恢复污染。从另一个角度说，不可恢复污染就是用任何清洗方法，通量都不能恢复到污染之前水平的污染（图 4.4）。

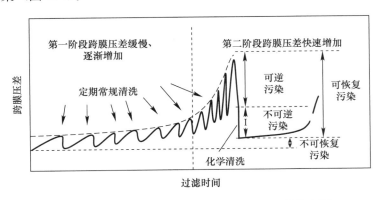

图 4.4 根据污染的分类跨膜压差（TMP）的轮廓图

总结以上关系，膜污染的表达式为：

$$总的污染 = 可恢复污染 + 不可恢复污染$$
$$= 可逆污染 + 不可逆污染 + 不可恢复污染 \qquad (4.1)$$

随着膜过滤过程的开始，跨膜压差逐渐上升直到第一阶段结束。定期清洗，比如反洗，可以将跨膜压差尽可能地维持在较低水平。不可逆污染在简单清洗（比如反冲洗或空气曝气）这一阶段积累。不可逆污染可能来自介于膜表面和滤饼层之间的凝胶层或者溶解性物质在膜孔或者膜表面的吸附。膜孔的凝胶层或者吸附层通过常用的清洗方法很难去除，但是通过化学清洗可以去除。在初始运行阶段，不可逆污染相对可逆污染所占比例而言较小，但在随后的运行过程中逐渐增加。

跨膜压差在第二阶段开始时快速增加，达到最大允许的跨膜压差值。在这一较短的阶段，污染物主要是可逆污染（可恢复污染＋不可恢复污染）。使用化学氧化剂，比如次氯酸钠，就可以降低跨膜压差。

不同类型的污染模式如图4.5所示。两种不同类型的污染模式，尽管总的污染程度一样，可恢复污染占总污染的比例（$a/(a+b)$）不一样。比例1大于比例2，如图4.5所示，这也就意味着可恢复污染占比例更大。这一比例与使用化学试剂种类，以及清洗程度和化学清洗之前反冲洗周期有关。化学清洗之前，更频繁和更严格的反冲洗会使这一比例升高。

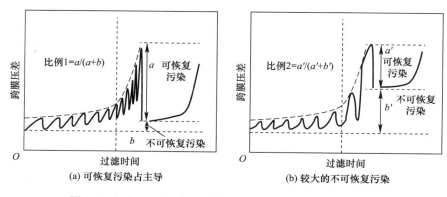

图4.5　根据污染方式不同类型的跨膜压差（TMP）轮廓图

尽管两个跨膜压差增长模式不同，可恢复污染的水平一样，如图4.6所示，可逆污染占可恢复污染的比例在两个案例中不一样。这个比例主要与所使用化学试剂的种类，化学清洗的频率和程度有关。

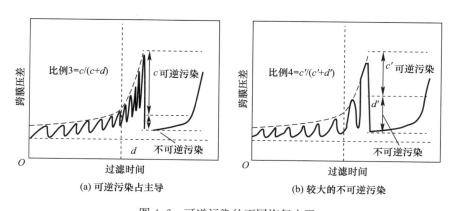

图4.6　可逆污染的不同恢复水平

4.2.2　不同部位污染物的分类

按照污染发生的位置不同，膜污染可以分为：堵塞、滤饼层的沉积和膜孔内部的污染。堵塞指发生在膜束之间，比如，膜与膜之间的流水通道。滤饼层在膜表面形成，是膜污染的重要组成部分。而膜孔内部的污染指发生在膜内部的污染。

4.2.2.1　堵塞

絮状污泥、小的颗粒物质和污水中的碎片很容易在中空纤维膜或者平板膜组件内部的孔隙迁移和积累。这样膜表面的水流就会完全被阻塞。如图 4.7 所示，这个过程就叫作堵塞，阻塞了膜表面的对流，也就降低了膜通量。这种堵塞主要是由于悬浮物和生物碎片的预处理不完全，也与膜组件设计的不合理有关。如果膜组件设计合理，原水从原水侧到膜表面有比较好的流动，在膜组件内积累的固体和碎片也易于冲刷掉，这样的堵塞就不会发生。这种堵塞不应该列为膜污染，但是确实也造成了与膜污染同样的结果（比如，与其他污染一样，造成通量的降低和跨膜压差的增加）。

MBR 系统中的这种膜堵塞在学术上还没有得到广泛的关注，尽管其在 MBR 系统持续运行中起到重要的阻碍作用得到共识，但是很难用科学化和定量化的方法对其进行评估。对

图 4.7　典型的中空纤维膜流道堵塞的照片

进水原水进行合理的预处理，比如采用格栅、格栅池和沉淀池，可以减少膜的这种堵塞。

4.2.2.2　滤饼层沉积

无论膜组件类型、污水的特性和运行条件怎样，膜表面滤饼层的沉积是 MBR 系统主要的污染类别。由于混合液与膜之间的对流，曝气池污泥混合液中的悬浮物和有机物在膜过滤开始时就开始在膜表面沉积。

在污染的第一阶段滤饼层开始沉积，滤饼层的厚度就开始增加，随后到达一个平衡。膜表面过量的曝气所造成的水力条件抑制了滤饼层的进一步发展。滤饼层的厚度从几微米到几百微米，主要取决于膜的运行压力和曝气强度。一般来说，较厚的滤饼层会形成较大的滤饼层阻力。然而，滤饼层厚度不是单一决定过滤性能的因素。

例如，滤饼层阻力（R_c）与过滤性能有关，是膜表面滤饼层比阻力和微生物质量的函数：

$$R_c = \frac{\alpha \cdot m}{A_m} \tag{4.2}$$

式中　α——生物膜的滤饼层比阻力，m/kg；
　　　m——生物膜的质量，kg；
　　　A_m——膜面积，m^2。

根据卡尔曼—科泽尼方程式，颗粒物质（比如微生物悬浮物）的大小和密度都是决定滤饼层特征阻力的重要参数：

$$\alpha = \frac{180(1-\varepsilon)}{\rho_p \cdot d_p^2 \cdot \varepsilon^3} \tag{4.3}$$

式中 ε——滤饼层的密度；

$\quad\quad\rho_{\mathrm{p}}$——颗粒物质的密度，$\mathrm{kg/m^3}$；

$\quad\quad d_{\mathrm{p}}$——颗粒物质的粒径，$\mathrm{m}$。

对于大多数的生物污水处理过程来说，活性污泥的密度相差不大，主要的影响滤饼层比阻力的因素是颗粒污泥的粒径（d）和孔隙率（ε）。因此，如果一个薄的滤饼层比厚的滤饼层更致密和颗粒粒径更小，则较厚的滤饼层会具有比较薄的滤饼层更好的过滤性能。

用共聚焦激光扫描显微镜（CLSM）获取中空纤维膜表面形成的滤饼层图和重整之后3D图，如图4.8所示。

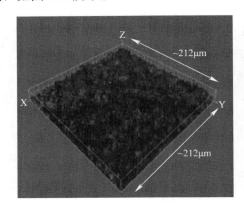 

(a) CLSM照片的3D结构 　　(b) 使用CLSM来预测膜表面滤饼层的形成：亮灰色，
细菌细胞；深灰色，多聚糖（EPS）和黑色，空白

图4.8　相关图片

在分析滤饼层结构的各种技术中，CLSM可以无损原位检测膜表面的滤饼层。将其与对不同物质有不同荧光反射的荧光探针结合，可以有效地将生物滤饼层内组成物质进行定量化和可视化分析。使用对细胞核具有特殊作用的染色剂，可以将滤饼层中的细菌染色。用染料试剂染色之后在常温下遮光静置30 min，用磷酸盐缓冲液洗涤。将染色后的滤饼层立刻放置在CLSM下观察，记录信号即可。

制造商提供的CLSM辅助软件或商业可视化软件可以将这些信号转化为3D图，实现滤饼层的观察和可视化。CLSM图可以从顶部到底部厚度上重构可视化的滤饼层。图4.9所示为一个通过商业软件重构的滤饼层的3D图。软件ISA-2是贝耶纳尔等人研发出来的用来分析滤饼层结构的图片分析软件，可以用来计算滤饼层的孔隙率。

4.2.2.3　膜孔内部污染

溶解性物质和细颗粒可以在膜孔内部吸附。在过滤初期，溶解性物质和胶体颗粒在膜孔表面和内壁吸附，造成膜孔窄化。膜表面形成滤饼层之后，溶解性物质和细小颗粒与扩散到膜孔内相比会优先吸附在滤饼层上，也叫作凝聚。

通常来说，与膜孔内部污染阻力（R_{f}）相比，滤饼层形成的阻力（R_{c}）占主导。在MBR的大多数案例中，比膜孔内部污染阻力（R_{f}）大几倍到数十倍。

4.2.3　固体沉积方式

根据固体颗粒和溶解性物质在膜上沉积的方式，污染可以分为：①滤饼层的形成；

②膜孔的窄化；③膜孔堵塞，如图 4.10 所示。

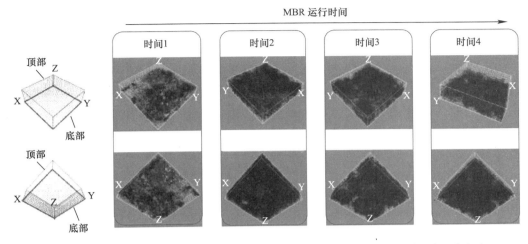

图 4.9 对 MBR 中膜表面滤饼层中存在的多聚糖和细菌细胞进行 3D 图重建：亮灰色，
细菌细胞；深灰色，多聚糖（EPS）

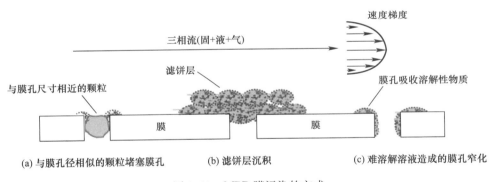

图 4.10 MBR 膜污染的方式

如前面章节所述，滤饼层的形成发生在膜的表面和膜孔附近。顾名思义，膜的膜孔被颗粒物质堵塞时就发生膜孔堵塞，即当颗粒物质大多数为活性污泥絮体堵塞膜孔或者比孔径稍大的微生物细胞阻塞膜孔时，或者和孔径一样大的颗粒物质被膜孔捕获，卡在膜孔里面。当溶解性物质或者比孔径小的颗粒物质吸附在膜表面时，膜孔内部会导致膜孔窄化。

这些污染不会单独或者独立发生，总是同时发生（共存）。在活性污泥溶液的膜过滤中不会单独发生这些污染。

4.2.4 溶质造成的污染

4.2.4.1 浓差极化

和其他膜过滤过程一样，MBR 系统膜表面也会由于浓度梯度发生浓差极化现象。然而，浓差极化发生在膜表面非常近的范围内，往往在滤饼层底部形成。所以很难与滤饼层严格区分开，导致浓差极化在 MBR 系统运行过程中显得不太重要。

4.2.4.2 凝胶层的形成

凝胶层经常和滤饼层混合在一块。严格来说，凝胶层由高浓度的溶质和大分子组成，而不是颗粒物质。随着浓差极化现象在膜表面的增加，凝胶层开始形成并逐渐扩大。然而，凝胶层很快就融入滤饼层当中，所以很难将二者区分开来。凝胶层组成简单，但强化了滤饼层的形成。

4.3 污染物类型

MBR 系统的膜污染主要是由于生物胶体与膜之间的物理化学相互作用。为了弄清楚可能产生污染的污染物，有必要对生物胶体的组成进行分析。不同于成分简单、化学性质易于分析的物质，曝气生物反应器中的混合液成分复杂，由许多成分组成，这些成分都是很难分析的。

图 4.11 总结了混合液中存在的每种成分及其形成污染的潜力。基本上，膜单元浸入含有由颗粒物质（不溶解性物质）和溶解性物质组成的污泥混合液的曝气池中。颗粒物质进一步分为三部分：污泥絮体、单个微生物细胞和微生物碎片。可溶解性物质可以分为三部分：进水中不可代谢的成分、自由胞外聚合物和溶解性无机粒子。

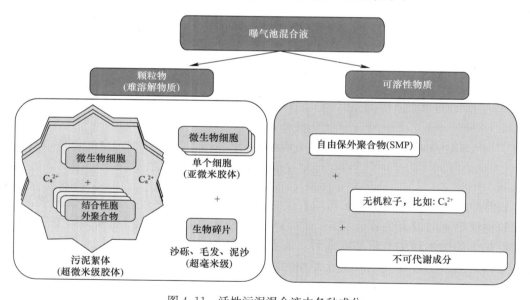

图 4.11　活性污泥混合液中各种成分

4.3.1　颗粒物质

膜过滤是固液分离的一种，曝气池中的颗粒物质是 MBR 系统重要的污染物。尽管微生物细胞和微生物碎片也存在于污泥混合液中，污泥混合液中质量最大的主要颗粒物质是活性污泥絮体。

4.3.1.1　絮体

不同种类的微生物形成活性微生物絮体。微生物细胞胞外聚合物和阳离子（比如钙离子）相互连接，污泥絮体嵌入到胞外聚合物的网络状聚合物中，形成三维结构或者絮体结构。

活性污泥溶液的基本成分是污泥悬浮物。因此，在近几十年里，针对污泥悬浮物的浓度对膜污染的影响开展了大量深入的研究。污泥悬浮物的浓度和膜污染有很强的正相关性（即，随着污泥悬浮物浓度的增加，膜污染程度增加）。随着污泥浓度的增加，污泥混合液黏度增加，根据串联阻力模型，过滤阻力也会增加，如第 4.5.1 节所述。然而，在一些案例中也发现了污泥混合液浓度和膜污染趋势不一致的现象，这说明除污泥混合液浓度外还有其他污染因素占主导。

碎片，如沙砾、毛发和塑料材料，可被分为颗粒物质。浸没式 MBR 系统一个比较棘手的问题就是中空纤维膜之间缠绕的毛发，这也会导致整个系统的停运。适当的预处理系统，如格栅、沉淀池，可以解决这种问题。

4.3.1.2 絮体的尺寸

不同污泥悬浮物浓度的絮体颗粒粒径分布如图 4.12 所示。污泥絮体由单个细胞聚集而成，从几微米到几百微米不等，与污泥悬浮物浓度没有直接关系。粒径 1～100 μm 的颗粒物质被称为超胶体颗粒，粒径大于 100 μm 的颗粒物质称为可沉性固体，胶体颗粒的粒径为 0.001～1 μm。

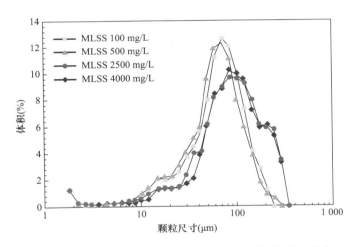

图 4.12 不同 MLSS 浓度下活性污泥中典型颗粒粒径分布

就絮体大小而言，活性污泥混合液中主要为可沉性固体。大于 10 μm 的颗粒和大于 1 μm 的胶体颗粒数量较少，但对膜污染所起的作用更大。曝气池中单个的活性微生物细胞，一般在不到 1 μm 到几个微米，这些微生物细胞主要为细菌。胶体颗粒（包括单个的细胞和小的絮体）会对 MBR 系统的过滤性能产生不利影响，这些颗粒物质的粒径也与膜的孔径相近。大多数污水处理用的 MBR 膜属于超滤或者微滤，孔径都在 1 μm 以下，会造成严重的膜孔堵塞污染，用常规的物理化学清洗方法很难恢复通量。

这些细小颗粒物质对膜污染产生重要影响的另外一个原因就是这些颗粒物质会沉积在膜表面形成滤饼层，在水流与膜表面的对流作用下不断压缩。由于浓差梯度产生的扩散，使滤饼层上的颗粒物质又回到原溶液，这一过程又叫反向传质。总的来说，这些细小颗粒物质具有较小的反向传质速度。因此，颗粒物质越小，这种反向传质的速度就越小。这也就导致常规清洗对滤饼层的作用越来越小，清洗的程度也更加不充分（即污染更加严重）。

因此，对于 MBR 系统而言，颗粒粒径是膜污染重要的参数。常见的浸没式 MBR 系统中，平均絮状颗粒为 80~160 μm，根据进水水质和 WWTP 地点不同，微生物生理性能略有不同。外置式 MBR 系统中，由于污泥混合物从曝气池到膜池外面的膜组件内部的循环流动，与浸没式 MBR 系统中相比，平均絮体颗粒粒径略小。这种转移方式提供了更大的剪切力，污泥絮体更容易在转移过程中解体，这也导致了与浸没式膜组件相比絮体粒径更小。因此，外置式膜生物反应器的设计必须考虑到如何避免更小的污泥絮体产生的更严重的膜污染。

基于颗粒的体积分布来预估平均的颗粒粒径推测膜污染的倾向如图 4.12 所示。当总的污泥中含有一小部分较大颗粒粒径的物质时，这些较大的颗粒物质对平均粒径产生较大的影响。尽管这些细小颗粒物质总的体积比大颗粒物质体积小得多，但是这些细小颗粒物质的数量明显要多很多。如前面所述，这些细小颗粒物质对膜污染的影响要比较大颗粒物质对膜污染的影响大，基于颗粒的体积分布用平均粒径来评估膜污染趋势通常是不合适的。

如图 4.13 所示，选择合适的方法来表示颗粒粒径分布对预测膜污染是非常重要的。用相同膜组件的两个生物反应器（根据活性污泥 1 和 2 设计）展现出不同的污染趋势。活性污泥 1 比活性污泥 2 更容易污染。基于颗粒的体积分布测试两个生物反应器的颗粒粒径分布区别（图 4.13a）与膜污染趋势不一致。将基于体积分布的数据转换为基于数量分布（图 4.13b），这样就可以清楚地看到粒径分布在 0.1 μm 到 10 μm 之间，活性污泥 1 中较小颗粒粒径所占比例比活性污泥 2 大。也就是说，活性污泥 1 中的膜污染是由细小颗粒和粒径小于 1 μm 的颗粒造成的。这也说明了用颗粒的数量分布来表达粒径分布的重要性。

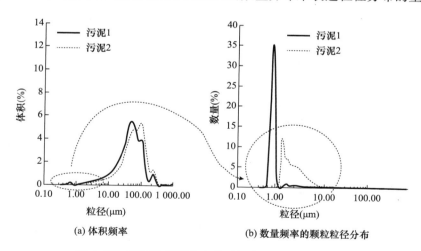

(a) 体积频率　　　　　　(b) 数量频率的颗粒粒径分布

图 4.13　基于体积频率和数量频率的颗粒粒径分布

4.3.1.3　胞外聚合物

胞外聚合物为微生物分泌的高分子量的黏液。胞外聚合物在微生物絮体的形成中起到重要作用，主要组成物质包括由多糖、蛋白质、脂类和腐殖类物质组成的非均相聚合材料；次要组成物质包括磷脂、核酸，如 DNA 和 RNA 等。在这些组成物中，多糖和蛋白质对膜污染产生重要的影响。

胞外聚合物提供了高度水合凝胶基质，微生物包埋在里面，对于 MBR 系统的渗透过程产生很大的阻力。因此，胞外聚合物是 MBR 系统重要的污染物。除此之外，多糖物质的沉积也激发了在次临界通量下运行的系统，使跨膜压差缓慢增加。总的来说，曝气池内絮体中较高的胞外聚合物浓度增加了膜污染程度。为了区分于溶液中存在的胞外聚合物自由体，絮体中的胞外聚合物也叫作结合型胞外聚合物。

由膜孔窄化或者膜孔堵塞造成的孔内污染构成膜污染的主要组成部分，但可以通过合适的预处理方式和选择适当的孔径范围来抑制这类污染。因此，主要的过滤阻力来源于流体流动在膜表面形成的滤饼层。结合性胞外聚合物使滤饼层内部结构更加致密，构成了渗透流量通过膜表面的屏障。因此，滤饼层中结合性胞外聚合物的数量被认为是 MBR 系统膜污染的重要污染指数。

4.3.1.4　胞外聚合物的提取和胞外聚合物成分的定量分析

定量测量污染物的浓度对建立控制膜污染运行策略是非常重要的。因此，确定什么是重要的污染物和确定胞外聚合物组分的浓度是控制膜污染的第一步。

图 4.14 显示了从 MBR 系统中的污染膜上提取胞外聚合物的通用方案。为了定量分析滤饼层中的结合型胞外聚合物，首先必须将滤饼层与膜表面分离。为了做到这些，必须要从膜生物反应器中把膜拿出来，用盐水缓冲液不断洗涤悬浮物，直到所有的微生物被从吸附在膜表面的滤饼层中洗出来。

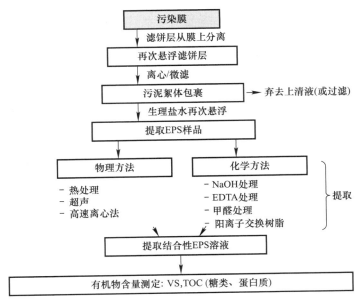

图 4.14　从 MBR 系统污染膜中提取 EPS 的过程

下一步是通过在 4000 倍重力加速度离心方法或者用 0.2 μm 的滤膜过滤分离颗粒物质。为了降低温度对微生物细胞的损伤，通常在低于 4 ℃下离心。丢弃上清液后，剩下的颗粒物质就是污泥絮体和微生物细胞主要的组成成分，将此颗粒物质置于三羟甲基氨基甲烷缓冲液中。这就开始了胞外聚合物的提取，此颗粒物质也是进一步的提取过程使用的基本样品。

从活性污泥絮体中提取胞外聚合物的方法有许多种。这些方法可以简单地分为物理提取和化学提取。热处理、超声和高速离心属于物理提取方法。化学提取方法包括用氢氧化钠、甲醛、阳离子交换树脂（CER）和乙二胺四乙酸（EDTA）处理。热处理是在80～100 ℃条件下保持1～2 h，从悬浮颗粒物质提取里面的胞外聚合物。超声就是在超过40 W的超声设备中，处理2～10 min，也可以达到提取胞外聚合物的要求。高速离心就是超过20000倍重力加速度离心方法。离心分离的重力加速度在4000 g左右，但发现高速的离心处理不能保证细胞内的胞外聚合物完全释放出来，所以这种方法现在已经很少用了。

用强碱溶液，如氢氧化钠溶液处理，会削弱细胞和胞外聚合物之间的键，导致碱性水解。在碱性或超声条件下，醛类（甲醛或者乙醛）可以作为辅助的化学试剂。胞外聚合物可以与多价阳离子，如钙离子，络合成网络状。添加阳离子交换树脂（CER）和乙二胺四乙酸（EDTA）到样品溶液中可以去除钙离子，减小胞外聚合物与钙离子之间的作用力，更容易使胞外聚合物从污泥絮体中释放出来。

一个好的胞外聚合物提取过程需要尽量少地使细胞裂解，而不会破坏胞外聚合物。在一些文献中详细列举和对比了各种提取方法。由于没有一个统一的方法，每一种方法的提取效率和对细胞的裂解程度都有自己的优缺点。

无论用何种提取方法，胞外聚合物都会从悬浮颗粒进入水相中。提取的结合性胞外聚合物，如图4.14所示。测定有机物的含量是这一过程的最后一步。即分析挥发性悬浮固体（VSS）、总有机碳（TOC）或蛋白质＋多糖的浓度是测量提取胞外聚合物中有机物含量的常见方法。定量测量有机物含量的方法不同，表示结合性胞外聚合物总量的单位不同。为了消除样品中微生物质量带来的误差，用有机物含量除以样品中混合液中的悬浮固体浓度，样品的MLSS中有机物可分为以下几类：

- mg 挥发性固体/g 混合液中挥发性悬浮固体（MLVSS）；
- mg 总有机碳/g 混合液中的悬浮固体（MLSS）；
- mg（蛋白质＋多糖）/g 混合液中的悬浮固体（MLSS）。

分析结合性胞外聚合物的化学成分可以弄清楚膜的污染现象，因而需要对结合性胞外聚合物提取溶液进行定量分析。正如前面介绍的，胞外聚合物影响膜污染的主要成分为蛋白质和糖类。碳13同位素核磁共振（NMR）分析可以确定污染物中所含的糖类和蛋白质。傅里叶变换红外光谱仪（FTIR）分析也可以确定酰胺I和II峰（1638 cm^{-1} 和 1421 cm^{-1}）和类碳水化合物物质峰的存在。在大多数情况下，可以观察到蛋白质浓度范围为10～120 mg/g 混合液中的悬浮固体，比糖类的浓度高，糖类的浓度范围通常为6～40 mg/g 混合液中的悬浮固体。

Lowry法和苯酚-硫酸法是基本的蛋白质和糖类的定量测定方法。两种方法的原理是基于用分光光度计的吸光度测量方法，因此，两种方法都需要用标准的蛋白质和糖类来标定。牛血清白蛋白（BSA）和葡萄糖是最常用的标定化合物。但是真实的结合性胞外聚合物含有各种蛋白质和糖类。因此，用从某些特定标准的分析中获得的胞外聚合物数据来解释膜污染还是有一定的局限性。

尽管结合性胞外聚合物总量对于解释膜污染机制非常重要，蛋白质和糖类的比例也是影响 MBR 系统膜污染的重要因素。姚等人回顾了多项研究，并报告了蛋白质和糖类的比例从 1 到 10，结合性胞外聚合物较高的蛋白质和糖类的比例会使污泥具有更高的黏性，加速了滤饼层的形成，加深了膜污染的程度。

色谱分析，即分子排阻色谱（或凝胶渗透色谱法），用于测量结合性胞外聚合物的分子量分布。戈尔纳等人的研究表明，蛋白质的分子量为 45～670 kDa。然而，糖类的分子量小于 1 kDa，含量也比蛋白质含量低。

例 4.1

为了计算 MBR 系统中活性污泥悬浮液结合性胞外聚合物的浓度。从 MBR 系统的曝气池中取 1000 mL 混合液至实验室。将混合液立即以 3500 r/min 离心，并撇去上层清液。将颗粒物质用三羟甲基氨基甲烷缓冲液洗涤数次，然后在此溶液中沉淀。重新沉淀的悬浮物在烤箱中 90 ℃保持 2 h，在室温下冷却。将 200 mL 的冷却液转移到熔炉中，用标准方法测定挥发性固体含量（美国公共卫生协会，美国水工程协会，水环境联合会）。用如下数据计算活性污泥悬浮液样品中的结合性胞外聚合物的浓度：

- 混合液挥发性悬浮固体浓度：8000 mg/L；
- 坩埚的质量：20.00 g；
- 烘干炉蒸发后的坩埚的质量：21.05 g；
- 在马弗炉烘干后坩埚的质量：20.33 g。

计算过程

1. 计算提取液中挥发性固体浓度

$$\text{VS}\left(\frac{\text{mg}}{\text{L}}\right) = \frac{\text{挥发性固体质量}}{\text{样品体积}} = \frac{(21.05 - 20.33)\text{g}}{200\ \text{mL}} \times \frac{10^3\,\text{mg}}{\text{g}} \times \frac{10^3\,\text{mL}}{\text{L}} = \frac{3600\ \text{mg}}{\text{L}}$$

2. 计算结合性胞外聚合物浓度

$$\text{结合性 EPS}\left(\frac{\text{mgVSS}}{\text{gMLVSS}}\right) = \frac{\text{溶液中提取的 VS}}{\text{样品中 MLVSS}} = \frac{3600\ \text{mgVS}}{\text{L}} \frac{\text{L}}{8000\ \text{mgMLVSS}} \frac{10^3\,\text{mg}}{\text{g}}$$

$$= 450\ \frac{\text{mgVS}}{\text{gMLVSS}}$$

备注：计算出来的结合性胞外聚合物浓度为 450 mg VS/g MLVSS，（即每 1 g 的混合液中的挥发性悬浮固体中有 450 mg 的结合性胞外聚合物），看起来挺多的。这也取决于提取方法的不同。在 90 ℃下保持 2 h 足以使所有的细胞结构破裂，因此，这种方法不但可以将结合性胞外聚合物释放出来，而且可以将细胞内物质、单个细胞和细胞碎片也提取出来。也就是说，加热裂解的细胞物质被当作胞外聚合物的测量物质。因此，需要一个沉淀过程从提取液中排除细胞和细胞碎片的干扰。例如，丙酮或乙醇可用于沉淀提取结合性胞外聚合物。将沉淀的结合性胞外聚合物分离出来并进一步分析，这将获得更加精确的结合性胞外聚合物值。

4.3.2　可溶性物质

可溶性物质可以分为两类：污水进水中不可降解性物质和微生物分泌的可溶性物质。SMPs 和可溶性 EPSs（有时也叫自由 EPSs）都可以用来表达原液中微生物分泌的可溶性有机物。有时这些物质会相互转换。SMPs 相较于可溶性 EPSs，是一个更加广泛的概念，因为可溶性EPSs指的是一些大分子物质。这些物质的基本化学组成都很相似，为蛋白质和糖类，因此，用化学分析的方法很难区分两种物质。

SMPs或者自由体EPSs（可溶性EPSs）

当用SMPs和可溶性EPSs来描述MBR系统中的膜污染时，两个概念很容易混淆。SMPs代表从微生物代谢产物提取出来的所有可溶性物质，包括单体、低聚物和聚合物。EPSs明显具有聚合物属性，但是聚合物和低聚物的划分在一定程度上是很模糊的。而且，不可代谢性成分与细胞代谢产物没有必然关系，但是当用化学分析方法时其被分在SMPs和溶解性EPSs中。事实上，不管SMPs和EPSs来源于哪里（细胞或者进水），很难区分SMPs和EPSs。因此，一些研究人员将所有的EPSs和SMP都列为一类，称为生物高分子聚合物（BPC）。

EPSs、结合性EPSs和疏松的EPSs没有一个准确的定义，提取EPSs（eEPSs）、可溶性EPSs、自由体EPSs、BPC和SMP的方法也很难建立，这些物质有时候很容易混淆。勒克莱奇等区分EPS和SMP方法如图4.15所示，研究人员提出一种提取和测量EPS和SMP的方法。他们简单地将EPSs划分到EPS里面，并且可以人为地从微生物絮体（eEPS）和可溶性物质（SMPs）中提取。SMPs可以通过固液分离的方法，比如，离心之后用1.2 μm膜过滤的方法提取。

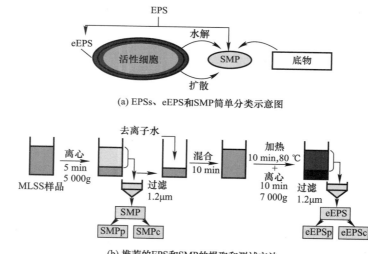

(a) EPSs、eEPS和SMP简单分类示意图

(b) 推荐的EPS和SMP的提取和测试方法

图4.15　相关示意图

（摘自：Le-Clech, P. et al., J. Membr. Sci., 284，17，2006.）

然而，不可降解的物质在污泥混合液中依然存在。严格来说，用这种方法获得的SMPs并不是单一的微生物代谢产物。依据这个提取过程，进水中的物质、可溶性EPSs和SMPs没有被分开和区分开来。SMPs中的蛋白质和糖类需要进一步分析，标记为SMPp和SMPc。离心之后的颗粒物质用去离子水重新沉淀，通过前面介绍的方法提取eEPSs（即结合性胞外聚合物）。最后，就可以将eEPSp（蛋白质）和eEPSc（糖类）分开。

众所周知，胞外聚合物在膜污染过程中扮演重要角色。结合性胞外聚合物、自由胞外聚合物和疏松结合性胞外聚合物定量和定性的测量几乎是不可能的，因此，将胞外聚合物的每种组成物质和膜污染参数关联起来是很困难的。

如前面所讲，在膜表面滤饼层中的结合性胞外聚合物具有渗透阻力。因此，结合性胞外聚合物的浓度与滤饼层污染成正相关。然而，可溶性胞外聚合物存在于污泥混合液中，因此，可溶性胞外聚合物相比滤饼层来说，在膜内部污染扮演重要角色。膜孔对可溶性胞外聚合物的吸附造成了膜孔的窄化。

许多研究表明，高浓度的自由胞外聚合物使膜性能恶化（即自由胞外聚合物与膜污染密切相关）。由于 MBR 系统中膜污染主要来源于滤饼层的形成程度，因此，自由胞外聚合物造成的膜污染没有结合性胞外聚合物造成的膜污染严重。

定量测量自由胞外聚合物的浓度与前面介绍提取胞外聚合物的方法类似。曝气池中，活性污泥悬浮液通过过滤或者离心的方法去除颗粒物质。离心或过滤后的上层清液与丙酮和乙醇（1∶1）的混合液混合。将此溶液转移到冰箱中，在 4 ℃保持 1 d。在此过程中，自由胞外聚合物沉淀，也就是自由胞外聚合物通过盐析作用沉淀出来。最后，将沉淀出来的胞外聚合物称重，用色谱法进一步分析化学组成。

有些研究试图将自由胞外聚合物的相对分子质量（MW）与膜污染程度进行关联。胞外聚合物的相对分子质量通常用凝胶渗透色谱测量分析。王和吴等人（2009）的研究表明，MBR 系统中胞外聚合物的相对分子质量为 2.2～2912 kDa，传统活性污泥法中的相对分子质量分布为 2.4～18968 kDa。他们指出，许多参数，如污泥停留时间（SRT）、温度、曝气、底物组成和负荷率都会影响到 MBR 系统和传统活性污泥法中胞外聚合物浓度和组成。也就是说，影响胞外聚合物相对分子质量的参数相同。因此，很难得到胞外聚合物相对分子质量和膜污染之间的关系。

三维荧光光谱（FEEM）可以用来表征可溶性有机物的化学结构组成，已经成为一种快速、选择性好、灵敏度高，非常有用的区分自然水体中有机质的变化与转化的技术。三维荧光光谱通过采集同时激发和释放波长的变化，告知我们样品荧光特征。

三维荧光光谱（FEEM）技术在研究可溶性有机物（DOM）的物理化学性质方面是非常有用的，由于其灵敏度高、选择性好，测量可溶性物质的荧光特征不破坏样品结构，因此，也可以用来分析进水中 SMPs 和膜生物反应器膜污染物的化学结构，可以观察到 SMPs 中的有机物质和污染物有相似的光谱。不同谱区的荧光可以用来区分 SMPs 和污染物的荧光特性。

亨德森等人（2011）提出，按照三维荧光光谱特征（FEEM）激发和释放的波长（λex/em）可以将活性污泥样品分为七种主要的组成物。他们尝试将曝气池中污泥的质谱和污染物联系起来，用于解释有机物对膜污染的影响：

1）390/472 nm——陆上来源的荧光性类腐殖酸。

2）310/392 nm——微生物来源的荧光性类腐殖质。

3）350/428 nm——富集废水/营养示踪剂。

4）250/304 nm——用酪氨酸标定的在相同区域荧光的蛋白质相关物质。

5）＞250/348 nm——用色氨酸标定的在相同区域荧光的蛋白质相关物质。

6）290/352 nm——用色氨酸标定的在相同区域荧光的蛋白质相关物质。

7）270/304 nm——用酪氨酸标定的在相同区域荧光的蛋白质相关物质。

三维荧光光谱（FEEM）技术的基本理论是将输出质谱与已知污染物的质谱联系起

来。胞外聚合物在膜污染过程中起到重要作用，也是膜污染物的主要组成部分。因此，在曝气池中，可溶性胞外聚合物的荧光特征与膜污染物的三维荧光光谱特征（FEEM）光谱有很好的相关性。

如图 4.16 所示，膜污染有机物的三维荧光特征（FEEM）光谱与曝气池中溶解性物质的特征荧光光谱相似。两个主要的峰（峰 A 和 B 为蛋白质类似物峰）与胞外聚合物样品的三维荧光光谱特征（FEEM）光谱类似，但是特征峰的位置稍有不同。

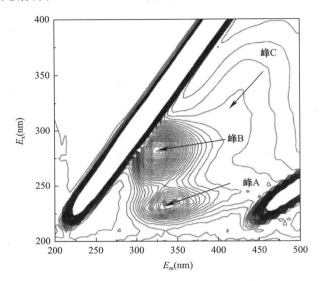

图 4.16　MBR 系统污染膜 FEEM 光谱例子

（摘自：Wang，Z. et al.，Water Res.，43(6)，1533，2009.）

4.4　膜污染的影响因素

尽管建立一个 MBR 系统中膜污染的规律是很困难的，但膜污染的性质和程度受到三个因素的强烈影响，如图 4.17 所示：膜池中污泥混合液的特性、膜和膜组件、运行条件。这一章将对这些内容进行介绍。

单一的因素影响膜污染或者相互影响。比如，重要的运行条件，如水力停留时间（HRT）和污泥停留时间（SRT）直接影响膜污染，同时又影响胞外聚合物的产率和挥发性悬浮物的浓度，这些都是影响膜污染的重要因素。

4.4.1　膜和膜组件

膜性能如孔径、粗糙度、原材料以及亲水性和疏水性等，都直接影响膜的污染。

4.4.1.1　孔径

孔径对膜污染的影响与进水水质有关，特别是活性污泥悬浮液中的颗粒粒径分布。由于膜内部的污染，大孔径的膜通量并不总是最高的（即孔径小的膜通量高于孔径大的膜通量）。这是由于当膜孔径与进水中颗粒粒径大小相似的时候，如图 4.10 所示，很容易发生膜孔堵塞，使渗透通量降低。活性污泥悬浮液中颗粒粒径一般是亚微米级的（即粒径与一般的微滤膜孔径相近）。因此，在 MBR 系统中经常使用比微滤膜孔径小的超滤膜。

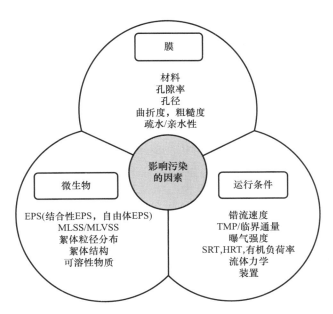

图 4.17　MBR 系统膜污染的影响因素

4.4.1.2　亲疏水性

亲水膜通常比疏水膜有更高的通量。由于疏水膜与进水中的物质有更强的相互作用，污染更容易发生在疏水膜上，叫作"疏水性相互作用"。即使在陶瓷膜使用日益广泛的今天，在大多数工程案例中用的商品化膜都是聚合物膜。MBR 系统中使用的聚合物膜的原材料通常具有疏水性。MBR 系统中最常用的膜材料为聚乙烯、聚丙烯和聚偏氟乙烯。这些膜材料分子结构上没有极性基团，因而大多数膜材料都是疏水的。进水中疏水性物质更倾向于吸附在疏水膜表面。为了降低疏水物质间相互作用带来的膜污染，对疏水膜表面进行亲水化改性，可表现出低的生物污染。与没改性的膜相比，降低了对进水有机物的吸附性。

膜的亲疏水性可以定量地用测量膜和水滴之间的接触角表示。另外，活性污泥中污泥絮体的疏水性可以定量测量"相对疏水性"，对此将在下一节中论述。总之，就膜和污泥的疏水性而言，疏水性作用给膜污染带来很大的影响。

4.4.1.3　膜材料

MBR 系统中使用的膜大多数是聚合物材质，对抵抗恶劣环境有先天的不足。特别是聚合物膜在化学清洗（CIP）中使用的氧化剂和较宽的 pH 值范围下很脆弱。与有机材料相比，陶瓷无机膜表现出很强的亲水性、耐高温和化学性能等优势，近年来受到了关注。

无机材料，如氧化铝、氧化锆、碳化硅和二氧化钛，广泛用于食品和轻工业中的膜分离领域。无机膜价格比较高、组件制备复杂限制了其在 MBR 领域的应用。大多数无机膜组件为整体的管状结构，相同体积下装填密度较中空纤维膜低。如果克服这一不足，因其化学试剂清洗耐受范围广，如能承受较低或者较高 pH 值、高温和强的氧化试剂，无机膜在 MBR 领域的应用将会有所扩大。

4.4.1.4　荷电性

在纳滤、反渗透过程中，膜的荷电性在决定离子渗透性方面是一个重要的参数，截留机制与膜和原水之间静态电荷相互作用有很大关系。尽管 MBR 系统中的污泥絮体略带负电性,膜和污泥絮体之间的带电性不足以克服跨膜压差的作用。

4.4.1.5 膜组件

MBR 系统内的中空纤维膜的一个重要参数是装填密度,定义为每个膜组件横截面面积内的膜表面积(m^2/m^2)或者单位膜组件体积内的膜表面积(m^2/m^3)。高的装填面积可以减少使用膜组件的数量或者降低 MBR 系统在曝气池中膜组件的占地面积。然而,膜组件过高的装填面积会使中空纤维膜束内传质效率下降,导致设计通量下降,而且曝气效率也会受到抑制,导致污泥絮体在膜组件内沉积。因此,合适的装填面积对于保持高通量运行和阻止污泥絮体在 MBR 系统膜组件中沉积是很重要的。

最新发展的计算流体动力学给装填密度提供了很好的理论支撑。装填密度对膜运行通量的影响如图 4.18 所示,虽然该实验不是针对 MBR 设计而做的。计算流体动力学模拟预测出来的数据与实验数据很吻合。装填密度超过 55%,就会导致过滤通量有很大的下降。因此,装填密度在高过滤面积和过滤性能恶化中间有一个权衡。如图 4.18 所示,装填密度在 0.5～0.6 是一个很好的权衡数值。

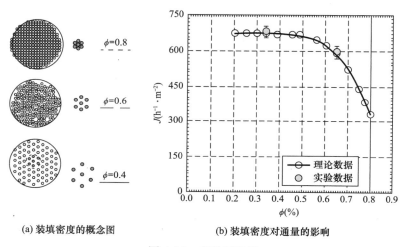

(a) 装填密度的概念图　　(b) 装填密度对通量的影响

图 4.18　相关示意图

(摘自:Gunther,J. et al. ,J. Membr. Sci. ,348,277,2010.)

4.4.2　微生物特征

活性污泥混合液是复杂、变化的,包含进水中不可代谢的成分、生化过程中可代谢产物和含有微生物的非均相悬浮液。混合液中的许多独立成分,从微生物到不可溶解性聚合物,比如胞外聚合物,都会对膜造成污染。

正如前面所讲到的,影响膜污染的每个微生物因素都受运行条件的影响。如果水力停留时间发生变化,微生物特性,如可挥发性悬浮物浓度和胞外聚合物浓度也会相应变化。因此,对膜污染影响最大的两方面似乎是微生物特征与运行条件(即运行条件与微生物特征这两个重要因素相互影响)。

4.4.2.1 混合液中的悬浮固体

MBR 曝气池中的微生物浓度由混合液中的悬浮固体浓度表示。图 4.19 显示了间歇式过滤过程标准流量（J/J_{iw}）随着混合液中的悬浮固体浓度的降低而增加。如图 4.20 所示，连续式浸没式膜组件的跨膜压差增加的速度随着混合液中的悬浮固体浓度的增加而快速增加。

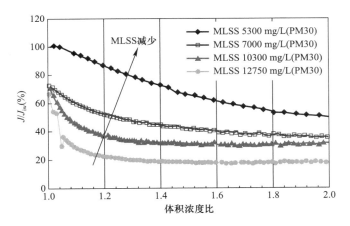

图 4.19 用 PM30 膜在间歇式活性污泥工艺中不同 MLSS 浓度下 MLSS 浓度
对标准化通量（J/J_{iw}）的影响

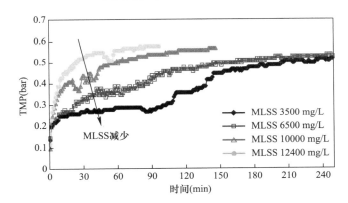

图 4.20 在连续过滤系统中 MLSS 的浓度对 TMP 的影响

普遍的共识是，如果其他重要的微生物因素保持不变，混合液中的悬浮固体浓度与膜污染程度成正比。当微生物浓度增加时，滤饼层就会变厚或者密度增加。然而，这一假设仅在非常有限的条件成立。

在 MBR 技术研究的早期阶段，许多研究表明膜组件的通量是混合液中的悬浮固体浓度的函数。例如，克劳斯和施塔布（1993）提出对于外置式膜组件，混合液中的悬浮固体浓度和混合液中的挥发性悬浮固体浓度对膜通量的影响函数为：

$$J = J_0 e^{k(\text{MLSS}-\text{MLVSS})Re/\text{MLVSS}} \tag{4.4}$$

式中 J_0——最初通量，L/($m^2 \cdot h$)；

k——跨膜压差的经验常数；

Re——雷诺数。

张和基姆（2005）报告称，滤饼层阻力（R_c）随着混合液中的悬浮固体浓度的增加而增加。随着混合液中的悬浮固体浓度的降低，滤饼层比阻力（α）增加（即 R_c 与 α 为反相关关系）。按照传统的滤饼层过滤理论推测，混合液中的悬浮固体浓度直接影响滤饼层阻力。滤饼层阻力，R_c（m^{-1}），可以表达为：

$$R_c = \alpha \cdot \nu \cdot C_b = \alpha \cdot (m/A) \tag{4.5}$$

式中　α——滤饼层比阻力，$m \cdot kg^{-1}$；

　　　ν——单位膜面积内渗透量，$m^3 \cdot m^{-2}$；

　　　C_b——混合液中的悬浮固体浓度，$kg \cdot m^{-3}$；

　　　m——污泥质量，kg；

　　　A——表膜面积，m^2。

然而，膜污染并不总是与混合液中的悬浮固体浓度成比例的。有许多研究结果与膜污染是混合液中的悬浮固体浓度的函数这一结论相违背。比如，吴和黄（2009）研究表明，当混合液中的悬浮固体浓度大于 10000 mg/L 时，膜污染与混合液中的悬浮固体浓度密切相关；然而，当混合液中的悬浮固体浓度小于 10000 mg/L 时，膜污染与悬浮固体浓度无关，而可能与混合液中的悬浮固体和其黏度有关系。

$$\log(\mu) = 0.043(MLSS) - 0.294 \tag{4.6}$$

式中　μ——黏度，$Pa \cdot s$；

　　MLSS——混合液中的悬浮固体浓度，g/L。

研究人员的解释是，当混合液中的悬浮固体浓度超过 10000 mg/L 时，混合液的黏度迅速超过 90 MPa·s。因此，当混合液中的悬浮固体浓度超过 10000 mg/L 时，渗透通量的降低是由混合液黏度升高引起的。尽管 MBR 系统曝气池中混合液的悬浮固体浓度通常为 5000~15000 mg/L，一些 MBR 污水处理厂的混合液中的悬浮固体浓度超过 20000 mg/L。这些污水处理厂的混合液黏度有潜在的增加趋势，往往由于膜污染严重而运行失败。

由于膜表面滤饼层处于 MBR 系统曝气池曝气剪切的环境下，不管是浸没式还是外置式，都处于一个滤饼层不断沉积和沉积的滤饼层又不断回到原液的动态过程，而不是微生物连续沉积形成滤饼层的过程，在膜运行过程中，滤饼层厚度保持不变。即使混合液中的悬浮固体浓度升高到一定程度形成滤饼层，滤饼层也不会继续增加。这一现象也解释了为什么混合液中的悬浮固体浓度与不可逆污染无直接关系。混合液中的悬浮固体浓度直接影响到的不是滤饼层厚度的增加，而是混合液中的悬浮固体浓度的增加带来的 EPS 或 SMP 量的增加，这个与膜的不可逆污染有关。

4.4.2.2　污泥絮体尺寸

在影响膜生物反应器内膜污染的各种因素中，最主要的因素可能是污泥絮体的大小。当过滤介质一定时，传统过滤理论可以准确估算出压力损失，许多学者使用过滤方程来解释膜生物反应器的膜污染现象。传统过滤理论中的压力损失相当于膜过滤过程中的阻力：

$$h_L = \frac{f}{\varphi} \frac{1-\varepsilon}{\varepsilon^3} \frac{L}{d} \frac{\nu^2}{g} \tag{4.7}$$

式中　f——摩擦系数；

　　　φ——形状因子；

　　　ε——介质的孔隙率；

d——介质的直径，m；

L——过滤器的长度，m；

g——重力加速度，m/s^2；

ν——表观速度，m/s。

根据传统过滤中众所周知的科泽尼—卡尔曼方程，比阻力（α）是颗粒直径（d_p），滤饼层孔隙率（ε）和颗粒密度（ρ）的函数，表达式为：

$$\alpha = \frac{180(1-\varepsilon)}{\rho \cdot d_p^2 \cdot \varepsilon^3} \tag{4.8}$$

比阻力与串联模型中的滤饼层阻力有直接关系，表达式为：

$$R_c = \frac{180(1-\varepsilon)}{(\rho \cdot d_p^2 \cdot \varepsilon^3) \cdot \nu \cdot C_b} \tag{4.9}$$

R_c 与滤饼层上的颗粒直径（d_p）有关；滤饼层中的污泥絮体粒径越小，滤饼层阻力越大。总的来说，活性污泥中颗粒粒径分布从亚微米级到几百微米。然而，外置式 MBR 由压力泵产生的或者浸没式 MBR 由曝气产生的剪切力使污泥絮体瓦解，产生更小的胶体和细胞，使滤饼层更加致密。

维斯尼夫斯基等人（2000）研究表明，悬浮物主要由污泥絮体裂解产生的 2 μm 左右的颗粒组成，这与通量的下降有关。西切克等人（1999）研究了在外置式 MBR 中颗粒粒径在 3.5 μm，97 % 的颗粒粒径小于 10 μm，但是活性污泥法混合液中污泥絮体的直径为 20～120 μm。另外，由于浸没式膜生物反应器剪切力较小，浸没式膜生物反应器的颗粒粒径大于外置式膜生物反应器。

滤饼层孔隙率（ε）对于滤饼层阻力来说是一个重要的参数。滤饼层孔隙率对滤饼层阻力（R_c）的影响如图 4.21 所示。如式（4.9）所示，随着孔隙率从 0～1，式 $(1-\varepsilon)/\varepsilon^3$ 逐渐减小，也就是说随着孔隙率接近 1，滤饼层阻力快速下降。所以，滤饼层孔隙率是滤饼层阻力的一个重要影响因素。

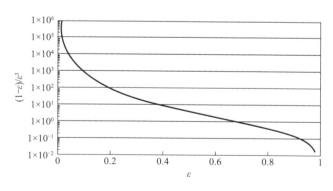

图 4.21　滤饼层孔隙率（ε）对 $[(1-\varepsilon)/\varepsilon^3]$ 的影响

滤饼层阻力的两个重要因素为颗粒粒径（d_p）和滤饼层孔隙率（ε），应注意两者的相互影响。一般认为，随着颗粒粒径的增加，孔隙率降低。然而，当颗粒粒径增加或者减少，滤饼层孔隙率不变。另外，还要考虑滤饼层体积不变，颗粒粒径的变化对孔隙率不产生任何影响。

如图 4.22 所示，不管颗粒是大还是小，总的孔隙都是恒定不变的。较大的颗粒有少量较大的孔隙，较小的颗粒有大量较小的孔隙，总的孔隙大小是相等的。因此，滤饼层的孔隙率与颗粒粒径无关。

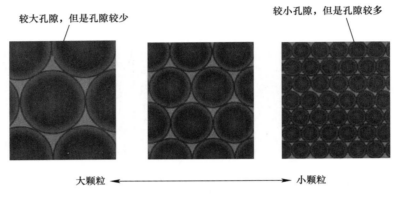

较大孔隙，但是孔隙较少   较小孔隙，但是孔隙较多

大颗粒 ←————————————————→ 小颗粒

图 4.22　颗粒粒径和孔隙率之间的关系

例 4.2

为了证明大颗粒和小颗粒的滤饼层中的整体孔隙是相等的，计算并对比不同颗粒粒径形成的滤饼层孔隙率。假设活性污泥法中污泥絮体是球形（圆形因子，$\varphi=1$），污泥悬浮液中污泥絮体的平均直径为 2 μm、5 μm、10 μm、50 μm、100 μm 和 500 μm。污泥悬浮液用膜末端过滤，污泥进水体积为 1 L，污泥混合液的进水密度为 1003 kg/m³，所有样品的混合液中的悬浮固体浓度为 3000 mg/L。假设加压泵对所有样品的滤饼层的加密程度相同。

计算过程

1. 计算膜表面滤饼层的体积。

膜表面滤饼层的体积为：

$$V_{cake} = \frac{3000 \text{ mg}}{L} \times 1 \text{ L} \times \frac{kg}{10^6 \text{ mg}} \times \frac{m^3}{1003 \text{ kg}} = 3 \times 10^{-6} \text{ m}^3$$

2. 计算由 2 μm（半径为 1×10^{-6} m）球体形成滤饼层的孔隙率

（1）球体的体积为：

$$V_s = \frac{4}{3} \times \pi \times (10^{-6} \text{ m})^3 = 4.19 \times 10^{-18} \text{ m}^3 / \text{圆球}$$

假设一个立方体积内包含一个球体，并且宽度与球体的直径相同。

（2）球体占用的立方体的体积为：

$$V_{cubc} = (2 \times 10^{-6} \text{ m})^3 = 8.00 \times 10^{-18} \text{ m}^3 / \text{立方体}$$

（3）立方体的孔隙体积为：

$$V_{c,v} = V_c - V_s = 8.00 \times 10^{-18} - 4.19 \times 10^{-18} = 3.81 \times 10^{-18} \text{ m}^3 / \text{立方体}$$

（4）滤饼层中可用的立方体数量为：

$$N_{cube} = \frac{V_{cake}}{V_{cube}} = \frac{3 \times 10^{-6}\ m^3}{8.00 \times 10^{-18}\ m^3/\ 立方体} = 3.79 \times 10^{11}$$

（5）滤饼层中的总孔隙体积为：

$$V_{void} = V_{c,v} \times N_{cube} = 3.81 \times 10^{-18}\ \frac{m^3}{立方体} \times 3.79 \times 10^{11}\ 立方体 = 1.42 \times 10^{-6}\ m^3$$

（6）由此可得滤饼层的孔隙率为：

$$\varepsilon = \frac{V_{void}}{V_{cake}} = \frac{1.42 \times 10^{-6}\ m^3}{3 \times 10^{-6}\ m^3} = 0.476$$

通过以上计算过程可得，不同絮体体积计算结果如表 4.2 所示。

不同絮体体积计算结果　　　　　　　　　　　表 4.2

絮体尺寸（μm）	2	5	10	50	100	500
絮体尺寸 r（m）	1.00×10^{-6}	2.50×10^{-6}	5.00×10^{-6}	2.50×10^{-5}	5.00×10^{-5}	2.50×10^{-4}
球体絮体体积，V_s（$m^3 \cdot$ 立方体$^{-1}$）	4.19×10^{-18}	6.54×10^{-17}	5.24×10^{-16}	6.54×10^{-14}	5.24×10^{-13}	6.54×10^{-11}
立方体絮体体积 V_{cube}（$m^3 \cdot$ 立方体$^{-1}$）	8.000×10^{-18}	1.250×10^{-16}	1.000×10^{-15}	1.250×10^{-13}	1.000×10^{-12}	1.250×10^{-10}
立方体絮体的孔隙体积 $V_{c,v}$（m^3）	3.811×10^{-18}	5.955×10^{-17}	4.764×10^{-16}	5.955×10^{-14}	4.764×10^{-13}	5.955×10^{-11}
滤饼立方体絮体的数量 N_{cube}（ea）	3.74×10^{11}	2.39×10^{10}	2.99×10^{9}	2.39×10^{7}	2.99×10^{6}	2.39×10^{4}
滤饼层的总孔隙体积 V_{void}（m^3）	1.42×10^{-6}	1.42×10^{-6}	1.42×10^{-6}	1.42×10^{-6}	1.42×10^{-6}	1.42×10^{-6}
滤饼层孔隙率 ε	0.476	0.476	0.476	0.476	0.476	0.476

　　如上表所示，不同污泥絮体粒径的孔隙率都是相同的（0.476），也就是说，不同粒径形成的滤饼层的孔隙率是相同的。尽管较大的粒径形成较大的孔隙，但是较小的颗粒形成的孔隙数量较多。

例 4.3

六种不同污泥絮体粒径的活性污泥悬浮液用表面积为 0.1 m² 的膜过滤。为了弄清楚污泥絮体粒径对滤饼层阻力（R_c）有什么影响，用如下数据对污泥絮体粒径和滤饼层阻力（R_c）作图：

污泥絮体的平均粒径为：2 μm、5 μm、10 μm、50 μm、100 μm 和 500 μm。

假设所有污泥悬浮液中颗粒密度都为 1003 kg/m³。

假设每种污泥悬浮液中混合液悬浮固体浓度为 3000 mg/L。

假设 1 L 的污泥悬浮液用同样膜末端过滤。

计算过程

计算污泥絮体粒径为 2 μm 的滤饼层比阻力（α）：

$$\alpha = \frac{180(1-\varepsilon)}{\rho_p \cdot d_p^2 \cdot \varepsilon^3}$$

$$\alpha_1 = \frac{180(1-\varepsilon)}{1003 \text{ kg/m}^3 \times (2.0 \times 10^{-6})^2 \text{m}^2 \times \varepsilon^3} = 4.487 \times 10^{10} \frac{1-\varepsilon}{\varepsilon^3} \text{m/kg}$$

使用计算出来的滤饼层比阻力（α）和式（4.5）计算污泥絮体粒径为 2 μm 的滤饼层阻力：

$$R_c = \frac{\alpha \cdot M}{A_m}$$

$$R_{c1} = \frac{\alpha \times M}{A_m} = 4.487 \times \frac{10^{10} \text{m}}{\text{kg}} \times \frac{3 \text{ g}}{0.1 \text{m}^2} \frac{\text{kg}}{1000 \text{ g}} \frac{1-\varepsilon}{\varepsilon^3} = 1.346 \times 10^9 \frac{1-\varepsilon}{\varepsilon^3} \text{m}^{-1}$$

用前面介绍的计算方法计算其他的颗粒粒径（表 4.3），总结如下：

$$\alpha_2 = \frac{180(1-\varepsilon)}{1003 \text{ kg/m}^3 \times (5.0 \times 10^{-6})^2 \text{m}^2 \times \varepsilon^3} = 7.178 \times 10^9 \frac{1-\varepsilon}{\varepsilon^3} \text{m/kg}$$

$$R_{c2} = \frac{\alpha_2 \cdot M}{A_m} = 2.154 \times 10^8 \frac{1-\varepsilon}{\varepsilon^3} \cdot \frac{M}{A_m} \text{m}^{-1}$$

$$\alpha_3 = \frac{180(1-\varepsilon)}{1003 \text{ kg/m}^3 \times (1.0 \times 10^{-5})^2 \text{m}^2 \times \varepsilon^3} = 1.795 \times 10^9 \frac{1-\varepsilon}{\varepsilon^3} \text{m/kg}$$

$$R_{c3} = \frac{3 \cdot M}{A_m} = 5.384 \times 10^7 \frac{1-\varepsilon}{\varepsilon^3} \cdot \frac{M}{A_m} \text{m}^{-1}$$

$$\alpha_4 = \frac{180(1-\varepsilon)}{1003 \text{ kg/m}^3 \cdot (5.0 \times 10^{-5})^2 \text{m}^2 \cdot \varepsilon^3} = 7.178 \times 10^7 \frac{1-\varepsilon}{\varepsilon^3} \text{m/kg}$$

$$R_{c4} = \frac{\alpha_4 \cdot M}{A_m} = 2.154 \times 10^6 \frac{1-\varepsilon}{\varepsilon^3} \cdot \frac{M}{A_m} \text{m}^{-1}$$

$$\alpha_5 = \frac{180(1-\varepsilon)}{1003 \text{ kg/m}^3 \cdot (1.0 \times 10^{-4})^2 \text{m}^2 \cdot \varepsilon^3} = 1.795 \times 10^7 \frac{1-\varepsilon}{\varepsilon^3} \text{m/kg}$$

$$R_{c5} = \frac{5 \cdot M}{A_m} = 5.384 \times 10^5 \frac{1-\varepsilon}{\varepsilon^3} \cdot \frac{M}{A_m} \text{m}^{-1}$$

$$\alpha_6 = \frac{180(1-\varepsilon)}{1003 \text{ kg/m}^3 \cdot (5.0 \times 10^{-4})^2 \text{m}^2 \cdot \varepsilon^3} = 7.178 \times 10^5 \frac{1-\varepsilon}{\varepsilon^3} \text{m/kg}$$

$$R_{c6} = \frac{\alpha_6 \cdot M}{A_m} = 2.154 \times 10^4 \frac{1-\varepsilon}{\varepsilon^3} \cdot \frac{M}{A_m} \text{m}^{-1}$$

颗粒粒径计算结果　　　　　　　　　　　　　　　　　　　表 4.3

颗粒粒径（μm）	2	5	10	50	100	500
$\alpha \cdot \left(\frac{1-\varepsilon}{\varepsilon^3}\right)/(\text{m} \cdot \text{kg}^{-1})$	4.487×10^{10}	7.178×10^9	1.795×10^9	7.178×10^7	1.795×10^7	7.178×10^5
$R_c \cdot \left(\frac{1-\varepsilon}{\varepsilon^3}\right)$（$\text{m}^{-1}$）	1.346×10^9	2.154×10^8	5.384×10^7	2.154×10^6	5.384×10^5	2.154×10^4

对污泥絮体颗粒粒径与 $R_c \times ((1-\varepsilon)/\varepsilon^3)$ 绘图（图 4.23），具体数据如表 4.4 所示。

从前面数据可以得出结论：颗粒粒径对滤饼层孔隙率没有影响。假设每种颗粒粒径的孔隙率（ε）都是 0.5，可以得到颗粒粒径（d）与滤饼层阻力（R_c）的关系图（图 4.24）。

4.4.2.3　滤饼层的压密

传统过滤中使用的是过滤介质，如砂子、无烟煤，而不是膜，滤饼的比阻（α）用以表示介质的过滤性能。如图 4.7 所示，滤饼的比阻（α）是颗粒粒径（d_p），滤饼层孔隙率（ε）

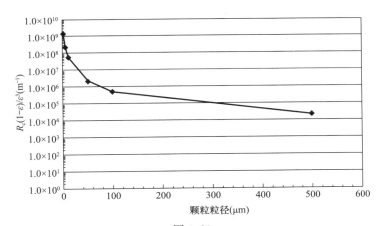

图 4.23

颗粒粒径计算结果 表 4.4

颗粒粒径（μm）	2	5	10	50	100	500
$\alpha(\text{m} \cdot \text{kg}^{-1})$	1.79×10^{11}	2.87×10^{10}	7.18×10^{9}	2.87×10^{8}	7.18×10^{7}	2.87×10^{6}
$R_c(\text{m}^{-1})$	5.38×10^{9}	8.61×10^{8}	2.15×10^{8}	8.61×10^{6}	2.15×10^{6}	8.61×10^{4}

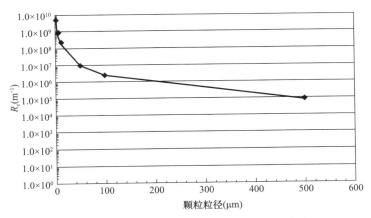

图 4.24 颗粒粒径与滤饼层阻力（R_c）的关系

和颗粒密度的函数（ρ）。

$$\alpha = \frac{180(1-\varepsilon)}{\rho \cdot d_p^2 \cdot \varepsilon^3} \tag{4.10}$$

如果膜过滤驱动压过高，膜表面的滤饼层就会产生压密。这样，用一个指数来表示滤饼层的压密程度，表达式为：

$$\alpha = \alpha_0 \cdot P^n \tag{4.11}$$

式中 n——滤饼层的压密指数；

P——驱动压力，kPa。

需要试验测量滤饼层阻力来计算滤饼层的压密性。滤饼层的压密指数（n）可以用式（4.11）两边取对数计算而得到，表达式为：

$$\log \alpha = \log \alpha_0 + n \log P \tag{4.12}$$

压密指数（n）可以用不同压力下的一系列过滤试验而得到。试验得到滤饼层的压密指数的过程如图 4.25 所示。$\log \alpha$ 与 $\log P$ 的斜率就是滤饼层的压密指数。

4.4.2.4 溶解性有机质

DOM 存在于 MBR 曝气池中，包括进水中不可代谢性物质和微生物繁殖过程中的代谢产物，如 SMPs 和自由体 EPSs。就膜污染物而言，从化学结构上很难将二者区分开来。

曝气池中的 DOM 极大地影响膜污染。DOM 可以对膜内部和外部造成污染，外部污染主要是造成浓差极化。DOM 可以吸附在膜孔表面和壁上，这一部分主要形成膜内部污染而不是滤饼层。这一过程主要发生在过滤的初始阶段。然而，DOM 也可以吸附在滤饼层中的缝隙内。这也导致滤饼层更加致密，使膜污染更严重。

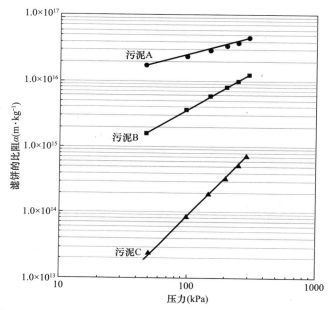

图 4.25　使用公式 $\log \alpha = \log \alpha_0 + n\log P$ 计算滤饼层压密指数（n）：直线斜率为 n，
代表滤饼层的压密指数

如图 4.26 所示，污泥絮体是膜表面形成滤饼层的主要物质。包括 DOM 在内的溶解性物质能够填充在滤饼层的孔隙内，导致形成致密的滤饼层。DOM 就像胶水，像砖块砌的墙中的水泥一样，强化了滤饼层。

在 MBR 运行的初始阶段，有几项研究探究可溶性有机碳（DOC）对膜污染的影响。例如，伊西古罗等人（1994）提出了通量与可溶性有机碳（DOC）的关系，式中 a 和 b 是经验常数，表达式为：

$$J = a + b \cdot \log(\text{DOC}) \tag{4.13}$$

然而，早期的关系式并不是通用的，而是非常明确的，因为通量（或者污染）不只受到可溶性有机碳（DOC）的影响。影响膜污染的许多其他参数同时存在。这一等式只适用于特定的环境。例如，如果膜污染的其他重要因素保持恒定，使用早期的关系式就可以根据可溶性有机碳（DOC）浓度来估算膜通量。佐藤和石井（1991）提出如下经验关系式，针对MLSS、化学需氧量（COD）、跨膜压差和黏度（η），用以计算外置式 MBR 膜过滤阻力：

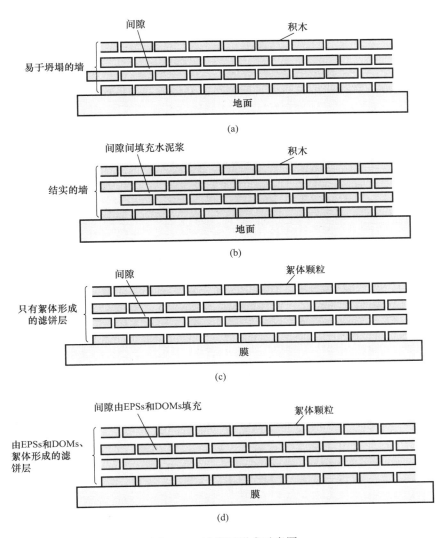

图 4.26　滤饼层形成示意图

$$R = 842.7 \text{TMP} (\text{MLSS})^{0.926} (\text{COD})^{1368} (\eta)^{0.326} \tag{4.14}$$

与可溶性 EPS（或者 SMP）浓度相比，可溶性有机碳（DOC）（或者可溶性 COD）对膜污染的影响更大。自由体 EP 对膜污染的影响在前面章节有详细叙述。

4.4.2.5　污泥絮体的结构（发泡的絮体、针尖的絮体和膨胀的絮体）

微生物的物理化学特性、营养均衡和进水水质决定活性污泥的结构。如图 4.27 所示，活性污泥的结构，依据丝状细菌与絮体稳定状态被分为三类（膨胀污泥、针状絮体和正常污泥）。

丝状细菌的增殖导致污泥膨胀，所以在针状絮体污泥中难以找到丝状细菌。另外，在正常的污泥中，丝状细菌与菌胶团菌在数量上达到平衡。通过控制水力停留时间（HRT）、污泥停留时间（SRT）和有机负荷率（F/M），活性污泥可以呈现前面提到的三种污泥状态。污泥体积指数（SVI）用来表征污泥沉降能力，这也与污泥絮体结构有很大关系：

$$SVI = SV_{30} \cdot 1000/MLSS \tag{4.15}$$

式中　SV_{30}——沉降 30 min 污泥的体积，mL/L；

　　　MLSS——混合液悬浮物浓度，mg/L。

　　针状污泥絮体、颗粒状污泥絮体和膨胀污泥絮体的污泥体积指数（SVI）分别为＜50、100~180 和＞200 mL/g。静置后上清液的悬浮物和浊度与污泥絮体状态也有间接的联系，针状污泥絮体的上清液非常混浊，膨胀污泥絮体的上清液相对清澈。

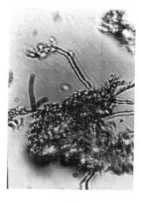

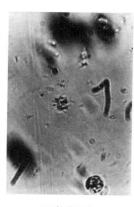

(a) 正常污泥　　　　　　　(b) 针状絮体　　　　　　　(c) 膨胀污泥

图 4.27　三种类型污泥絮体的照片

　　依据常等人（1999）的研究指出，不同污泥絮体中膜污染程度的正常顺序为颗粒污泥＜针状污泥＜膨胀污泥。研究表明，影响滤饼层阻力的重要因素是活性污泥絮体的形状、大小以及膜表面沉积滤饼层的孔隙率。然而，吴和黄（2009）介绍了 zeta 电位和污泥体积指数（SVI）不影响膜的过滤性能。正如前面介绍的关于 MBR 系统膜污染的两篇文献介绍所述，不同文献中关于膜污染的结论经常是相悖的。这也是由于过于简化了微生物的存在条件。换句话说，尽管每项研究的物理和运行条件不同，膜污染的不同影响因素（前面所提到的污泥体积指数，SVI）被过于强调。尽管几乎不可能培养出具有不同污泥体积指数（SVI）值的活性污泥，那么即使影响膜污染的其他参数，比如混合液悬浮物浓度（MLSS）、有机负荷率（F/M）和水力停留时间（HRT）保持不变，污泥体积指数（SVI）对膜污染的影响也不能自圆其说，这也给 MBR 系统膜污染的研究增加了难度。

4.4.2.6　进水水质

　　MBR 系统进水的组成直接影响微生物的代谢。世界各地的污水成分没有重大差异，然而工业污水的水质波动比较大，市政污水的组成不随地点而变化。微生物生长所需营养的比例（磷氮碳比）通常为 1 : 5 : 100。更加常用的碳氮比也常用来评估进水营养均衡。显然，不均衡的营养会影响微生物的代谢，导致污水处理厂运行失败。

4.4.2.7　污泥疏水性

　　胞外聚合物的主要成分是蛋白质和多糖，它们含有各种各样的基团，吸附于污泥絮体表面。这样，污泥絮体和膜表面存在疏水性的相互作用。污泥絮体的疏水性越强，就越容易吸附在膜表面。污泥絮体表面的亲疏水平衡特性决定污泥的疏水性。

流体流动形成的发泡污泥通常含有许多脂类物质，一般是高度疏水的。通常认为发泡污泥处理起来很麻烦，在二沉池中也有浮渣产生，导致过滤性能较差。

膜的疏水性可以用水滴与膜表面的接触角来测量，污泥絮体的疏水性却很难直接测试。使用有机溶剂相对疏水性（亲水性）的测试用来表征活性污泥的疏水性。相对疏水性的测定原理是基于用有机溶剂从水溶液中提取溶剂，即将不与水混溶的有机溶剂与水溶液充分混合，水相中活性污泥中的溶质依据在两相中溶解能力不同而分别在两种溶剂中分散。

一个活性污泥样品的相对疏水性测试过程如图 4.28 所示。将活性污泥样品导入分液漏斗中，接着向分液漏斗中加入有机溶剂，如正己烷、正辛醇或乙醚。进行适当的手动搅拌或者一段时间的机械搅拌，使有机层和水层充分混合。在此时间内，将活性污泥中的溶质从水相中转移到有机相中，然后将水相从分液漏斗下端分离并收集。最后，对收集的水相做进一步的分析。

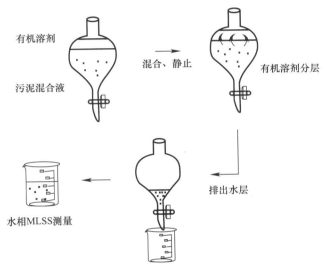

图 4.28　使用有机试剂测量活性污泥的相对疏水性过程示意图

接下来测试溶剂提取前后混合液悬浮物浓度，也就是说，活性污泥的相对疏水性可以表达为乳化之后的水相中混合液悬浮物浓度（$MLSS_f$）与乳化前的水相中混合液悬浮物浓度（$MLSS_i$）的比值：

$$相对疏水性 = 100 \times (1 - MLSS_f / MLSS_i)$$

常等人（1999）研究指出，常规情况下活性污泥的相对疏水性为 54%～60%（平均值为 57%），发泡污泥的为 62%～93%（平均值为 81%），比标准的颗粒污泥稍高。

4.4.3　运行

正如前面章节多次提到过的，微生物特性，如混合液悬浮固体浓度（MLSS）、胞外聚合物（EPS）或可溶性胞外聚合物（SMP）浓度和污泥絮体结构，都与运行条件有直接关系。影响膜污染的主要参数是微生物特性，而微生物特性又与运行条件有很大关系。

4.4.3.1　水力停留时间（HRT）

水力停留时间（HRT）定义为反应器的体积（m^3）与进水流速（m^3/h）的比值。对于连续搅拌式反应器（CSTRs）和平流式反应器（PFRs）来说，水力停留时间都是反应器性能的一个重要参数。对于生物反应器（比如，活性污泥池），水力停留时间降低，活性污泥排出的量也会增加。因此，维持生物反应器合适的水力停留时间是非常重要的。MBR 系统常见的水力停留时间为 2~5 h。通常来说，随着水力停留时间的增加，生物降解之后出水中有机物的量会更稳定。

水力停留时间（HRT）与有机负荷率（F/M）有直接关系，有机负荷率（F/M）定义为单位重量的活性污泥在单位时间内所承受的有机物的数量：

$$F/M(\text{kgBOD/kgMLSS} \cdot d) = \frac{QS_0}{VX} = \frac{S_0}{\theta X} \tag{4.16}$$

式中　Q——进水流速，m^3/d；

　　　S_0——进水中底物浓度，$kgBOD/m^3$；

　　　V——生物反应器的体积，m^3；

　　　θ——水力停留时间，d；

　　　X——微生物浓度，$kgMLSS/m^3$。

如图 4.29 所示，微生物的生长速率与有机负荷率（F/M）有很大关系，根据前面的关系式，随着水力停留时间的增加，有机负荷率（F/M）下降，也就是说直接对微生物特性产生影响。随着有机负荷率（F/M）的增加，生物降解能力下降，出水水质，如生物需氧量（BOD）、悬浮物 SS 等指标下降。另一方面，微生物内源呼吸阶段需要消耗大量的氧来进行生物氧化。常和李（1998）研究指出，指数增长阶段的微生物相比内源呼吸阶段更易造成膜污染。因此，水力停留时间通过改变微生物特性直接影响膜污染。

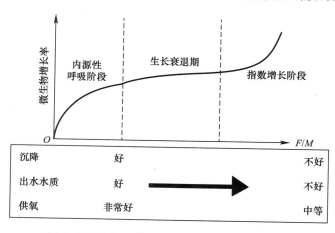

图 4.29　F/M、微生物特性和性能的相互关系

4.4.3.2　污泥停留时间

溶质进入、存在和流出连续反应器有一个平均停留时间。无论溶质处于何种状态（比如固态、液态或者气态，颗粒或者溶解性物质），反应器中溶质的平均停留时间定义为：

$$\tau_E = \frac{E}{|dE/dt|} \tag{4.17}$$

式中　E——溶质的质量，kg；

t——时间，h。

如果反应器中的溶液不含任何溶质，溶质的停留时间（τ_E）就等于水力停留时间（HRT），表达式为：

$$\tau_{\mathrm{w}} = \frac{E}{|\mathrm{d}E/\mathrm{d}t|} = \frac{V}{|\mathrm{d}V/\mathrm{d}t|} = \frac{V}{Q} = \mathrm{HRT} \tag{4.18}$$

例如，活性污泥法系统生物反应器中的微生物的停留时间就是污泥停留时间（SRT）。污泥停留时间（SRT）是生物反应器中微生物质量（$X \cdot V$）、污泥从二沉池中排出的速率（Q_{w}）和污泥在出水中的流出速率（$Q-Q_{\mathrm{w}}$）的函数。因而，污泥停留时间（SRT）可以表达为：

$$\mathrm{SRT}_{\mathrm{CAS}} = \frac{E}{|\mathrm{d}E/\mathrm{d}t|} = \frac{X \times V}{|X_{\mathrm{r}} \times Q_{\mathrm{w}} + X_{\mathrm{e}} \times (Q-Q_{\mathrm{w}})|} \tag{4.19}$$

式中　X_{r}——从二沉池回流到曝气池的污泥浓度，mg/L；

　　　X_{e}——二沉池中上清液的污泥浓度，mg/L；

由于膜对固液的充分分离，对于 MBR 系统出水中近乎没有污泥，X_{e} 就等于零。此外，在 MBR 系统中，没有污泥从二沉池中回流到生物反应器，因而 X_{r} 与 X 相等。这样，对于 MBR 系统，前面的等式就可以表达为：

$$\mathrm{SRT}_{\mathrm{MBR}} = \frac{E}{|\mathrm{d}E/\mathrm{d}t|} = \frac{X \cdot V}{|X_{\mathrm{r}} \cdot Q_{\mathrm{w}} + X_{\mathrm{e}} \cdot (Q-Q_{\mathrm{w}})|} = \frac{X \cdot V}{|X_{\mathrm{r}} \cdot Q_{\mathrm{w}} + 0|} = \frac{V}{|Q_{\mathrm{w}}|} = \frac{V}{Q_{\mathrm{w}}}$$
$$\tag{4.20}$$

污泥停留时间与生物反应器中的混合液悬浮物浓度直接相关。延长污泥停留时间导致微生物停留时间的增加，混合液悬浮物浓度随之增加（即混合液悬浮物浓度随着污泥停留时间的增加而增加）。也就是说，污泥停留时间直接影响混合液悬浮物浓度，这已经在前一节中作为影响膜污染的重要因素进行了讨论。因此，改变污泥停留时间对膜污染的影响也归于相应的微生物特性的改变。换句话说，污泥停留时间的改变通过影响微生物特性间接对膜污染产生影响。

一般情况下，活性污泥法中污泥停留时间（SRT）为 10 d，但是对于大多数 MBR 系统来说污泥停留时间超过 30 d。污泥停留时间（SRT）的延长明显导致混合液悬浮物浓度超过 10000 mg/L，有机负荷率下降（F/M），也使生物反应器中微生物内源性消耗。因而，污泥停留时间（SRT）的延长导致膜污染程度减轻。张和李（1998）研究发现，污泥停留时间（SRT）从 3 d 延长到 33 d，膜污染程度减轻。布罗克等人（2012）指出，较高的污泥停留时间（SRT）有助于活性污泥絮凝，在从 10~50 d 的测试范围内，污泥停留时间（SRT）的延长有助于减轻膜污染。然而，也有与此结论相悖的报道，也就是说膜污染不会受到一个或者两个因素的影响。

另一方面，随着污泥停留时间的增加，为了维持微生物的生长需要消耗大量底物，溶解性胞外聚合物（SMP）含量减少。这个可能是随着污泥停留时间（SRT）的延长，膜污染程度降低的原因。然而，随着污泥停留时间（SRT）的延长，混合液悬浮物浓度（MLSS）也在增加，导致混合液黏度增加。这种情况会导致膜污染恶化；而且曝气量消耗也在增加。因此，对于膜污染的适度控制存在一个最优的污泥停留时间（SRT）。

4.4.3.3 剪应力

在外置式 MBR 系统中，生物反应器的外部存在由以离心泵（或者循环泵）为动力源形成的从生物反应器到膜组件的循环流，形成的剪切力冲刷膜表面的滤饼层。循环流对生物反应器中的污泥絮体和微生物形成剪切力。这样的剪切力直接影响微生物特性，比如改变微生物形态和大小，导致胞内和胞外聚合物释放，影响微生物活性。很明显，这些微生物特性的改变直接影响膜的过滤性能。

根据牛顿黏度定理，两个流体层间剪切力定义为：

$$\tau = \frac{F}{A} = \mu \frac{\mathrm{d}\nu}{\mathrm{d}y} \tag{4.21}$$

式中 τ——剪切力，N/m^2；

　　　F——作用于流体层的作用力，N；

　　　A——流体层的表面积，m^2；

　　　μ——流体黏度，$N \cdot s/m^2$；

　$\mathrm{d}\nu/\mathrm{d}y$——剪切力或者两个流体层的速度梯度。

也就是说，剪切力与速度梯度（$\mathrm{d}\nu/\mathrm{d}y$）成线性比例，比例系数就是流体黏度。

外置式 MBR 系统中循环流道中的剪切力为：

$$\tau^w = \frac{f\rho\omega^2}{8} \tag{4.22}$$

式中 f——摩擦系数；

　　　ρ——流体密度，kg/m^3；

　　　ω——流道中间的流体速度，m/s。

例 4.4

对于生物反应器外面的外置式 MBR 系统，计算流体通过管式膜组件的剪切力（τ_w）。假设组件内的平均流体速率恒定为 $0.12~m/s$，混合液流体密度为 $999~kg/m^3$，管式膜组件内径为 $2~cm$。

计算过程

为了计算剪切力（τ_w）、摩擦系数（f）和管式膜组件中间的流速（ω），应该首先计算关于流态的雷诺数。雷诺数（Re）定义为：

$$Re = \frac{\rho \times d \times \nu}{\mu} = \frac{(999~kg/m^3) \times (0.02~m) \times (0.12~m/s)}{(1.2 \times 10^{-3}~N \times s/m^2)} = 1998$$

因为计算出来的雷诺数小于 2100，流体处于层流状态。

摩擦系数（f）取决于流体的雷诺数。对于循环管道，流体处于层流状态，则有 $\omega = 2 \cdot \nu$ 和 $f = 64/Re$，假设管道内抛物线流速的平均流速为 ν。因此，剪切力（τ_w）可以用下式计算：

$$\tau_w = \frac{f \cdot \rho \cdot \omega^2}{8} = \frac{\frac{64}{Re} \cdot \rho \cdot \omega^2}{8} = 0.23N/m^2$$

剪切力（τ_w）为 $0.23~N/m^2$。另外，假如处于层流状态，ω 等于 ν，$f = 0.316/(Re)0.25$。

剪切力产生的巨大影响就是导致污泥解体。这些易碎的微生物絮体很容易变成小的絮体，并产生胶体和细小的颗粒。由于剪切力的存在，絮体结构会解散，絮体尺寸会变小，特别是在泵运行的初始阶段。随着外置式 MBR 持续运行，絮体解体停止，絮体尺寸的减小开始稳定。基姆等人（2001）认为，在外置式 MBR 系统运行的初始 144 h 内，污泥絮体的平均尺寸从原来的几百微米减小到 20 μm。正如前面一节介绍的，絮体尺寸是决定膜污染的重要因素（即絮体尺寸越小，膜污染越严重）。因此，在流体循环流动过程中，剪切力引起絮体尺寸的减小，在一定程度上会造成过滤性能的下降。

污泥解体的另一个影响是污泥絮体中的胞外聚合物释放到溶液中。污泥解体破坏连接微生物细胞的许多胞外聚合物，胞外聚合物释放到外界溶液中。如前面章节介绍的，胞外聚合物浓度是影响膜污染的重要因素之一。因此，流体循环流动过程中，剪切力引起的胞外聚合物的释放明显也是膜分离过程中无益的因素。

在 MBR 运行过程中，曝气反应器中存在许多类型的微生物循环流动。基姆等人（2001）发现，旋转式泵形成的剪切力对微生物絮体的影响比离心泵更严重。换句话说，合适的泵的类型对控制 MBR 系统中的膜污染也是非常重要的。

4.4.3.4　曝气

在浸没式 MBR 系统中，没有来自循环泵产生的剪切力，取而代之的是普遍用曝气来控制膜污染，以及对曝气池中的微生物提供空气。气量、范围广的曝气形式，形成剪切力冲刷膜表面，可以有效地减少膜表面形成的滤饼层。例如，抗絮凝作用是最常见的问题。抗絮凝作用造成污泥絮体尺寸减小导致严重的膜污染，因此对这种曝气方式也要加以限制。浸没式 MBR 系统水处理厂的成功运行也取决于膜污染的控制策略。如果曝气方式不对，会增加运行成本，抗絮凝作用也会明显。另一方面，如果曝气不充分，膜污染就会变得严重。

对于浸没式 MBR 系统，曝气强度（m/h）是一个重要的设计参数，定义为供应气体速率（m^3/h）与膜面积（m^2）的比值。曝气强度增加量超过一定阈值，并不一定能产生相应的通量增加。因此，优化曝气强度形成充足的剪切力减少滤饼层的形成是有必要的。

4.4.3.5　通量（临界通量）

临界通量的基本概念在 20 世纪 90 年代中期广泛应用于包括 MBR 系统在内的膜过程的各个领域。如果 MBR 系统在尽可能低的通量下启动，膜污染的速率是缓慢的。关于临界通量准确的表达存在许多争议。但对于 MBR 系统临界通量的概念相对简单，即在 MBR 系统运行过程中，跨膜压差保持稳定的最高初始通量。

有几种方法可以用来测试临界通量，但是没有一种公认的方法。测试临界通量常用的一种方法就是阶梯通量法，即在一定的时间内，只要每一阶段内跨膜压差保持稳定，持续逐渐增加运行通量。跨膜压差的增加意味着由于滤饼层的形成和膜内部的污染引起的渗透阻力的增加。跨膜压差是膜污染的一个参数，如前面介绍过的，其受到混合液悬浮固体浓度（MLSS）、膜材料和系统流体水动力学的影响。

4.5　污染的定量测量

定量测量膜污染的污染程度是制定膜污染控制策略的重要步骤。连续、准确监控 MBR 系统膜污染的污染进程，运行人员才能够预测将要发生的问题，并采取适当抑制膜污染的措施及清洗措施。有几种方法可以从理论上和实践上评价膜污染的程度。

4.5.1 串联阻力模型

在 MBR 系统中分析过滤阻力，可以很容易地理解膜污染现象。在实验室内研究 MBR，串联阻力模型是分析污染机制最常使用的方法。这是一个非理论驱动的经验模型。过滤过程中每一个阻力数值通过一系列的实验和计算，可以用来分析存在哪些污染，哪种类型的污染占主导。

这个模型的基本思想就是渗透通量与膜过滤过程中的驱动力成正比，与膜过滤过程中的阻力之和成反比：

$$J = \frac{驱动力}{\sum 阻力} \tag{4.23}$$

这一模型中的驱动力就是膜过滤过程中的跨膜压差，渗透过程中产生的阻力就是阻力之和和渗透流体黏度之积：

$$J = \frac{\Delta P_T}{\eta \cdot R_T} \tag{4.24}$$

式中　J——渗透通量，$L/m^2 \cdot h$；

　　　ΔP_T——跨膜压差，$kg \cdot m/(s^2 \cdot cm^2)$；

　　　η——渗透流体黏度，$kg/(m \cdot s)$（$=N \cdot s/m^2$）；

　　　R_T——总的阻力，m^{-1}。

总的阻力（R_T）是膜自身产生的阻力（R_m）和各种污染产生的阻力（$R_{fouling}$）。

$$J = \frac{\Delta P_T}{\eta(R_m + R_{fouling})} \tag{4.25}$$

尽管污染阻力（$R_{fouling}$）可以按照污染现象进一步分为许多类别，但最常见和清晰的方法是将其分为滤饼层阻力（R_c）和内部污染阻力（R_f），如图 4.30 所示。

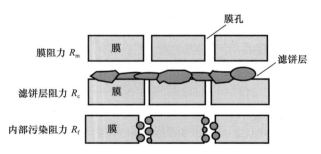

图 4.30　RIS 模型的示意图

（摘自：Chang, I. -S. et al., Desalin. Water Treat., 8(1), 31, 2009.）

串联阻力模型可以表达为：

$$J = \frac{\Delta P_T}{\eta \cdot R_T} = \frac{\Delta P_T}{\eta \cdot (R_m + R_c + R_f)} \tag{4.26}$$

式中　R_c——膜表面滤饼层产生的阻力，m^{-1}；

　　　R_f——溶质吸附于膜孔内部和内壁产生的内部阻力，m^{-1}。

由阻力模型基本形式可知，渗透通量与驱动压力成正比，与渗透流体的黏度和每个阻力的总和成反比。污染阻力（$R_{fouling}$）可分为两个阻力（$R_c + R_f$），通过一系列的过滤实验来获得每一个阻力的数值。然而，也有关于污染阻力更加细致的划分。例如，汉德森等人（2011）将污染阻力分为 R_{Rinsed}、$R_{Backwashed}$ 和 $R_{Desorbed}$，如图 4.31 所示。

这一模型的基本等式（4.25）与众所周知的欧姆定律类似，通过电阻的电流与电阻两端的电压差（V）成比例：

$$I = \frac{V}{R} \tag{4.27}$$

式中　I——电流，表示电荷的流量，A；

　　　V——电压，表示电阻两端的电压差，V；

　　　R——电阻，Ω。

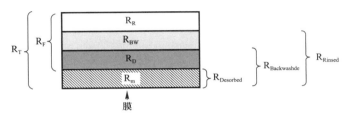

图 4.31　膜表面污染层的流体阻力示意图

（摘自：Hendersona, R. K. et al. , J. Membr. Sci. , 382, 50, 2011. ）

因通量和电流分别是渗透液和电荷通过的速率，通量（J）有点像电流（I）。膜两端的压力差，跨膜压差（ΔP_T），有点像电压（V），都是渗透液或者是电流的驱动力。总电阻（R_T），即阻止流体渗透的所有阻力（R_T）之和明显是电阻的阻力（R）。图 4.32 清晰地展示了欧姆定律和串联阻力模型之间的类比。

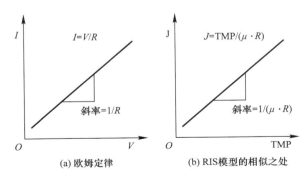

图 4.32　欧姆定律和 RIS 模型的类比

由式（4.27）得到式（4.29），通过实验可以测量出 J_{iw}、J_{fw} 和 J，可以获得每一个阻力数值（R_m、R_c 和 R_f）：

$$R_\mathrm{m} = \frac{\Delta P_\mathrm{T}}{\eta \cdot J_\mathrm{iw}} \qquad (4.28)$$

$$R_\mathrm{f} = \frac{\Delta P_\mathrm{T}}{(\eta \cdot J_\mathrm{fw}) - R_\mathrm{m}} \qquad (4.29)$$

$$R_\mathrm{c} = \frac{\Delta P_\mathrm{T}}{(\eta \cdot J) - (R_\mathrm{m} + R_\mathrm{f})} \qquad (4.30)$$

J_iw 表示新膜放入进水过滤实验前的原始通量，J 表示放入进水过滤实验的渗透通量，J_fw 表示污染的膜去掉滤饼层之后的最终渗透通量。

例 4.5

使用过滤渗透液体积（V）、时间（t）和原始过滤数据，利用如下公式可以方便地评估污染程度：

$$\frac{t}{V_\mathrm{p}} = \frac{\mu \cdot R_\mathrm{m}}{A \cdot \Delta P} + \frac{\mu \cdot C_0 \cdot \alpha}{2A^2 \cdot \Delta P} V_\mathrm{p}$$

式中　V_p——渗透体积，mL；

　　　t——时间，s；

　　　μ——黏度，kg/(m·s) 或者 Pa·s；

　　　A——膜面积，m²；

　　　C_0——原料溶液的初始浓度，kg/m³；

　　　ΔP——跨膜压差，kPa。

由串联阻力模型和其他相关等式可以得到该式。假设过滤实验在恒定压力下测试，忽略膜孔吸附产生的内部阻力，仅有滤饼层产生污染。这样就只有滤饼层阻力（R_c），没有膜孔吸附造成的内部阻力（R_f）。

计算过程

根据串联阻力模型（$J = \Delta P/\mu R$）和通量计算公式（$J = \mathrm{d}V_\mathrm{p}/A\mathrm{d}t$），膜的渗透通量（$J$）可以表达为：

$$J = \frac{\Delta P}{\mu R} = \frac{\mathrm{d}V_\mathrm{p}}{A\mathrm{d}t}$$

式中，V_p 为总的渗透通量，m³。

因假设运行压力（ΔP）保持恒定。对等式两边的变量（t 和 V_p）积分，整理可得：

$$\Delta P \cdot A \int \mathrm{d}t = \int \mu \cdot R \cdot \mathrm{d}V_\mathrm{p}$$

根据此例中的假设，总的阻力（R）为膜自身的阻力和滤饼层阻力之和：

$$R = R_\mathrm{m} + R_\mathrm{c}$$

因此有：

$$R_\mathrm{c} = \frac{\alpha \cdot m}{A}$$

式中　m——溶质质量，kg；

　　　A——膜的表面积，m²；

　　　α——滤饼层比阻，m/kg。

总阻力（R）为 R_m 和 R_c 之和，$R_c = m\alpha/A$，可得：

$$\Delta P \cdot A \int dt = \int \mu \cdot (R_m + R_c) \cdot dV_p$$

$$\Delta P \cdot A \int dt = \int \mu \cdot \left(R_m + \frac{\alpha \cdot m}{A} \right) \cdot dV_p$$

将 $C_0 = A \cdot m/V_p$ 代入，用 m 代替 $C_0 \cdot V_p/A$，整理得到：

$$\Delta P \cdot A \int dt = \int \mu \cdot \left(R_m + \frac{\alpha \cdot C_0 \cdot V_p}{A^2} \right) \cdot dV_p$$

式中 C_0——最初的浓度，kg/m^3。

两边同时积分得：

$$\Delta P \cdot A \cdot t = \mu \cdot R_m \cdot V_p + \frac{\mu \cdot \alpha \cdot C_0}{2A^2} V_p{}^2$$

整理等式后，最终得到：

$$\frac{t}{V_p} = \frac{\mu \times R_m}{A \times \Delta P} + \frac{\mu \times C_0 \times \alpha}{2A^2 \times \Delta P} V_p$$

备注

通常用这一公式获得修正的污染指数（MFI），如果我们用原始过滤数据对 t/V_p 与 V_p 绘图，就得到一个经典的修正的污染指数（MFI），如图 4.33 所示。

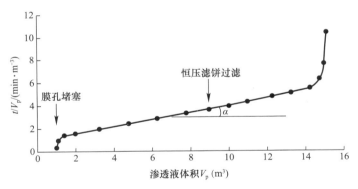

图 4.33 修正的污染指数（MFI）曲线

曲线中间的直线对应滤饼层过滤，直线的斜率就是修正的污染指数（MFI）。等式的最右侧，直线的斜率应该就是 A^2。上图被分为三个不同的区域：第一个区域就是膜孔堵塞，同时滤饼层形成；第二个区域是在恒定的过滤压力下，对应滤饼层形成后过滤阶段；第三个区域是滤饼层压缩或者凝胶层凝胶化。和污泥密度指数（SDI）一样，修正的污染指数（MFI）可以作为反渗透测试水预处理是否充分的一个标准。

4.5.1.1 批序式搅拌过滤装置

最简单、最方便和最快速的方式让操作人员能够判断当前膜在 MBR 水处理厂污染程度，就是在实验室内测试各种膜阻力数值。使用搅拌批次过滤装置，如图 4.34 所示，从曝气池中取活性污泥悬浮液样品和使用制备的超纯水，通过一系列的过滤实验测试每一种阻力的数值。通常搅拌装置只能装 250 mL 的进水水样，所以小体积的水样足够过滤测试使用。

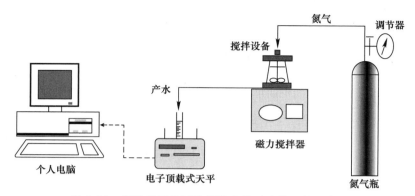

图 4.34　实验室里使用的搅拌分批过滤装置的示意图

新鲜膜需要用超纯水从表皮层穿透漂洗超过 1 h，以去除膜内残存的化学试剂。在这一阶段的清洗过程中需要更换 2～3 次的超纯水。然后，将干净的膜放入搅拌装置中。序批式搅拌过滤装置连在电子天平上，以便及时读取渗透水水量。渗透水通量可以由连在天平上带有自动读取程序的个人电脑称重获得。跨膜压差可以由氮气瓶控制，搅拌速度由搅拌器控制。

例 4.6：使用分批搅拌过滤装置测量阻力值

假设活性污泥悬浮液有很好的过滤性能，在实验室内使用搅拌装置通过一系列的分批过滤测试。用纯水和活性污泥悬浮液，使用如下数据通过一系列的过滤实验计算各个阻力值：R_m、R_c 和 R_f。

- 膜的表面积，30.2 cm²；
- 驱动压力，9.8 kg·m/(s²·cm²)；
- 温度，20 ℃；
- 渗透速度，$1.009×10^{-3}$ kg/(m·s)；
- 假设渗透液密度为 1 g/mL。
- 渗透液体积与过滤时间数值见表 4.5。

渗透容积与过滤时间的数据

表 4.5

时间（s）	渗透液质量（g）		
	活性污泥过滤前纯水通量	活性污泥过滤	膜表面滤饼层清洗后纯水通量
15	5.23	5.18	6.79
30	12.69	10.37	14.26
45	20.07	14.70	21.60
60	27.41	18.45	29.04
75	34.70	21.78	36.29
90	41.96	24.81	43.50
105	49.20	27.58	50.57
120	56.40	30.16	57.60
135	63.59	32.56	64.60
150	70.76	34.83	71.58
165	77.90	36.97	78.52
180	85.03	39.02	85.46
195	92.14	40.96	92.36

时间（s）	渗透液质量（g）		
	活性污泥过滤前纯水通量	活性污泥过滤	膜表面滤饼层清洗后纯水通量
210	99.24	42.82	99.26
225	106.32	44.61	106.27
240	113.39	46.35	113.13
255	120.44	48.02	119.84
270	127.47	49.64	126.68
285	134.49	51.21	133.47
300	141.50	52.74	140.28
315	148.50	54.22	147.07
330	155.49	55.67	153.83
345	162.46	57.10	160.59
360	169.43	58.52	167.34
375	176.40	59.94	174.09
390	183.36	61.36	180.84
405	190.33	62.79	187.59

计算过程

为了定量计算阻力数值，需要测量三个通量数值：初始纯水通量（J_{iw}），在活性污泥悬浮液中的通量（J），实验结束后经过合适清洗污染膜表面之后的水通量（J_{fw}）。

第一，初始纯水通量（J_{iw}）由计算程序计算而得。由于需要频繁的计算，计算程序是解决这一问题的理想方法。

为了清晰地弄清初始通量（J_{iw}）变化，我们需要对通量和过滤时间作图，如图 4.35 所示。由于使用的是纯水（或者脱盐水），预先可以判断渗透通量不会随着时间的延长而降低。

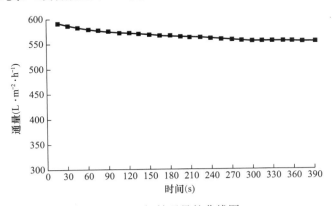

图 4.35　初始通量的曲线图

然而，渗透水通量确实会逐渐降低，在经过 300 s 后会逐渐稳定，达到一个平台。在过滤的开始阶段渗透水通量的降低不是因为膜污染，而是因为压密。

用天平称取渗透液质量也需要一段时间保持稳定，因为放在天平上用于获得渗透液的容器在过滤的开始阶段质量数值也在不断摆动，这些结果都是在质量摆动中读取的。因此，为读取准确的数值 J_{iw}，我们应该忽略初始阶段的通量数值。在表 4.6 中，我们选择通量 554 L/(h·m²) 作为稳定通量 J_{iw}。

计算初始纯水通量 J_{iw}　　　　　　　　　表 4.6

时间（s）	计算初始纯水通量，$J_{iw}(L \cdot m^{-2} \cdot h^{-1})$				
	体积（mL）	体积差（mL）	mL/s	L/h	通量($L \cdot m^{-2} \cdot h^{-1}$)
15	5.23	7.46	0.50	1.79	592.78
30	12.69	7.38	0.49	1.77	586.81
45	20.07	7.33	0.49	1.76	582.83
60	27.41	7.29	0.49	1.75	579.57
75	34.70	7.26	0.48	1.74	577.02
90	41.96	7.23	0.48	1.74	574.87
105	49.20	7.20	0.48	1.73	572.32
120	56.40	7.19	0.48	1.73	571.21
135	63.59	7.17	0.48	1.72	569.78
150	70.76	7.14	0.48	1.71	567.71
165	77.90	7.13	0.48	1.71	566.75
180	85.03	7.11	0.47	1.71	565.16
195	92.14	7.09	0.47	1.70	563.73
210	99.24	7.08	0.47	1.70	562.77
225	106.32	7.07	0.47	1.70	561.90
240	113.39	7.06	0.47	1.69	560.78
255	120.44	7.03	0.47	1.69	558.39
270	127.47	7.02	0.47	1.69	557.84
285	134.49	7.01	0.47	1.68	556.96
300	141.50	7.00	0.47	1.68	556.00
315	148.49	7.00	0.47	1.68	556.00
330	155.49	6.97	0.47	1.67	553.78
345	162.46	6.97	0.47	1.67	553.78
360	169.43	6.97	0.47	1.67	553.78
375	176.40	6.97	0.47	1.67	553.78
390	183.36	6.97	0.47	1.67	553.78
405	190.33				Jiw=554

第二，活性污泥悬浮液中的通量（J）可以通过类似于 J_{iw} 的方式计算。表 4.7 的计算程序是计算 J 数值的过程。

计算活性污泥中的通量，J　　　　　　　　　表 4.7

时间（s）	计算活性污泥悬浮液中通量，$J(L \cdot m^{-2} \cdot h^{-1})$				
	体积（mL）	体积差（mL）	mL/s	L/h	通量($L \cdot m^{-2} \cdot h^{-1}$)
15	5.18	5.19	0.35	1.25	412.47
30	10.37	4.33	0.29	1.04	343.76
45	14.70	3.75	0.25	0.90	297.91
60	18.45	3.34	0.22	0.80	265.34
75	21.78	3.02	0.20	0.73	240.11
90	24.81	2.78	0.19	0.67	220.60
105	27.58	2.57	0.17	0.62	204.52
120	30.16	2.41	0.16	0.58	191.23
135	32.56	2.27	0.15	0.54	180.24
150	34.83	2.15	0.14	0.52	170.45

续表

时间（s）	计算活性污泥悬浮液中通量，$J(L \cdot m^{-2} \cdot h^{-1})$				
	体积（mL）	体积差（mL）	mL/s	L/h	通量($L \cdot m^{-2} \cdot h^{-1}$)
165	36.97	2.04	0.14	0.49	162.25
180	39.02	1.95	0.13	0.47	154.61
195	40.96	1.86	0.12	0.45	147.52
210	42.82	1.80	0.12	0.43	142.82
225	44.61	1.73	0.12	0.42	137.57
240	46.35	1.67	0.11	0.40	133.03
255	48.02	1.62	0.11	0.39	128.81
270	49.64	1.57	0.11	0.38	124.91
285	51.21	1.53	0.10	0.37	121.41
300	52.74	1.48	0.10	0.36	117.67
315	54.22	1.45	0.10	0.35	115.36
330	55.67	1.42	0.10	0.34	113.05
345	57.10	1.42	0.10	0.34	113.05
360	5.18	1.42	0.10	0.34	113.05
375	10.37	1.42	0.10	0.34	113.05
390	14.70	1.42	0.10	0.34	113.05
405	62.79				$J=114$

对使用表 4.4 计算出来的通量数值与过滤时间作图，如图 4.36 所示。

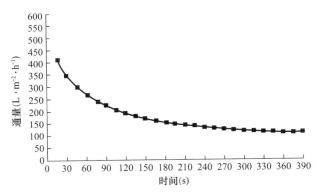

图 4.36　活性污泥中过滤过程通量曲线图

在起始通量快速降低，然后逐渐降低。在过滤的开始阶段通量快速下降，接着随后逐渐下降是典型的膜过滤过程。在将近 330 s 时间内，渗透通量达到稳定，达到一个平台。达到这一点的平均值为 114 L/(h · m²)，选作稳定通量 J。

用前面介绍同样的方法，通过适当表面清洗后，计算出来的最终水通量 (J_{fw})，如表 4.8 所示。

反冲洗之后计算通量，J_{fw}　　　　　　　　　　　　　　　　　表 4.8

时间（s）	计算活性污泥悬浮液中通量，$J(L \cdot m^{-2} \cdot h^{-1})$				
	体积（mL）	体积差（mL）	mL/s	L/h	通量 ($L \cdot m^{-2} \cdot h^{-1}$)
15	6.79	7.67	0.51	1.84	609.34
30	14.46	7.44	0.50	1.79	591.43
45	21.90	7.44	0.50	1.79	591.11

续表

时间（s）	计算活性污泥悬浮液中通量，$J(L \cdot m^{-2} \cdot h^{-1})$				
	体积（mL）	体积差（mL）	mL/s	L/h	通量（$L \cdot m^{-2} \cdot h^{-1}$）
60	29.34	7.05	0.47	1.69	560.38
75	36.39	7.11	0.47	1.71	565.24
90	43.50	7.07	0.47	1.70	561.74
105	50.57	7.03	0.47	1.69	558.87
120	57.60	7.00	0.47	1.68	556.00
135	64.60	6.98	0.47	1.67	554.41
150	71.58	6.95	0.46	1.67	552.18
165	78.52	6.94	0.46	1.66	551.15
180	85.46	6.90	0.46	1.66	548.52
195	92.36	6.90	0.46	1.66	548.20
210	99.26	7.01	0.47	1.68	557.12
225	106.27	6.85	0.46	1.65	544.70
240	113.13	6.71	0.45	1.61	533.39
255	119.84	6.84	0.46	1.64	543.43
270	126.68	6.80	0.45	1.63	540.16
285	133.47	6.81	0.45	1.63	541.12
300	140.28	6.79	0.45	1.63	539.60
315	146.07	6.76	0.45	1.62	537.14
330	153.83	6.76	0.45	1.62	536.90
345	160.59	6.75	0.45	1.62	536.58
360	167.34	6.75	0.45	1.62	536.58
375	174.09	6.75	0.45	1.62	536.58
390	180.84	6.75	0.45	1.62	536.58
405	187.59				Jfw=537

对最终水通量（J_{fw}）与时间作图，如图 4.37 所示。如初始水通量一样，在大约 300 s 之后，通量处于稳定状态，我们选取 537 $L(h \cdot m^2)$ 作为稳定通量 J_{fw}。

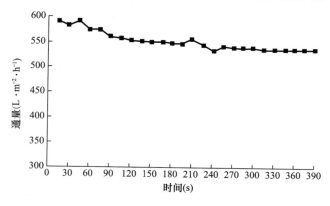

图 4.37　去除滤饼层之后最后的通量曲线图

总结前面介绍的计算，我们可以获得用于计算阻力数值的三个通量数值：

$$J_{iw}=554 \ L/(m^2 \cdot h), \quad J=114 \ L/(m^2 \cdot h), \quad J_{fw}=537 \ L/(m^2 \cdot h)$$

下一步使用串联阻力模型和前面介绍的通量数值，计算每一个阻力数值。

（1）使用如下公式计算膜阻力（R_m）：

$$R_m = \Delta P / \eta \cdot J_{iw}$$

a. 将 $J_{iw}=554$ L/(h·m²)，$\Delta P=9.8$ kg m/(s²·cm²) 和 $\eta=1.009\times10^{-3}$ kg/(m·s) 代入如下等式：

$$R_m = \frac{\Delta P}{\eta \times J_{fw}} = \frac{9.8\ kg \times m}{s^2 \times cm^2}\ \frac{m \times s}{1.009\times10^{-3}kg}\ \frac{m^2 \times hr}{554L}\ \frac{3600\ s}{hr}\ \frac{10^3\ L}{m^3}\ \frac{10^4\ cm^2}{m^2}$$

所以，$R_m = 0.6\times10^{12}$ m^{-1}

（2）使用如下公式计算膜污染阻力（R_f）：

$$R_f = \Delta P / \eta \cdot J - R_m$$

a. 将 $J_{fw}=537$ L/(h·m²) 代入如下等式：

$$R_f = \left(\frac{\Delta P}{\eta \times J_{fw}}\right) - R_m = \frac{9.8\ kg \times m}{s^2 \times cm^2}\ \frac{m \times s}{1.009\times10^{-3}kg}\ \frac{m^2 \times hr}{537\ L}\ \frac{3600\ s}{hr}\ \frac{10^3\ L}{m^3}\ \frac{10^4\ cm^2}{m^2} - R_m$$

所以，$R_f = (0.7-0.6)\times10^{12}$ m$^{-1} = 0.1\times10^{12}$ m^{-1}

（3）使用如下公式计算滤饼层阻力（R_c）：

$$R_c = \Delta P / \eta \cdot J - (R_m + R_f)$$

a. 将在活性污泥悬浮液出水通量，$J=114$ L/m²·h，代入如下等式：

$$R_c = \frac{\Delta P}{\eta \times J} - (R_m + R_f) = \frac{9.8 kg \cdot m}{s^2 \cdot cm^2}\ \frac{m \cdot s}{1.009\times10^{-3}kg}\ \frac{m^2 \cdot hr}{114\ L}\ \frac{3600\ s}{hr}\ \frac{10^3 L}{m^3}\ \frac{10^4 cm^2}{m^2} - (R_m + R_f)$$

所以，$R_c = \{3.1-(0.6+0.1)\} \times10^{12}$ m$^{-1} = 2.4\times10^{12}$ m^{-1}

可得总阻力，$R_T = 3.1\times10^{12}$ m^{-1}

膜阻力，$R_m = 0.6\times10^{12}$ m^{-1}

滤饼层阻力，$R_c = 2.4\times10^{12}$ m^{-1}

污染阻力，$R_f = 0.1\times10^{12}$ m^{-1}

例 4.7

小型一体式浸没式 MBR，在实验室以恒通量运行（表 4.9）。使用纯水和活性污泥悬浮液通过一系列过滤实验（假设水密度为 1 g/mL）获取的如下数据，计算各个阻力 R_m、R_c 和 R_f。

TMP 与过滤时间的数据　　　　　　　　　　　　　　　　　　表 4.9

时间（s）	测试压力（bar）		
	MBR 运行前纯水通量	MBR 活性污泥中运行通量	清除膜表面滤饼层之后的纯水通量
15	0.02	0.66	0.04
30	0.04	1.68	0.05
45	0.05	2.39	0.07
60	0.06	3.20	0.08
75	0.06	3.92	0.09
90	0.07	4.63	0.12
105	0.07	5.35	0.14

续表

时间（s）	测试压力（bar）		
	MBR 运行前纯水通量	MBR 活性污泥中运行通量	清除膜表面滤饼层之后的纯水通量
120	0.07	5.95	0.15
135	0.07	6.36	0.15
150	0.07	6.66	0.19
165	0.08	6.86	0.19
180	0.08	6.86	0.20
195	0.08	6.86	0.20
210	0.08	6.86	0.20
225	0.08	6.86	0.20
240	0.08	6.86	0.20
255	0.08	6.86	0.20
270	0.08	6.86	0.20
285	0.08	6.86	0.20
300	0.08	6.86	0.20
315	0.08	6.86	0.20
330	0.08	6.86	0.20

- 混合液悬浮物浓度，3500 mg/L；
- 膜表面积，0.05 m^2；
- 中空纤维膜孔径，0.4 μm；
- 初始过滤通量（J_{iw}），30 L/(m$^2 \cdot$ h)；
- 通量（J），20 L/(m$^2 \cdot$ h)（LMH）；
- 最终水通量（J_{fw}），24 L/(m$^2 \cdot$ h)；
- 温度，20 ℃；
- 渗透速率，1.009×10^{-3} kg/(m $\cdot$ s)。

计算过程

纯水过滤稳定后的跨膜压差（TMP_i）、活性污泥悬浮液过滤稳定后的跨膜压差（TMP）和清洗之后纯水过滤稳定后的跨膜压差（TMP_f），三个跨膜压差数值用来计算各阻力。在计算各阻力时，需要计算每个跨膜压差的数值。

计算跨膜压差（TMP_i），需要在纯水过滤实验中获取压力数据。为了计算阻力数值，需要将压力单位从 bar 转换为 kg $\cdot$ m/(s$^2 \cdot$ cm^2)。由于计算的重复性，建议使用计算程序计算。使用转换关系，1 bar＝9.996 kg $\cdot$ m/(s$^2 \cdot$ cm^2)，将压力单位转换为（国际）公制单位，如表 4.10 所示。

使用过滤数据计算每一个跨膜压差（TMP）数值　　　　　　表 4.10

时间（s）	TMP		
	MBR 运行前纯水通量	MBR 活性污泥中运行通量	清除膜表面滤饼层之后的纯水通量
	压力 [kg $\cdot$ m/(s$^2 \cdot$ cm^2)]	压力 [kg $\cdot$ m/(s$^2 \cdot$ cm^2)]	压力 [kg $\cdot$ m/(s$^2 \cdot$ cm^2)]
15	0.15	6.56	0.39
30	0.42	16.74	0.45

时间（s）	TMP		
	MBR 运行前纯水通量	MBR 活性污泥中运行通量	清除膜表面滤饼层之后的纯水通量
	压力 $[kg \cdot m/(s^2 \cdot cm^2)]$	压力 $[kg \cdot m/(s^2 \cdot cm^2)]$	压力 $[kg \cdot m/(s^2 \cdot cm^2)]$
45	0.46	23.88	0.68
60	0.61	31.98	0.79
75	0.63	39.16	0.91
90	0.70	46.29	1.21
105	0.71	53.46	1.37
120	0.73	59.51	1.45
135	0.73	63.58	1.49
150	0.73	66.59	1.91
165	0.76	68.60	1.92
180	0.77	68.59	1.95
195	0.77	68.58	1.98
210	0.77	68.59	1.99
225	0.78	68.59	2.01
240	0.78	68.60	2.03
255	0.78	68.60	2.04
270	0.78	68.59	2.04
285	0.78	68.58	2.03
300	0.78	68.60	2.03
315	0.78	68.59	2.04
330	0.78	68.60	2.03
TMP	$TMP_i = 0.78$ $[kg \cdot m/(s^2 \cdot cm^2)]$	$TMP_i = 0.78$ $[kg \cdot m/(s^2 \cdot cm^2)]$	$TMP_i = 2.03$ $[kg \cdot m/(s^2 \cdot cm^2)]$

为了清晰地了解纯水过滤过程中，跨膜压差随时间的变化，将表4.7 中数值，对跨膜压差与过滤时间作图，如图4.38 所示。由于过滤过程中使用的是纯水或者脱盐水，在过滤过程中跨膜压差不会随着过滤时间的增加而增大。然而，由于运行初期膜的压密，跨膜压差连续增加，最终达稳定达到一个平台，0.7797 $kg \cdot m/(s^2 \cdot cm^2)$，这个跨膜压差（$TMP_i$）用来计算阻力 R_m。

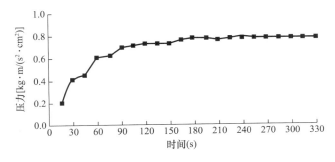

图 4.38　纯水过滤过程中跨膜压差（TMPi）的曲线图

另外，与计算跨膜压差（TMP_i）类似，在活性污泥悬浮液中过滤可以计算出稳定后的跨膜压差。表4.9的第三列转换为国际单位制的压力数值。使用电子表格中的数值，对计算出来的跨膜压差与时间作图，如图4.39所示。在过滤开始阶段，压力上升符合典型的膜过滤过程。在大约150 s之后，渗透通量稳定，达到一个平台。在这一阶段，读取平均值，68.6025 kg · m/(s^2 · cm^2)，表示跨膜压差达到稳定阶段，用来计算（$R_c + R_f$）数值。

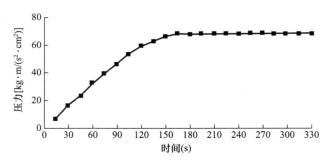

图4.39　活性污泥中过滤过程跨膜压差（TMP）曲线

表4.7第四列为对污染膜经适当表面清洗，如反冲洗之后，计算出来的跨膜压差。使用表4.7数值计算跨膜压差，并对时间作图，如图4.40所示。稳定后的跨膜压差数值为2.0292 kg · m/(s^2 · cm^2)。

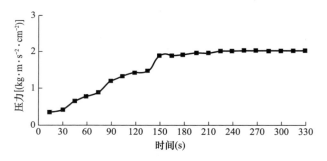

图4.40　去除滤饼层后纯水过滤过程跨膜压差（TMP_f）曲线

通过前面的步骤，用计算出来的跨膜压差计算阻力数值：$TMP_i = 0.7797$ kg · m/s^2 · cm^2，$TMP = 68.6025$ kg · m/(s^2 · cm^2)，和 $TMP_f = 2.0292$ kg · m/(s^2 · cm^2)。下一步使用串联阻力模型和跨膜压差数据计算每一个阻力数值。

1. 使用如下公式，计算膜阻力（R_m）：

$$R_m = \Delta P / \eta \cdot J_{iw}$$

a. 将 $J_{iw} = 30$ L/m^2 · h，$TMP_i = 0.7797$ kg · m/(s^2 · cm^2)，和 $\eta = 1.009 \times 10^{-3}$ kg/(m · s)，代入下式计算：

$$R_m = \frac{0.7797 \text{ kg} \times \text{m}}{s^2 \times cm^2} \frac{\text{m} \times \text{s}}{1.009 \times 10^{-3} \text{kg}} \frac{m^2 \times \text{h}}{30 \text{ L}} \frac{3600 \text{ s}}{\text{h}} \frac{100^2 cm^2}{m^2} \frac{10^3 \text{L}}{m^3}$$

$$R_m = 0.09 \times 10^{13} \text{m}^{-1}$$

2. 使用如下公式，计算污染阻力（R_f）：

$$R_f = \Delta P / \eta \cdot J_{fw} - R_m$$

a. 将 $J_{fw} = 24$ L/(m$^2 \cdot$ h)，$TMP_f = 2.0292$ kg $\cdot$ m/(s$^2 \cdot$ cm^2)，和 $\eta = 1.009 \times 10^{-3}$ kg/(m $\cdot$ s)，代入下式计算：

$$R_f = \frac{2.0292 \text{ kg} \times \text{m}}{\text{s}^2 \times \text{cm}^2} \frac{\text{m} \times \text{s}}{1.009 \times 10^{-3} \text{kg}} \frac{\text{m}^2 \times \text{h}}{24 \text{ L}} \frac{3600 \text{ s}}{\text{h}} \frac{10^3 \text{L}}{\text{m}^3} \frac{100^2 \text{cm}^2}{\text{m}^2} - 0.09 \times 10^{13}$$

$$R_f = 0.3 \times 10^{13} \text{m}^{-1} - 0.09 \times 10^{13} \text{m}^{-1}$$

$$所以，R_f = 0.21 \times 10^{13} \text{m}^{-1}$$

3. 使用如下公式，计算滤饼层阻力（R_c）：

$$R_c = (\Delta P / \eta \times J) - (R_m + R_f)$$

a. 将 $J = 20$ L/(m$^2 \cdot$ h)，$TMP = 68.6025$ kg $\cdot$ m/(s$^2 \cdot$ cm^2) 和 $\eta = 1.009 \times 10^{-3}$ kg/(m $\cdot$ s)，代入下式计算：

$$R_c = \frac{68.06025 \text{ kg} \times \text{m}}{\text{s}^2 \times \text{cm}^2} \frac{\text{m} \times \text{s}}{1.009 \times 10^{-3} \text{kg}} \frac{\text{m}^2 \times \text{h}}{20 \text{ L}} \frac{3600 \text{ s}}{\text{h}} \frac{10^3 \text{L}}{\text{m}^3} \frac{100^2 \text{cm}^2}{\text{m}^2} - (0.09 + 0.21) \times 10^{13}$$

$$R_c = 12.2 \times 10^{13} \text{m}^{-1} - (0.09 + 0.21) \times 10^{13} \text{m}^{-1}$$

$$R_c = 11.9 \times 10^{13} \text{m}^{-1}$$

即每个阻力为：膜阻力（$R_m = 0.09 \times 10^{13}$ m^{-1}），滤饼层阻力（$R_c = 11.9 \times 10^{13}$ m^{-1}）和污染阻力（$R_f = 0.21 \times 10^{13}$ m^{-1}）。

总阻力为 $R_T = R_m + R_c + R_f = 0.09 \times 10^{13} \text{m}^{-1} + 11.9 \times 10^{13} \text{m}^{-1} + 0.21 \times 10^{13} \text{m}^{-1}$

即 $R_T = 12.2 \times 10^{13} \text{m}^{-1}$

4.5.1.2　使用串联阻力模型计算阻力的注意事项

尽管串联阻力模型是非常方便，是定量评估和预测膜污染的一种简单方法，但是在使用时需要谨慎，特别是要计算活性污泥悬浮液污染物成分造成阻力的相对数值：

$$J = \frac{\Delta P_T}{\eta \cdot R_T} = \frac{\Delta P_T}{\eta \cdot (R_m + R_c + R_f)}$$

总阻力，R_T 是每一个阻力之和（$R_T = R_m + R_c + R_f$）。即，知道每一个阻力数值，相加就得到总阻力。为了相加得到总阻力（R_T），每一个阻力（R_m，R_c 和 R_f）数值必须独立测量，相互间没有干扰。

有时，串联阻力模型可用于连接未独立的阻力。例如，使用串联阻力模型计算活性污泥悬浮液中哪些成份主导总阻力。与前面介绍的分类方法相似，如图 4.11 所示，在 MBR 系统中活性污泥悬浮液有三种成分：悬浮物、胶体物质和水溶性溶质。因此，在 MBR 系统中活性污泥悬浮液总阻力可以认为是每种成分产生的阻力之和：

$$R_{AS} = R_{SS} + R_{COL} + R_{SOL} \tag{4.31}$$

式中　R_{AS}——活性污泥的阻力；

$\quad\quad R_{SS}$——悬浮物产生的阻力；

$\quad\quad R_{COL}$——胶体物质产生的阻力；

$\quad\quad R_{SOL}$——水溶性溶质产生的阻力。

许多研究人员试图调查每种成分在阻力中所占的比例。他们的研究假设活性污泥由悬浮物、胶体物质和水溶性溶质组成，使用类似于式（4.31）的方程，分析各个成分对膜污染的相对贡献。考虑到活性污泥的不同组成成分，这些探究和等式看起来是可行的。然而，基本假设"活性污泥产生的总阻力是每种成分产生阻力之和"是有疑问的。换句话说，应该确认每种成份产生阻力之和（$R_{SS}+R_{COL}+R_{SOL}$）等于活性污泥产生的总阻力（R_{AS}）。

张等人（2009）证实，活性污泥悬浮液的每一部分的阻力之和不等于完整活性污泥悬浮液的阻力之和。他们指出，大多数已发表的作品都假设产生阻力具有可加性，测量三种阻力中的两种，第三种阻力推测出来，没必要测量。他们强调活性污泥悬浮液不是单个成分的简单混合物，而是每个成分相互关联、紧密结合的。当把活性污泥悬浮液各个成分分离出来，每种成分就失去了独特的性质。

许多关于蛋白质、生物细胞及其混合物通过膜过滤性能的研究也报道了蛋白质和生物细胞各自产生的阻力之和不等于混合液产生的阻力。例如，格尔等人（1999）得出的结论是，蛋白质和酵母细胞悬浮液各自产生的阻力之和大于混合液产生的阻力。休斯等人（2006）也报道了牛血清蛋白和卵清蛋白各自产生的阻力之和是其蛋白质混合物产生的阻力的两倍多。也就是说，单个成分产生的阻力之和通常大于蛋白质和生物细胞简单混合产生的阻力。

方便并不代表适用，特别是在分析污泥混合液各个成分阻力时，在使用串联阻力模型时更应该注意。即使有效的分馏手段能将活性污泥成分完全分离，事实上单个成分产生阻力的相加性也是很难保证的。因此，计算单个成份产生的阻力值、对比每种成分产生相对阻力占总阻力比例要慎重使用。

4.5.1.3 使用串联阻力模型计算滤饼层阻力（R_c）的注意事项

串联阻力模型应该慎重使用，特别是通过试验，测量清洗膜表面滤饼层前后水通量，计算滤饼层阻力（R_c）。计算出来的滤饼层阻力（R_c）与将滤饼层从膜表面去除的清洗方法有很大关系。

根据韩和张（2014）的研究，滤饼层的清洗方法对滤饼层阻力（R_c）有很大影响。用活性污泥悬浮液做一系列批序式过滤试验之后，采用四种不同的清洁方法去除膜表面的滤饼层：

（1）振动筛中的水漂洗；

（2）人工振动漂洗；

（3）海绵擦洗；

（4）在不同功率下的超声波清洗。

计算、对比出来的滤饼层阻力在总阻力中的比例 $R_c/(R_c+R_f)$ 如图4.41所示。总阻力（R_c+R_f）应该是相同的，与清洗方法无关。由于过滤水量是相同的，理论上污染程度也是一样的。对比各种去除方法的效率，准确的参数不是各自的阻力数值而是各自的阻力数值在总阻力中的比例，即 $R_c/(R_c+R_f)$。在滤饼层去除不完全的情况下，这一比例降低，滤饼层去除完全时，这一比例增加。

对于YM30膜，海绵擦洗可以完全去除滤饼层（$R_c/R_c+R_f=100\%$），而其他方法的去除效率从79%～99%。对于PM30膜，没有一种方法能够完全去除滤饼层。此外，海绵擦洗不是去除滤饼层最好的方法，也就是说，即使一种方法能够有效完全去特定某种膜的滤饼层，对另一种膜并不存在普适性。

不考虑膜类型的影响，滤饼层的去除程度因个别清洗方法不同而异，也就是说，使用不准确的阻力数值，可能导致我们对膜污染现象的错误认识。因此，用串联阻力模型正确解释污染现象需要标准化的去除滤饼层的方法来计算滤饼层阻力（R_c）。

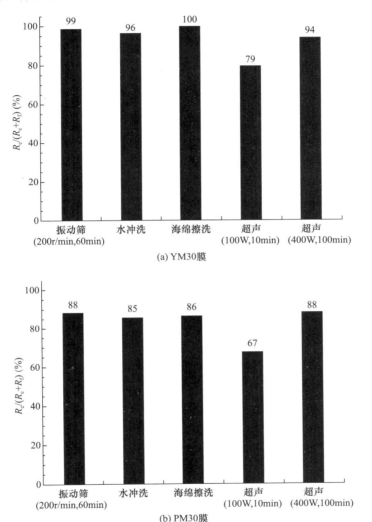

图 4.41 使用（a）YM30 膜和（b）PM30 膜，五种不同的清洗方法阻力比
（$R_c/(R_c+R_f)$）的对比图

（摘自：Han,S.-H. and Chang,I.-S.,Separat. Sci. Technol.,49,2459,2014.）

4.5.2 跨膜压差的逐步增加

检测跨膜压差随时间的积累是获得关于 MBR 污染程度的信息。跨膜压差对时间的导数，即 dTMP/dt，表示膜污染的速率类似于传统砂率过程水头的逐渐增加。也就是说，随着运行时间的增加，污染不断增加，dTMP/dt 变陡。

污染速率 dTMP/dt，与运行通量有关。正如图 4.3（a）所示，与其他运行通量相比，通量 J_0 下，dTMP/dt 的斜率最陡。相比其他运行通量，J_0 最大，（$J_0 > J_{critical} > J_1 > J_2 >$

$J_3 > J_4$）。污染速率 dTMP/dt，随着运行通量的降低而降低。勒克莱奇等人（2006）搜集文献中污染速率数据，并加以总结。按照他们的记录，在临界通量以下运行，一般污染速率在 0.004～0.6 kPa/h 范围内。

当运行外置式 MBR 时，用单位压力内产生的通量表征过滤性能，单位为 L/（m² • h • bar）或者 m/（h • kPa）。当对比污染膜之间的相对过滤性能时，这一定义是非常有用的。由于外置式 MBR 在不同错流速度下运行，驱动压力可以控制，可以令运行压力控制不变避免膜污染带来的误导，直接对比渗透通量。另一方面，浸没式 MBR 的渗透性有一点让人费解。由于采用负压抽吸运行，抽吸压力随时间而变化，渗透性不一定能代表膜的污染程度。

4.6 污染控制策略

由于膜污染不能够完全避免，稳定、可靠的 MBR 水处理厂需要对膜污染进程进行精细的控制。近年来针对膜污染控制技术的进步和发展，也有助于延长膜的使用寿命，大大降低了维护和运行费用。

基本上，污染控制即采取各种运行策略保持在尽量高的设计通量下运行。这样对进水进行适当的预处理是控制膜污染必要的措施。在 MBR 水处理厂中采取了许多控制污染的方法。大部分尝试的方法可以分为化学、物理、生物以及其他方法（电动、膜和组件开发）。化学清洗法确实可以恢复膜的过滤性能，强酸、强碱或者氧化剂可以近乎完全地恢复膜衰退的性能。然而，化学试剂不能够避免二次污染，出水残存的化学试剂需要进一步的处理，并做好末端危化品处置。而且，现在对于化学试剂的运输、储存和使用量都有严格的安全规定，因此，应尽量选择其他清洗方案替代化学清洗。

推荐使用物理清洗方法，因为不会产生需要进一步处理的二次污染。例如，反冲洗是使用最广泛的物理清洗方法，反冲洗废液可以直接回到曝气池。但是频繁的反冲洗也会导致膜结构的损坏，特别是对各向异性膜结构的破坏。另一方面，像曝气这种物理清洗方法广泛用于浸没式 MBR 系统，消耗大量的能量。MBR 水处理厂大多数运行和维护费用来自鼓风机曝气系统消耗的电能。

过去几十年来，分子生物学领域的创新技术展示了较以前更好应对和控制 MBR 系统膜污染的潜力。例如，最近有报道称，微生物之间的群体感应技术应用于改善膜污染。现代分子生物学的进步使微生物间群体感应技术逐渐被人熟知。控制膜污染的群体感应技术其理论思想就是"群体感应淬灭"。膜表面微生物形成的生物滤饼层用分泌的诱导物产生分子信号进行交流。微生物生物膜的形成和沉积在膜表面造成的膜污染可以被人工控制增加的具有抑制作用的化学自诱导物抑制。除了群体感应淬灭微生物控制技术外，还有一氧化氮诱导生物膜扩散、酶破坏胞外聚合物、噬菌体破坏生物膜的形成。尽管这些技术应用还停留在实验室阶段，但是会很快走向成熟阶段。

这里介绍的所有污染控制技术以及其他技术，如 MBR 系统的电絮凝技术，将在第 5 章详细叙述。

>>>> 参考文献

Bae, T. H. and Tak, T. M. (2005) Interpretation of fouling characteristics of ultrafiltration membranes during the filtration of membrane bioreactor mixed liquor, Journal of Membrane Science, 264: 151-160.

Beyenal, H., Donovan, C., Lewandowski, Z., and Harkin, G. (2004) Three-dimensional biofilm structure quantification, Journal of Microbiological Methods, 59: 395-413.

Bouhabila, E. H., Ben Aim, R., and Buisson, H. (2001) Fouling characterization in membrane bioreactors, Separation and Purification Technology, 22-23: 123-132.

Bressel, A., Schultze, J. W., Khan, W., Wolfaardt, G. M., Rohns, H. P., Irmscher, R., and Schoning, M. J. (2003) High resolution gravimetric, optical and electrochemical investigation of microbial biofilm formation in aqueous systems, Electrochimica Acta, 48: 3363-3372.

Chang, I. -S., Field, R., and Cui, Z. (2009) Limitations of resistance-in-series model for fouling analysis in membrane bioreactors: A cautionary note, Desalination and Water Treatment, 8(1): 31-36.

Chang, I. -S. and Kim, S. N. (2005) Wastewater treatment using membrane filtration—Effect of biosolids concentration on cake resistance, Process Biochemistry, 40: 1307-1314.

Chang, I. -S., Le-Clech, P., Jefferson, B., and Judd, S. (2002) Membrane fouling in membrane bioreactors for wastewater treatment, Journal of Environmental Engineering, 128(11): 1018-1029.

Chang, I. S. and Lee, C. H. (1998) Membrane filtration characteristics in membrane coupled activated sludge system-the effect of physiological states of activated sludge on membrane fouling, Desalination, 120 (3): 221-233.

Chang, I. S., Lee, C. H., and Ahn, K. H. (1999) Membrane filtration characteristics in membrane coupled activated sludge system: The effect of floc structure on membrane fouling, Separation Science Technology, 34: 1743-1758.

Cicek, N., Franco, J. P., Suidan, M. T., Urbain, V., and Manem, J. (1999a) Characterization and comparison of a membrane bioreactor and a conventional activated sludge system in the treatment of wastewater containing high molecular weight compounds, Water Environment Research, 71: 64-70.

Defrance, L., Jaffrin, M. Y., Gupta, B., Paullier, P., and Geaugey, V. (2000) Contribution of various constituents of activated sludge to membrane bioreactor fouling, Bioresource Technology, 73: 105-112.

Dubois, M., Gilles, K. A., Hamilton, J. K., Rebers, P. A., and Smith, F. (1956) Colorimetric method for determination of sugars and related substances, Analytical Chemistry, 28: 350-356.

Gorner, T., de Donato, P., Ameil, M. -H., Montarges-Pelletier, E., and Lartiges, B. S. (2003)

Activated sludge exopolymers: Separation and identification using size exclusion chromatography and infrared micro-spectroscopy, Water Research, 37: 2388-2393.

Guell, C., Czekaj, P., and Davis, R. H. (1999) Microfiltration of protein mixtures and the effects of yeast on membrane fouling, Journal of Membrane Science, 155: 113-122.

Gunther, J., Schmitz, P., Albasi, C., and Lafforgue, C. (2010) A numerical approach to study the impact of packing density on fluid flow distribution in hollow fiber module, Journal of Membrane Science, 348: 277-286.

Guo, W., Ngo, H. -H., and Li, J. (2012) A mini-review on membrane fouling, Bioresource Technology, 122: 27-34.

Han, S. -H. and Chang, I. -S. (2014) Comparison of the cake layer removal options during determination of cake layer resistance (Rc) in the resistance-in-series model, Separation Science and Technology, 49, 2459-2464.

Hendersona, R. K., Subhi, N., Antony, A., Khan, S. J., Murphy, K. R., Leslie, G. L., Chen, V., Stuetz, R. M., and Le-Clech, P. (2011) Evaluation of effluent organic matter fouling in ultrafiltration treatment using advanced organic characterisation techniques, Journal of Membrane Science, 382: 50-59.

Hughes, D., Cui, Z. F., Field, R. W., and Tirlapur, U. (2006) In situ three-dimensional membrane fouling by protein suspension using multiphoton microscopy, Langmuir, 22: 6266-6272.

Ishiguro, K., Imai, K., and Sawada, S. (1994) Effects of biological treatment conditions on permeate flux of UF membrane in a membrane/activated sludge wastewater treatment system, Desalination, 98: 119-126.

Kim, J. -S., Lee, C. -H., and Chang, I. -S. (2001) Effect of pump shear on the performance of a crossflow membrane bioreactor, Water Research, 35(9): 2137-2144.

Krauth, K. H. and Staab, K. F. (1993) Pressurized bioreactor with membrane filtration for wastewater treatment, Water Research, 27: 405-411.

Le-Clech, P., Chen, V., and Fane, T. A. G. (2006) Fouling in membrane bioreactors used in wastewater treatment, Journal of Membrane Science, 284, 17-53.

Lee, W., Kang, S., and Shin, H. (2003) Sludge characteristics and their contribution to microfiltration in submerged membrane bioreactors, Journal of Membrane Science, 216: 217-227.

Lowry, O. H., Rosebourgh, N. J., Farr, A. R., and Randall, R. J. (1951) Protein measurement with the folin phenol reagent, Journal of Biological Chemistry, 193: 265-275.

Meng, F. and Yang, F. (2007) Fouling mechanisms of deflocculated sludge, normal sludge and bulking sludge in membrane bioreactor, Journal of Membrane Science, 305: 48-56.

Sato, T. and Ishii, Y. (1991) Effects of activated sludge properties on water flux of ultrafiltration membrane used for human excrement treatment, Water Science and Technology, 23: 1601-1608.

Van den Broeck, R., Van Dierdonck, J., Nijskens, P., Dotremont, C., Krzeminski, P., van der Graaf, J. H. J. M., van Lier, J. B., Van Impe, J. F. M., and Smets, I. Y. (2012) The influence of solids retention time on activated sludge bioflocculation and membrane fouling in a membrane bioreactor (MBR), Journal of Membrane Science, 401-402: 48-55.

Wang, Z. and Wu, Z. (2009) Distribution and transformation of molecular weight of organic matters in membrane bioreactor and conventional activated sludge process, Chemical Engineering Journal, 150(2-3): 396-402.

Wang, Z., Wu, Z., and Tang, S. (2009) Characterization of dissolved organic matter in a submerged membrane bioreactor by using three-dimensional excitation and emission matrix fluorescence spectroscopy, Water Research, 43(6): 1533-1540.

Wisniewski, C. and Grasmik, A. 1998. Floc size distribution in a membrane bioreactor and consequences for membrane fouling, Colloids and Surfaces A: Physicochemical and Engineering Aspects, 138: 403-411.

Wisniewski, C., Grasmik, A., and Cruz, A. L. (2000) Critical particle size in membrane bioreactors case of a denitrifying bacterial suspension, Journal of Membrane Science, 178: 141-150.

Wu, J. and Huang, X. (2009) Effect of mixed liquor properties on fouling propensity in membrane bioreactors, Journal of Membrane Science, 342: 86-96.

Yamamura, H., Kimura, K., and Watanabe, Y. (2007) Mechanism involved in the evolution of physically irreversible fouling in microfiltration and ultrafiltration membranes used for drinking water treatment, Environmental Science and Technology, 41: 6789-6794.

Yao, M., Zhang, K., and Cui, L. (2010) Characterization of protein-polysaccharide ratios onmembrane fouling, Desalination, 259: 11-16.

第5章

MBR 运行

本章包括膜生物反应器（MBR）中生物处理和膜分离的原理和运行参数，着重介绍膜清洗方法。

5.1 运行参数

本质上，除了用膜分离系统代替二沉池之外，MBR 系统就是生物处理工艺过程。就像传统活性污泥法（CAS）中二沉池作用一样，膜单元起到固液分离的作用。因此，MBR 运行有点像传统活性污泥法（CAS）系统。传统活性污泥法（CAS）使用的相关微生物运行参数可以直接应用于 MBR 系统。

膜分离系统的运行参数将在本章介绍。微生物参数直接影响膜分离性能，例如，传统活性污泥法（CAS）中曝气池和沉淀池常见的微生物絮体问题，即污泥膨胀、发泡以及针状污泥絮体的形成直接恶化膜分离性能。低溶解氧和低营养（氮或者磷）浓度会引起这些问题，但是溶解氧和营养物质浓度作为膜运行参数并没有被重视。因此，应该对引起 MBR 系统运行中膜污染重要的微生物特征进行监测。

5.1.1 水力停留时间（HRT）

水力停留时间（HRT）是污水生物处理工程中一个基本设计和运行参数。依据污水进水水质的特性，对于市政污水处理系统，传统活性污泥法（CAS）正常的水力停留时间范围为 4～10 h。工业废水中含有难处理物质或者难降解物质进入污水处理厂（WWTP）或者要经过生物脱氮（BNR）过程，需要较长的水力停留时间（HRT）。

MBR 系统中的水力停留时间（HRT）不同于传统活性污泥法（CAS）。因为 MBR 系统中的微生物浓度（即，MLVSS）远大于传统活性污泥法（CAS），因而在 MBR 系统中减少水力停留时间（HRT）还是可行的。由于微生物浓度高，MBR 系统中微生物对污染物的去除速率较传统活性污泥法（CAS）更快、更稳定。如果设计有机负荷率（F/M）保持不变，由于 MBR 系统中微生物浓度（X）较传统活性污泥法（CAS）更高，水力停留时间可以降低。然而，通常情况下，MBR 系统运行的水力停留时间（HRT）与传统活性污泥法（CAS）相似，这也就使进水中有机物有充足的降解时间。

5.1.2　污泥停留时间（SRT）

在生物反应器中，运行人员控制污泥产率和维持恒定的微生物浓度，污泥停留时间（SRT）是一个重要的运行参数。对于传统活性污泥法（CAS）通常的污泥停留时间（SRT）分布范围为 4～10 d，字面理解就是固体（即微生物）在生物反应器和二沉池中停留 4～10 d。然而，在 MBR 系统中膜对微生物的有效截留使得污泥停留时间（SRT）更长，通常污泥停留时间（SRT）长达 30 d 以上。没有污泥从膜池中排出，MBR 系统的污泥停留时间（SRT）将会无限长。水力停留时间在 2～4 h 内的话，会限制二沉池的处理能力，二沉池出水中固体悬浮物浓度至少为 0～10 mg/L 的水平，较长的污泥停留时间对于传统活性污泥法（CAS）是不可能的。

在不损失系统处理性能的前提下，水处理工程师希望系统运行时有较短的水力停留时间（HRT）和较长的污泥停留时间（SRT）。因为水力停留时间（HRT）的缩短和污泥停留时间（SRT）的延长，可以处理更多的水量。然而，在这种情况下，在传统活性污泥法（CAS）中，由于二沉池处理能力的限制，缩短水流停留时间（HRT）、延长污泥停留时间（SRT）很难达到这一目标。在传统活性污泥法（CAS）中，由于二沉池中微生物的流失，较长的污泥停留时间（SRT）（比如超过 30 d）是不可能达到的，也就是说，水力停留时间（HRT）和污泥停留时间（SRT）是紧密相连的。另一方面，在 MBR 系统中，由于膜分离系统对微生物的高效分离，水力停留时间（HRT）和污泥停留时间（SRT）能够相互分开。

MBR 系统中较长的污泥停留时间（SRT）比传统活性污泥法（CAS）产生更少的剩余污泥。由于多余的剩余污泥需要进一步增加卫生处理的费用并且污泥处置法规较以前更为严格，在较长的污泥停留时间（SRT）下运行看起来更有优势。

在 MBR 系统中较长的污泥停留时间（SRT）使曝气池中微生物生长期延长，也就是说，微生物的生长状态转向内源呼吸阶段。污泥龄越长，需氧量越大。由于在内源呼吸阶段微生物自身氧化加速，需要大量的氧气。然而，为了抑制 MBR 系统膜池中的膜污染，通常采用过量曝气，因此，污泥自身氧化需要的额外溶解氧可以忽略。

MBR 系统在较长污泥停留时间（SRT）下运行的另一个重要特点是对磷的去除。当前大多数 BNR-MBR 水处理厂应对磷的去除是在传统活性污泥法（CAS）曝气池中，磷元素通过微生物吸收储存在细胞中。细胞中的磷元素通过剩余污泥的排放去除。然而，MBR 系统中的污泥排泥速率不是很频繁，所以磷的去除也受到限制。污泥停留时间（SRT）越长，磷的去除效率越低。因此，大多数 MBR 水处理厂采用额外的设备去除磷。例如，在 MBR 出水中加入石灰（$Ca(OH)_2$），生成羟基磷灰石（$Ca_{10}(PO_4)_6(OH)_2$）沉淀排磷：

$$10\,Ca^{2+} + 6\,PO_4^{3-} + 2\,OH^- \leftrightarrow Ca_{10}(PO_4)_6(OH)_2 \downarrow \tag{5.1}$$

碱度，比如碳酸氢根（HCO_{3-}）或者碳酸根（CO_{32-}）与加入的石灰（$Ca(OH)_2$）首先反应，如式（5.2）所示。这样，需要加入过量的石灰（$Ca(OH)_2$）将 pH 值提高至 10～11，以产生含磷沉淀物。大多数磷元素在碱度消耗之后，生成羟基磷灰石（$Ca_{10}(PO_4)_6$ $(OH)_2$）沉淀物。

$$Ca(OH)_2 + H_2CO_3 \leftrightarrow CaCO_3 \downarrow + 2H_2O \tag{5.2}$$

$$Al^{3+} + PO_4^{3-} \leftrightarrow AlPO_4 \downarrow \tag{5.3}$$

如果加入明矾，如式（5.3）所示，不溶解的磷酸铝沉淀出来。尽管理论上的铝和磷的摩尔比为 1 : 1，由于碱度和其他离子的干扰，需要铝和磷的摩尔比高达 1.4～2.3。需要进行单独的实验确定铝的最优添加剂量。有时，MBR 系统也采用电絮凝（EC）过程进行磷沉淀，对此将在第 5.4 节中叙述。

5.1.3　回流比 α

回流比定义为从二沉池流入反应器中的循环流量（Q_r）与进水流量（Q）之比，即 $\alpha = Q_r / Q$。传统活性污泥法（CAS）中，回流比（α）是控制活性污泥回流的重要的运行参数。在生物法污水处理厂工作的工程师通过调控回流比（α）和污泥停留时间（SRT）来调控系统性能。典型的污泥回流比为 0.1～0.4，高的回流比（α）使生物降解更加充分，但同时回流泵能耗费用更高。

在浸没式 MBR 系统中，不需要污泥回流，因而没有回流比（α）这个概念。然而，对于外置式 MBR 系统，膜分离单元在曝气池外面，充当二沉池的角色，需要设置污泥回流，如图 5.1 所示。

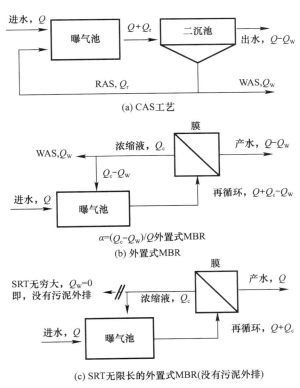

图 5.1　流量分析

对流量进行分析可以使这个过程更加清晰。如果外置式 MBR 系统存在污泥排泥，如图 5.1(b) 所示，回到曝气池中的回流流量为 $Q_c - Q_w$，这个相当于传统活性污泥法（CAS）中的 Q_r。这样，在相同的流量运行条件下外置式 MBR 系统的回流比（α）就是 $(Q_c - Q_w)/Q$，如图 5.1(b) 所示。

如果外置式 MBR 系统不排泥（即污泥停留时间无限长，如图 5.1c 所示），回流到曝气池的流量为 Q_c，回流比（α）为 Q_c/Q。在传统膜过滤过程运行中，"回收率" r，定义为出水流量与进水流量之比，即 $r = Q_{permeate}/Q_{feed}$。就图 5.1(c) 而言，回收率（$r$）为 $Q/(Q+Q_c)$。我们可以得到回收率（r）和回流比（α）的相互关系：

$$r = \frac{Q}{Q+Q_c} \tag{5.4}$$

对两边同时取倒数，整理后得：

$$\frac{1}{r} = \frac{Q+Q_c}{Q} = 1 + \frac{Q_c}{Q} = 1 + \alpha \tag{5.5}$$

对等式重新整理得到：

$$r = \frac{1}{1+\alpha} \tag{5.6}$$

用膜分离领域工程师相似的专业术语来讲，回收率（r）和回流比（α）可以使用式（5.6）相互转换。

5.1.4 温度

由于操作人员无法调控温度，因此温度并未被列为运行参数。然而，温度是决定 MBR 系统性能的重要因素，特别是对微生物代谢速率的影响。传统活性污泥法（CAS）和 MBR 系统中活性污泥混合液都受到温度的影响。

在冬季，进水温度较低严重影响生化系统的性能，污水处理厂就会受到生化处理困难带来的影响。特别是生长速率较慢的氮氧化细菌与反硝化细菌更容易受到低温的影响，这样在冬季氮的去除效率就会降低。

温度也会影响到水中溶解气体的量。由亨利定理可知在大气压下冬季水中饱和溶解氧的值。亨利定理常数受到温度的影响，因而，夏季水中饱和氧浓度会下降。由于气体不断供应到生物反应器中，氧传递效率也是一个重要的问题。随着温度的变化，气体传递到水中的速率也会随之变化。与此相反，气体传递到水中的速率随着温度的增加而增大。例如，决定气体传递速率的气体总传质系数（$k_{L,a}$）服从描述气体传递速率的范特霍夫-阿伦尼乌斯方程，表达式为：

$$k_{L,a(T)} = k_{L,a(20)} \times \theta^{T-20} \tag{5.7}$$

式中　$k_{L,a(T)}$——在某一温度下的气体总传质系数；

$\qquad k_{L,a(20)}$——在 20 ℃下的气体总传质系数；

$\qquad \theta$——温度活度系数，通常在 1.013 到 1.040 之间变动；

$\qquad T$——温度，℃。

5.1.5 温度对通量的影响

由于进水黏度随温度而变化，温度对渗透通量产生很大的影响。与范特霍夫-阿伦尼乌斯方程不同，由于黏度反比于温度的变化，使用如下方程可以将在温度 T_1 下的渗透通量转换为在温度 T_2 下的渗透通量：

$$J_{T_1} = J_{T_2}\left(\frac{\eta_{T_2}}{\eta_{T_1}}\right) \tag{5.8}$$

式中 J_{T_1}——T_1 温度下的通量；

$\quad\quad J_{T_2}$——T_2 温度下的通量；

$\quad\quad \eta_{T_1}$——T_1 温度下的黏度；

$\quad\quad \eta_{T_2}$——T_2 温度下的黏度。

当通过一系列过滤试验计算阻力值时，在每一次的过滤试验进水的温度可能不一样。如果活性污泥悬浮液和纯水或者每种活性污泥悬浮液之间温度相差上下有 3 ℃ 的差别，应该将温度对通量的影响进行矫正，再计算阻力。

例 5.1

用新膜在实验室测试最初的纯水通量，最初的纯水通量为 100 LMH。实验室的温度相对保持室温稳定，在整个过滤过程中保持 25 ℃。外面 MBR 处理厂进水水温为 15 ℃，估计在 15 ℃ 下，最初水通量。

计算过程

温度与通量成反比，使用表 5.1 所列的黏度，计算在 15 ℃ 下的水通量：

$$J_{T_1} = J_{T_2}\left(\frac{\eta_{T_2}}{\eta_{T_1}}\right)$$

$$J_{15} = J_{25} \cdot \left(\frac{\eta_{25}}{\eta_{15}}\right)$$

$$J_{15} = 100\ \text{LMH} \times \left(\frac{0.8949\ \text{MPa} \cdot \text{s}}{1.1447\ \text{MPa} \cdot \text{s}}\right) = 78.2\ \text{LMH}$$

在 15 ℃ 下最初的水通量为 78.2 LMH。

备注

值得注意的是，温度对通量的影响服从范特霍夫-阿伦尼乌斯方程，温度对黏度的影响服从阿伦尼乌斯方程：

$$\frac{\eta_T}{\eta_{20}} = 1.024^{20-T}$$

因此，在不同温度下的渗透通量可以用在 20 ℃ 下的通量矫正，见表 5.1。

水的黏度与温度的相关性　　表 5.1

温度（℃）	黏度（厘泊）	温度（℃）	黏度（厘泊）
11	1.27	21	0.98
12	1.24	22	0.96
13	1.21	23	0.94
14	1.17	24	0.92
15	1.14	25	0.89
16	1.12	26	0.87
17	1.09	27	0.86
18	1.06	28	0.84
19	1.03	29	0.82
20	1.01	30	0.80

$$\frac{J_{20}}{J_T} = \frac{\eta_T}{\eta_{20}} = 1.024^{20-T}$$

$$J_{20} = J_T \cdot 1.024^{20-T}$$

5.1.6 跨膜压差和临界通量

在恒通量方式运行条件下，浸没式 MBR 系统重要的参数就是跨膜压差（TMP）。只有持续监测跨膜压差（TMP）操作人员才能针对跨膜压差（TMP）增加或者其他跨膜压差（TMP）反常行为的原因进行判断，针对发生的持续膜污染现象，操作人员立即采取合适的措施。在活性污泥悬浮液过滤过程中跨膜压差（TMP）和通量之间的关系如图 5.2 所示。在用水过滤过程中，通量与跨膜压差（TMP）呈线性关系（即没有污染的情况下），这一过程为压力控制阶段（即跨膜压差控制区域）。在活性污泥悬浮液过滤过程中，在一定的跨膜压差变化范围内，通量随着跨膜压差的增加而增加；随后，渗透通量增加的速率下降。这是由于膜产生的污染，其中通量主要受到传递到膜上的污染物（溶质）控制。这一阶段为质量传递控制区域（或者不受跨膜压差控制区域）。很难精确区分两个控制区域的边界，因为即使在质量传递控制区域，通量也会因压力而略有增加。有许多因素影响溶液中污染物传递到膜上。例如，较低的混合液悬浮物浓度（MLSS）、较低的黏度、在外置式 MBR 系统中较高的横流速度、在浸没式 MBR 系统中较高强度的曝气强度（或者较高的剪切速率）和较高的混合液温度都有助于增加活性污泥悬浮液的质量传递。

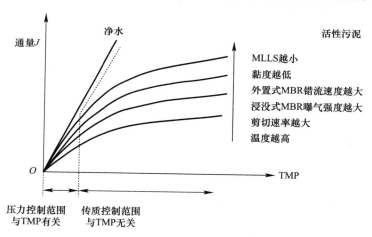

图 5.2　通量与跨膜压差（TMP）的相关性：压力控制范围和传质控制范围

在 MBR 系统启动阶段计算临界通量是很重要的。MBR 系统在次临界通量下运行可以获得更加稳定和可靠的运行状态，减少污染速率。尽管如此，临界通量（即在次临界通量下不发生污染）从严格意义上来讲在 MBR 系统中并不存在，但是研究人员还是提出了几个试验方法来测量 MBR 系统中的临界通量。最简单易行的方法就是逐渐地增加运行通量，如图 5.3 所示。

在实验室内对 MBR 系统以尽量低的通量运行，检测跨膜压差。在一定的测试阶段，没有观察到跨膜压差快速增加（即 $dTMP/dt=0$），就将运行通量提升到更高的水平。同样的过程连续重复直到观察到跨膜压差快速增加（即，$dTMP/dt>0$）。接着将运行通量降低到先前的通量水平。再反过来重复测试，观察跨膜压差的变化，接着将运行通量重新调整到先前的水平。临界通量（$J_{critical}$）就是保证跨膜压差在整个测试过程中保持稳定的最高运行通量。

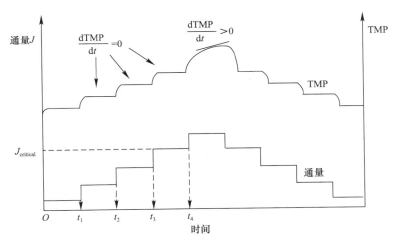

图 5.3　阶梯增加通量计算临界通量

正如第 4.1 节所述，在最初的过滤阶段跨膜压差缓慢增加，达到一个临界点时快速增加。因此，如果每一个运行通量阶梯间隔时间太短就无法观察到跨膜压差的突然增加，这样，通量阶梯就会给临界通量的测量提供错误信息。如图 5.4 所示，给出 3 个可行的例子。

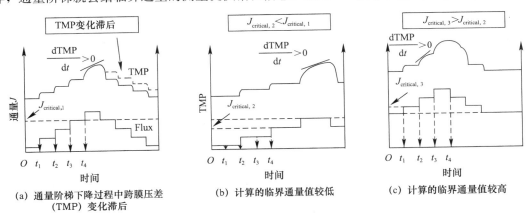

(a) 通量阶梯下降过程中跨膜压差　　　(b) 计算的临界通量值较低　　　(c) 计算的临界通量值较高
　　　(TMP) 变化滞后

图 5.4　使用通量阶梯法测量临界通量过程中的反常行为

首先，在跨膜压差下降过程中"跨膜压差滞后"可能会发生（图 5.4a）。在经过最高通量之后，跨膜压差不会展现出同步的变化。由于污染经过较长时期的发展，在最高通量之前能够检测到比前期更高的跨膜压差。这种情况下，计算出来的临界通量是有疑问的。

如果在每一个通量梯度有足够长的持续运行时间，临界通量就可以预估出来，如图 5.4(b)所示，持续时间达到 t_4，这和如图 5.4(a) 所示的持续时间相同，但是测试实验在更低的通量下运行。如果从时间 t_1 到时间 t_2 的持续时间内污染没有达到足够的程度，严重的污染是不太容易观察到的。即使测试是在通量（$J_{critical,2}$）下运行，所计算出来的通量也会比临界通量低，如图 5.4(a) 所示，跨膜压差的增长速率，即 dTMP/dt 会为零。这一阶段，dTMP/dt>0，会有所延迟。这种情况下，临界通量（$J_{critical,2}$）会比这一通量（$J_{critical,1}$）低。

如果开始运行的通量足够高，接近计算出来的临界通量（$J_{critical,1}$），临界通量就会被过高估算，如图5.4(c)所示，即使总的持续时间到t_4，这样与图5.4(a)中持续的时间相同，由于运行通量太高，可以观察到更严重的污染。也就是说，这种情况下，达到这一阶段（dTMP/dt>0）的时间应该缩短。最终，临界通量（$J_{critical,3}$）会比通量（$J_{critical,1}$）更高。

为了克服与通量阶梯法相关的模仿，研究人员修改了这种方法，如图5.5所示。第一种是采用通量阶梯法，在两个通量增加过程之间应该有暂停，如图5.5(a)所示。与"通量阶梯没有暂停"相比，如图5.3所示，运行暂停时间（或者空闲时间）使膜上由于前期通量增加积累的污染得以去除，同时也让膜有压力的释放，污染物就会加速返回到溶液中。在这一时间内，清洗是另一种恢复已经积累的污染的方法。如图5.5(b)所示，"通量梯度的增加具有滞后期或者暂时期"，也就是说从最低的运行通量增加通量也需要额外的时间。这一额外的运行时间（或者滞后时间）可以为随后的通量增加提供较轻的膜污染环境。

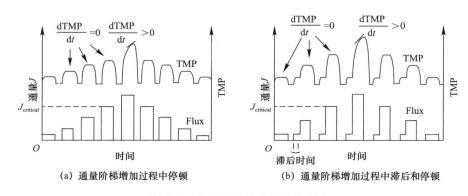

（a）通量阶梯增加过程中停顿　　　　（b）通量阶梯增加过程中滞后和停顿

图5.5　临界通量的其他计算方法

尽管这两种修正方法或多或少地克服了通量阶梯法的缺点，前面提到的固有问题没有得到完美解决。尽管用标准方法测量临界通量被认可，没有观察到前面反常的跨膜压差现象，临界通量与混合液的物理化学性质有很大关系。此外，由于临界通量的测量与MBR系统的水力特性有关，因此测量出来的中空纤维膜的临界通量与平板膜和板框组件的临界通量也有不同。然而，由于方便实施，这些方法被广泛应用在实验室和工业领域以确定临界通量。

5.2　曝气生物处理和膜曝气

曝气在污水处理过程中有许多作用。比如，曝气已广泛用于气味的控制（如硫化氢的去除），曝气用于好氧微生物、溶气气浮（DAF），曝气沉砂池以及去除可挥发性有机物（VOC）等。在MBR污水处理厂，曝气可能是最重要的运行单元，为微生物代谢提供氧气，也为控制膜表面污染物。具有扩展表面积的微小气泡有利于有效地将氧气传递至微生物细胞中，而具有大尺寸的气泡，足以有效地振动和清洗膜束。

5.2.1　细孔曝气

为了有效地为微生物细胞提供氧气，在污水处理厂中使用细孔曝气，因为细孔曝气产生的细小气泡有较大的扩展表面积，有利于加速氧的传质。尽管有许多类型的曝气器，但压缩空气通过管道在水面之下的曝气器扩散出来是在 MBR 系统中最广泛使用的曝气池。在其他污水处理工程中也应用有其他类型的曝气器。

由于氧气是好氧细菌分解水中有机物最终的电子受体，需要持续的氧气供应。微孔曝气装置用多孔陶瓷或者塑料制备，用于释放氧气。多孔板、管或喷嘴连在曝气池底部的空气管上。释放出来的空气首先通过扩散或者机械曝气溶解在污水中。接着溶解氧被微生物摄取。尽管氧的需求量计算依据是存在于污水中有机物和氨氮的含量，曝气池中氧含量至少维持在 1 mg/L，通常是在 $2\sim3$ mg/L。

微生物对氧的消耗对于计算曝气池中氧的传质速率是重要的。氧的传质速率表达为：

$$\frac{\mathrm{d}C}{\mathrm{d}t} = k_{\mathrm{L,a}}(C_{\mathrm{s}} - C) - r_{\mathrm{m}} \tag{5.9}$$

式中　C——污水中氧的浓度，mg/L；

　　　C_{s}——由亨利定理计算出来的饱和氧浓度，mg/L；

　　　$k_{\mathrm{L,a}}$——总的氧传质系数，s^{-1}；

　　　r_{m}——微生物消耗氧的速率，mg/L·s。

由于曝气设备，氧浓度可以维持在恒定水平（即，稳定状态，$\mathrm{d}C/\mathrm{d}t = 0$），式（5.9）简化为：

$$r_{\mathrm{m}} = k_{\mathrm{L,a}}(C_{\mathrm{s}} - C) \tag{5.10}$$

这样看来，C_{s} 保持恒定，不随时间而变化，因而，r_{m} 可以通过计算 $k_{\mathrm{L,a}}$ 而得到。总的氧传质系数可以通过简单的试验得到，如下例子可以对此予以证明。

例 5.2

检测曝气系统计算 $k_{\mathrm{L,a}}$。如表 5.2 所示，监控溶解氧与时间的数据。假设在此温度下，饱和溶解氧浓度（C_{s}）为 9.0 mg/L。使用这些数据计算 $k_{\mathrm{L,a}}$。

检测曝气系统数据　　　　　　　　表 5.2

时间（min）	$C_t(\mathrm{mg \cdot L^{-1}})$
0	1.20
4	2.68
8	3.92
12	4.89
16	5.71
20	6.35
24	6.88
28	7.32
32	7.66
36	7.93
40	8.14

时间（min）	$C_t(\mathrm{mg \cdot L^{-1}})$
44	8.31
48	8.45
52	8.56
56	8.65
60	8.72

计算过程

在干净水中，没有微生物对氧的消耗，氧的传质速率表达为：

$$\frac{\mathrm{d}C}{\mathrm{d}t} = k_{\mathrm{L,a}}(C_{\mathrm{s}} - C) \tag{E2.1}$$

分离变量，对前面等式积分：

$$\int_{C_0}^{C_t} \frac{1}{(C_{\mathrm{s}} - C)} \mathrm{d}C = \int_0^t k_{\mathrm{L,a}} \mathrm{d}t \tag{E2.2}$$

$$\frac{C_{\mathrm{s}} - C_t}{C_{\mathrm{s}} - C_0} = e^{-k_{\mathrm{L,a}} \cdot t} \tag{E2.3}$$

$$\ln\left(\frac{C_{\mathrm{s}} - C_t}{C_{\mathrm{s}} - C_0}\right) = -k_{\mathrm{L,a}} \cdot t \tag{E2.4}$$

为了计算 $k_{\mathrm{L,a}}$，对 $\ln((C_{\mathrm{s}} - C_t)/(C_{\mathrm{s}} - C_0))$ 与 t 绘图。直线斜率与 $k_{\mathrm{L,a}}$ 数值完全相符。使用计算器或者电子表格计算程序通过简单回归获得拟合线。

C_0 为最初的浓度，（即，1.2 mg/L，时间为零时），C_t 为 t 时刻的浓度。计算结果如表5.3所示。

$k_{\mathrm{L,a}}$计算结果　　　　　　　表 5.3

时间（min）	$C_t(\mathrm{mg \cdot L^{-1}})$	$(C_{\mathrm{s}} - C_t)/(C_{\mathrm{s}} - C_0)$	$k_{\mathrm{L,a}}(\mathrm{min^{-1}})$
0	1.20	1.00	—
4	2.68	0.81	0.05
8	3.92	0.65	0.05
12	4.89	0.53	0.05
16	5.07	0.42	0.05
20	6.35	0.34	0.05
24	6.88	0.27	0.05
28	7.32	0.22	0.06
32	7.66	0.17	0.06
36	7.93	0.14	0.06
40	8.14	0.11	0.06
44	8.31	0.09	0.06
48	8.45	0.07	0.06
52	8.56	0.06	0.06
56	8.65	0.05	0.06
60	8.72	0.04	0.06

对 $\ln(C_s-C_t)/(C_s-C_o)$ 与时间 t 作图，如图 5.6 所示。计算出来的斜率为 $0.055/\mathrm{min}$ 或者 $3.3/\mathrm{h}$，其值等于 $k_{L,a}$。

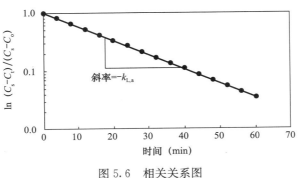

图 5.6　相关关系图

5.2.2　氧传递

氧的传递系数 $k_{L,a}$，受到混合液强度、曝气池尺寸、温度、高程（大气压）、表面张力和污水性质的影响。温度的影响在前面章节已经介绍，参照式（5.7）。除了温度之外，所有影响氧传递系数（$k_{L,a}$）的因素都很难基于基本理论总结，用数学方式表达。相反，校正因子可以通过实验获得。污水处理厂真实的需氧量可以通过校正方程计算出来，对此将在 6.4 节中进一步介绍。

5.2.3　需氧量

由于 MBR 系统包含一个基本的生物处理过程，需氧量需要满足生化需氧量（BOD）和硝化需氧量。传统活性污泥法（CAS）需氧量可以由进水和出水的生化需氧量（BOD）之差计算，即，（BOD$_i$-BOD$_e$）。由于微生物消耗的氧以剩余污泥形式废弃，剩余污泥应该从总的需氧量中减去。微生物细胞化学表达式为 $C_5H_7NO_2$，因此，细胞氧化可以用下面反应式表达：

$$C_5H_7NO_2 + 5O_2 \longleftrightarrow 5CO_2 + 2H_2O + NH_3 \tag{5.11}$$

每 1 mol 微生物细胞需要 5 mol 的氧，每氧化 1 g 的活性污泥需要 $1.42(=5\times32/113)\mathrm{g}$ 的氧。因此，碳质基质生物降解需氧量为：

$$O_2(\mathrm{kgO_2/d}) = Q(\mathrm{BOD}_i - \mathrm{BOD}_e) - 1.42(P_s) \tag{5.12}$$

式中　O_2——碳质基质需氧量，kg/d；

　　　Q——曝气池中污水流速，kg/d；

　　BOD_i——曝气池进水中 BOD，mg/L；

　　BOD_e——二沉池出水 BOD，mg/L；

　　　P_s——活性污泥排泥速率，kg/d。

完全硝化过程，即硝化细菌将氨转化为硝酸根消耗 2 mol 的氧：

$$NH_3 + 2O_2 \longleftrightarrow NO_3^- + H_2O + H^+ \tag{5.13}$$

可以计算出完全硝化过程的需氧量为 4.6 mg/L（即 2 mol O_2/1 mol N=$2\times32_g O_2/14_g-N$）。因此，生物过程总的需氧量为：

$$O_2(kgO_2/d) = Q(BOD_i - BOD_e) - 1.42(P_s) + 4.6 \cdot Q \cdot (NO_x) \tag{5.14}$$

式中　NO_x——进水中总的氮浓度，mg/L。

由于 MBR 系统较长的污泥停留时间，产生的污泥量（P_s）较传统活性污泥法（CAS）量少。因此，MBR 系统需氧量要比传统活性污泥法（CAS）大。如果 MBR 系统的污泥停留时间无限长，需氧量可以简化为式（5.14）。

MBR 系统的污泥停留时间无限长的需氧量。

$$kgO_2/d = Q(BOD_i - BOD_e) + 4.6 \cdot Q \cdot (NO_x) \tag{5.15}$$

5.2.4　大气泡曝气

膜曝气主要是为了维持膜的渗透性。曝气池中曝气有双重目的，一是对膜束产生振动阻止污泥絮体进入组件，二是冲刷膜表面阻止污染物在膜表面沉积。为了高效达到两个目的，需要密集大气泡。孔板或喷嘴适合产生粗气泡，多孔材料适合产生细小气泡。

曝气产生的剪切强度（也叫剪切速率，表示为 σ，$G(s-1)$）可以用下面等式计算：

$$G = \sqrt{\frac{\rho \cdot g \cdot U_a}{\mu_s}} \tag{5.16}$$

式中　ρ——污泥密度，kg/m³；

　　　g——重力加速度，m/s²；

　　　U_a——曝气强度，L/m² · s；

　　　μ_s——污泥悬浮液黏度，kg/m · s，Pa · s 或 N · s/m²。

剪切强度（G）有点像"速度梯度"，用于表达流体混合程度。

$$G = \sqrt{\frac{P}{\mu \cdot V}} \tag{5.17}$$

$$= \sqrt{\frac{1/V \cdot ((力 / 1) \cdot (距离 / 时间))}{\mu}} = \sqrt{\frac{1/V \cdot ((质量 / 1) \cdot g \cdot (距离 / 时间))}{\mu}}$$

$$= \sqrt{\frac{质量 / V \cdot g \cdot (距离 / 时间)}{\mu}} = \sqrt{\frac{\rho \cdot g \cdot (距离 / 时间)}{\mu}}$$

$$= \sqrt{\frac{质量 / V \cdot g \cdot (m^3/m^2 s)}{\mu}} = \sqrt{\frac{\rho \cdot g \cdot U_a}{\mu}}$$

式中　P——发动机功率，N · m/s；

　　　μ——水的黏度，kg/(m · s)，(Pa · s) 或 N · s/m²；

　　　V——反应器体积，m³。

剪切强度（G）随着曝气强度的增加按平方根比例增加。这样，渗透性（或者通量）随着曝气强度（$U_{a1/2}$）增加引起的剪切力（G）的改变而改善，如图 5.6 中的虚线所示情况。

然而，许多研究所支持的现实是不同的，即随着表观速度的增加，通量的改善并没有连续的增加，如图 5.7 实线所示，仅在有限的范围内，随着曝气强度的提高通量有所改善。由于每个制造商的组件类型不同和三相（固液气）水力条件模拟起来很是复杂，曝气强度的选择从理论上优化是很困难的。因此，曝气强度通过现场的试验装置或者中试装置进行试验优化。

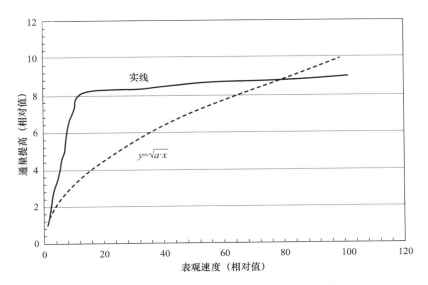

图 5.7　气体表观流速对减缓 MBR 膜污染的影响

［虚线表示式 5.16 剪切力或者通量的提高（y 轴）是表观流速（x）的平方根，

实线表示实际上仅在有限的表观流速范围内通量有所提高］

5.2.5　曝气需求量和能量消耗

MBR 系统中的一个重要问题就是因曝气引起的能量消耗。膜池中曝气占运行费用的很大一部分。对于传统浸没式 MBR 运行时，膜曝气通常占到整个水处理厂运行能耗的30％～50％。

为了对比 MBR 系统曝气需求量，比曝气需求量（SAD）是普遍接受的标准。两种类型的比曝气需求量（SAD），SAD_m 和 SAD_p，用来表达曝气需求量。SAD_m 是基于膜面积的曝气需求量（N m^3 空气/（h · m^2）），SAD_p 是基于渗透体积的曝气需求量（N m^3 空气/（m^3 渗透量））。SAD_p 是一个无单位参数，标准状况下（0 ℃，一个标准大气压，N 并不是代表压力单位牛顿）空气的体积，由于通量（J）的单位为 m^3/（h · m^2），两者的相互关系为：

$$SAD_P = \frac{SAD_m}{J} \tag{5.18}$$

在大多数浸没式 MBR 水处理厂，SAD_p 的值超过 10，在一些地方高达 50（Judd，2008），一些处理厂超过 90。这是因为 SAD_p 与组件装置和装填密度和化学清洗频率密切相关。

在浸没式 MBR 系统曝气池中风机消耗的功率可以用下式计算：

$$P_{blower} = \frac{P_a \times Q_{air}}{\eta} \tag{5.19}$$

式中　P_{blower}——风机功率，W 或 N · m/s；

　　　P_a——空气压力，N/m^2；

　　　Q_{air}——空气流速，m^3/h；

　　　η——风机和泵的效率，无单位。

需要注意的是，施加力 N，牛顿（$kg \cdot m/s^2$）不在标准状况下。

空气压力（P_a）是风机和扩散器（δ_p）出口的压力损失和水深为 h 的水压之和。水下压力 $\chi \cdot h = (\rho \cdot g \cdot h) \cdot \chi$ 表示水的比体积。风机功率计算如下：

$$P_{blower} = \frac{P_a \times Q_{air}}{\eta} = \frac{(\delta_p + \rho \cdot g \cdot h) \times Q_{air}}{\eta} \tag{5.20}$$

式中　ρ——代表水的密度，kg/m^3；

　　　g——重力加速度，m/s^2。

因而，曝气的能量消耗可以用下式计算：

曝气需要的能量（$kW \cdot h$ 或者 3600 kJ）$= P_{blower}$（kW）$\times$ 运行时间（h）　　（5.21）

比能量消耗是处理单位体积污水的能量消耗，通常可以用 $kW \cdot h/m^3$ 表示，是对比污水处理厂能量消耗效率的一个重要参数。遗憾的是，曝气的比能量消耗值不太容易获得。但是据报道采用 MBR 工艺整个污水处理厂的比能量消耗在 $0.5 \sim 8\ kW \cdot h/m^3$，分布范围较宽主要与进水水质和污水厂处理能力有关。尽管采取了升级曝气模块和引入循环曝气措施降低比能量消耗，MBR 系统的比能量消耗对比传统活性污泥法（CAS）的比能量消耗，仍旧是非常高的，传统活性污泥法（CAS）的比能量消耗通常在 $0.2 \sim 0.4\ kW \cdot h/m^3$。

5.2.6　装填密度

膜组件或者膜箱的装填密度定义为单位组件横断面积的膜表面积（m^2/m^2）或者单位组件体积的膜表面积（m^2/m^3）。装填密度是膜池曝气系统的重要参数。高装填密度的膜组件可以减少膜池的占地面积，但是也导致水力条件不佳，需要过量的曝气使空气穿过膜束。而过高的装填密度会导致膜污染和污泥在组件内部堵塞。

浸没式中空纤维膜、平板膜和板框式膜组件的经济装填面积分别为 141 m^2/m^3 和 77 m^2/m^3（桑托斯等，2011）。市场中的膜组件具有各自独特的装置和装填密度，调查显示各种类型经济的组件标准偏差很高，为 41%～48%。

5.3　污染控制

MBR 污水处理厂最重要的运行和维护工作就是膜清洗。如果膜不进行维护性清洗，整个水处理厂就会受到严重损失，最终可能关闭。因此，膜清洗应该放在其他工作前面。在污水处理厂设计阶段就制定清洗方案是设计 MBR 污水处理厂重要的一步。

由于清洗与前面章节详述的膜污染密切相关，准确地理解膜污染现象对于制定清洗方案是至关重要的。然而，在 MBR 系统中不太容易对膜污染机理进行标准化和系统化解释和建立膜污染模型，膜污染成因包含许多物理、化学、生物学和运行等因素，因此，通用的清洗方法不能解决所有 MBR 污水处理厂中遇到的所有污染问题。

在实验室或者 MBR 污水处理厂中，已经研究和实施了许多控制污染的方法，因此，在过去的几十年里，已经报道了许多清洗方法。所有报道的方法可分为两类：膜清洗和污染控制。膜清洗依据膜污染的程度进行清洗，而污染控制包含多种阻止膜污染的方法。这种分类方法基于怎么建立污染控制策略。

一种更常见的污染控制的分类方法通过化学、物理、生物、电气以及膜和组件的开

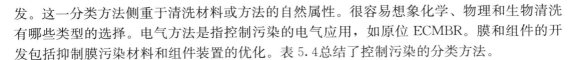

发。这一分类方法侧重于清洗材料或方法的自然属性。很容易想象化学、物理和生物清洗有哪些类型的选择。电气方法是指控制污染的电气应用，如原位 ECMBR。膜和组件的开发包括抑制膜污染材料和组件装置的优化。表 5.4 总结了控制污染的分类方法。

控制 MBR 膜污染的分类　　　　　　　　　　　　　　　表 5.4

污染控制策略	污染控制详细方法	清洗方法分类
直接膜清洗	化学药品	
	酸/碱，臭氧，H_2O_2，NaOCl，PAC	化学
	防污剂（聚电解质）	化学
	粗曝气，间歇曝气	物理
	两相流	物理
	反洗	物理
	化学加强反冲洗	物理+化学
	HVI	电
污染防治	碎片、头发和砂砾的预处理	物理
	临界通量运行	物理
	HRT，SRT，f/m，DO 和 MLSS 控制	生物
	预防膜污染的发展	膜/膜组件
	防污染膜组件的发展	膜/膜组件
	剪切力（旋转、螺旋膜等）	膜/膜组件
	原位电絮凝	电
	群体感应淬灭	化学/生物
	一氧化氮	化学/生物
	直流诱导	电

5.3.1　化学控制

膜清洗过程中使用多种不同的化学试剂，由于其可以直接、很好地修复恶化的过滤性能，在很长的时间内被广泛应用。尽管化学清洗有很多优点，但也有其固有的缺点。首先，化学试剂通常会造成二次污染。添加的化学试剂本身或者包含的污染物在一定程度上增加了污染物的量。这些污染物在化学清洗后需要进一步的处理或者处置。出于环境保护目的，化学废弃物的处置法规变得更加严格，因而处理或者处置费用也相应的增加。而且，出于与化学试剂相关的运输、储存、制备和使用的安全考虑，也增加了运行维护和安全保护的费用。

出于安全的考虑，污染控制中的化学清洗仍旧是维持 MBR 系统膜良好渗透性能的主要方法。也就是说，使用化学试剂的便捷仍旧大于其固有的、不可避免的问题和环境压力。

众所周知，在临界通量以下运行和曝气冲刷可以去除由于污泥絮体沉积形成的滤饼层所造成的可逆污染。然而，简单的在临界通量以下运行或者其他物理清洗不能改善内部膜孔和污染物之间的吸附或者物理化学相互作用黏结造成的不可逆污染。这也是为什么 MBR 污水处理厂仍旧采取周期性化学清洗的根本原因。

5.3.1.1　清洗方案

化学清洗采用两种不同的清洗方案：①离线清洗；②在线清洗（CIP）。在离线清洗中，用提升机将膜和膜组件从生物反应池中取出来，接着转移到附近装有清洗剂的池中清洗浸没在池子中的膜组件；或者将曝气池中的活性污泥悬浮液排出曝气池，在浸没化学试剂的曝气池中清洗膜组件。

另一方面，在线清洗方式，就是按照正常过滤的反方向直接注入化学试剂，但是膜组件仍旧浸没在生物反应器中。与离线清洗相比，在线清洗更加简单、便宜（Wei et al，2011a）。在线清洗过程也称为维护性清洗，这也是 MBR 污水处理厂使用最多的基本清洗方式，同时也是控制污染的主要方式。

例 5.3：计算化学清洗周期之后膜阻力

中试规模的浸没式 MBR 系统，在恒通量模式下运行。当跨膜压差达到 70 kg·m/s²·cm²，采用化学清洗 144 min（100 min 的次氯酸钠清洗，接着 44 min 的水洗）减低升高的跨膜压差。使用如下数据计算，运行 5 d、10 d 和 15 d 的阻力值。如果需要膜过滤性能的数据，使用前面章节例 4.7 的数据。

- 膜的表面积：0.05 m²；
- 在 MBR 运行之前纯水测试最初水通量：30 L/(m²·h)；
- 运行通量（J）：20 L/(m²·h)(LMH)；
- 温度：20 ℃；
- 渗透流速：$1.009×10^{-3}$ kg/m·s；
- 假设渗透密度为 1 g/mL，1 bar=9.996 kg·m/(s²·cm²)（表 5.5）。

随着运行时间的延长跨膜压差（TMP）数据　　　　　表 5.5

时间（d）	TMP(Bar)	清洗
0	0.08	—
1	0.66	—
2	3.88	—
3	5.76	—
4	6.50	—
5	7.01	化学清洗
6	0.52	—
7	1.46	—
8	4.21	—
9	6.01	—
10	6.57	—
11	7.04	化学清洗
12	0.86	—
13	2.02	—
14	4.86	—
15	6.25	—
16	6.76	—
17	7.10	化学清洗
18	1.02	—
19	2.31	—

续表

时间（d）	TMP(Bar)	清洗
20	5.04	—
21	6.35	—
22	6.82	—
23	7.11	—

计算过程：

为了计算阻力，压力单位应该从 Bar 转换为国际单位制单位，如表 5.6 所示。使用表中数据对运行时间和跨膜压差（TMP）绘图。

跨膜压差（TMP）转换成国际单位是运行时间的函数　　表 5.6

时间（d）	记录的跨膜压差（Bar）	压力（$kg \cdot m \cdot s^{-2} \cdot cm^{-2}$）	清洗
0	0.08	0.78	
1	0.66	6.56	
2	3.88	38.73	
3	5.76	57.57	
4	6.50	64.93	
5	7.01	70.09	化学清洗
6	0.52	5.24	
7	1.46	14.62	
8	4.21	42.12	
9	6.01	60.10	
10	6.57	65.70	
11	7.04	70.38	化学清洗
12	0.86	8.57	
13	2.02	20.14	
14	4.86	48.59	
15	6.25	62.45	
16	6.76	67.59	
17	7.10	71.01	化学清洗
18	1.02	10.24	
19	2.31	23.11	
20	5.04	50.39	
21	6.35	63.48	
22	6.82	68.14	
23	7.11	71.08	

如第 4 章和例 4.7 所述，用如下公式计算每一个阻力数值：

$$R_{m} = \frac{TMP_1}{\eta \times J_{iw}} \tag{E3.1}$$

$$R_{f} = \frac{TMP_2}{\eta \times J_{fw}} - R_m \tag{E3.2}$$

$$R_{c} = \frac{TMP_3}{\eta \times J} - (R_m + R_f) \tag{E3.3}$$

J_{iw} 为在 MBR 系统运行之前用新膜在纯水中测试出来的初始通量。J 为运行通量，J_{fw} 为去除滤饼层之后的最终水通量。为了计算三个阻力（分别为膜阻力 R_m，滤饼层阻力 R_c，污染阻力 R_f），需要知道三个跨膜压差（TMP_1、TMP_2 和 TMP_3）（图 5.8）。

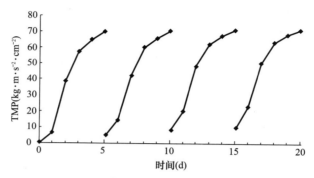

图 5.8 相关关系图

首先，为了计算阻力 R_m，需要知道 TMP_1 和 J_{iw}。在例 4.7 中，TMP_1 为 0.7797 kg · m/(s² · cm²)，在本例中 J_{iw} 为 30 L/m² · h。

膜阻力用例 4.7 的方法计算出来。

其次，为了计算 R_m，将 $J_{iw}=30$ L/(m² · h)，$TMP_i=0.7797$ kg · m/(s² · cm²) 和 $\eta=1.009\times10^{-3}$ kg/(m · s) 代入式（E3.1）。

$$R_m = \frac{0.7797 \text{ kg} \times \text{m}}{\text{s}^2 \times \text{cm}^2} \times \frac{\text{m} \times \text{s}}{1.009 \times 10^{-3}\text{kg}} \times \frac{\text{m}^2 \times \text{h}}{30 \text{ L}} \times \frac{3600 \text{ s}}{\text{h}} \times \frac{100^2 \text{ cm}^2}{\text{m}^2} \times \frac{10^3 \text{ L}}{\text{m}^3}$$

$$R_m = 0.09 \times 10^{13}\,\text{m}^{-1}$$

根据例 4.6（J_{fw} 为去除滤饼层之后的纯水通量）计算过程中使用的串联阻力模型，为了计算阻力 R_f，需要知道 TMP_2 和 J_{fw}。然而，在 MBR 系统运行过程中，没有计算化学清洗之后的水通量。

在本例中用化学清洗的方法，而不是用水洗或海绵擦洗去除滤饼层。化学清洗不但可以去除膜孔内部污染，而且可以去除滤饼层污染。总的来说，化学清洗可以去除部分膜孔内部污染，但是滤饼层污染几乎可以完全除去。不可去除的膜孔内部污染，按照第 4.1 节所述，属于不可逆污染。

假设滤饼层可以完全去除，但是化学清洗之后内部污染可以部分去除，内部污染阻力（R_f）可以进一步分为可逆污染阻力（$R_{f,re}$）和不可逆污染阻力（$R_{f,ir}$）。

$$J = \frac{TMP}{\eta(R_m + R_c + R_f)} \tag{E3.4}$$

$$J = \frac{TMP}{\eta(R_m + R_c + R_{f,re} + R_{f,ir})} \tag{E3.5}$$

首先，阻力（R_c+R_f）称为总阻力（R_{Tf}），即为，化学清洗之前产生的总阻力，可以按照下面计算。

• 第 5 天总的污染阻力，R_c+R_f；

• TMP_5 为化学清洗前第 5 天的测试压力，70.09195 kg · m/(s² · cm²)；

• J_5 为第 5 天的运行通量。然而，恒通量模式下，通量为 20 L/(h · m²)；

- 整理式 E(3.4)到阻力形式，代入相应的数值：

$$R_c + R_f = \text{TMP}_5/(\eta \cdot J_5) - R_m = 12.5 \times 10^{13}\,\text{m}^{-1} - 0.09 \times 10^{13}\,\text{m}^{-1}$$

$$R_c + R_f = 12.41 \times 10^{13}\,\text{m}^{-1}$$

其次，使用化学清洗之后过滤数据计算阻力 $R_{f,re}$ 和 $R_{f,ir}$。化学清洗之后，滤饼层和膜孔内部的可逆阻力被去除。因而，化学清洗之后用下式计算第 5.1 天后的通量。

$$J_{5.1} = \frac{\text{TMP}_{5.1}}{\eta(R_m + R_{f,ir})} \tag{E3.6}$$

- 膜孔内部不可逆污染阻力（$R_{f,ir}$）；
- $\text{TMP}_{5.1}$ 为化学清洗前第 5.1 天的测试压力，5.23790 kg·m/(s²·cm²)；
- $J_{5.1}$ 为第 5.1 天的运行通量。然而，恒通量模式下，通量为 20 L/(h·m²)；
- 整理式（E3.6），阻力项提出，代入相应的数值。

$$R_{f,ir} = \text{TMP}_{5.1}/(\eta \cdot J_{5.2}) - R_m = 0.93 \times 10^{13}\,\text{m}^{-1} - 0.09 \times 10^{13}\,\text{m}^{-1}$$

$$R_c + R_f = 0.84 \times 10^{13}\,\text{m}^{-1}$$

总合计算阻力，总的污染阻力（$R_{TF} = R_c + R_f$）和在运行第 5 d 膜孔污染造成的不可逆阻力分别为 $12.41 \times 10^{13}\,\text{m}^{-1}$ 和 $0.84 \times 10^{13}\,\text{m}^{-1}$。

用相似的方法，通过一系列阻力值，计算第 10 d 和第 15 d 的数值，如表 5.7，相关关系如图 5.9 所示。

表 5.7

阻力数值计算

时间（d）	阻力数值（×10¹³·m⁻¹）			
	R_m	$R_{f,ir}$	$R_c + R_f$	R_T
5	0.09	0.84	12.41	12.50
10	0.09	1.44	12.46	12.55
15	0.09	1.73	12.58	12.67

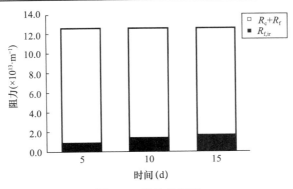

图 5.9　相关关系图

备注

值得注意的是，滤饼层阻力（R_c）和内部污染阻力（R_f）在本例中不能单独计算出来。膜孔内部的不可逆污染阻力（$R_{f,ir}$）随着运行时间而增加，也就是说化学清洗不能够有效完全恢复不可逆污染。总的污染阻力（$R_c + R_f$）在第 5 d、第 10 d 和第 15 d，总是类似于 $12.5 \times 10^{13}\,\text{m}^{-1}$，因为当跨膜压差达到 70 kg·m/s²·cm² 时，膜过滤过程就停止了，接着进行化学清洗。

5.3.1.2 化学清洗试剂的分类

表5.8总结了 MBR 系统清洗中使用的化学试剂。用来控制 MBR 系统膜污染的化学清洗试剂被分为如下类别：氧化剂；酸和碱；生化酶；螯合剂；洗涤剂（或表面活性剂）；凝结剂。

MBR 膜清洗过程中常使用的化学试剂 表5.8

分类	化学品名称	分子式	分子量	化学结构式
氧化剂	次氯酸钠	NaOCl	74.5	
	次氯酸钙	$Ca(OCl)_2$	143	
	臭氧	O_3	48	
	过氧化氢	H_2O_2	34	
无机酸	硫酸	H_2SO_4	98	
	盐酸	HCl	36.5	
有机酸	柠檬酸 2-羟基丙烷-1,2,3-三羧酸	$C_6H_8O_7$	192.1	
	草酸	$H_2C_2O_4$	90	
螯合剂	EDTA	$(HO_2CCH_2)_2NCH_2CH_2N(CH_2CO_2H)_2$	292.4	
表面活性剂	十二烷基硫酸钠（SDS）	$CH_3(CH_2)_{11}OSO_3Na$	288.4	
酶	蛋白酶，水解酶，糖解酶	—		
PAC	粉末活性炭	C	—	

氧化剂的作用主要针对膜表面和膜孔内部以及滤饼层上的有机污染。次氯酸钠（NaOCl）、臭氧（O_3）、过氧化氢（H_2O_2）是 MBR 系统膜污染控制最常用的氧化剂。氧化电位（OP）用于表征氧化剂的氧化能力，较高的氧化电位具有较高的反应活性。次氯酸钠（NaOCl）、臭氧（O_3）、过氧化氢（H_2O_2）的氧化电位分别为 0.9 V、2.07 V 和 1.76 V。臭氧（O_3）和过氧化氢（H_2O_2）除了具有较高的氧化电位，还能产生氧化性最高的羟基自由基（·OH）（2.8 V）。羟基自由基（·OH）是一种氧化性非常强、没有选择性的氧化剂，因而能够氧化大量的难处理物质。

臭氧化是一种经过充分验证的减少剩余污泥减量化和处理难降解物质的技术。出于这个原因，许多研究已经将臭氧用于 MBR 系统的污染控制。黄和吴（2008）报道了臭氧化对实验室运行的 MBR 系统膜污染的控制效果。少于 $0.7\ g \cdot O_3/kg \cdot MLSS$ 的剂量就能提高膜的渗透性能。在 MBR 系统的长期运行过程中，臭氧化不影响 COD 和氨氮的去除，也就是说，在这个臭氧剂量范围内臭氧化不影响微生物的活性。之后，他们发现臭氧的最佳剂量为 $0.25\ g\ O_3/kg\ MLSS$，间隔 1d。

然而，臭氧化使微生物细胞裂解，确实对活性污泥而言具有扰乱微生物细胞潜在的风险。赫等人（2006）认为，臭氧使细胞壁裂解，导致细胞质从细胞内释放出来，由于微生物细胞的裂解，溶解性的氮和磷含量增加。根据他们的研究，建议合适的臭氧剂量为 $0.16\ kg\ O_3/kg\ MLSS$。对比黄和吴（2008）的结果，合适臭氧剂量的差异太大。考虑到调节臭氧剂量的困难性，在 MBR 系统中，在对微生物不损害的情况下，臭氧化处理用于控制膜污染在精确性控制方面具有一定的局限性。

出于许多安全问题的考虑，气态氯气（Cl_2）和臭氧（O_3）逐渐被氯盐代替，比如次氯酸钠〔（NaOCl）和次氯酸钙（$Ca\ (OCl)_2$）。尽管次氯酸盐是三种氧化剂（即臭氧、双氧化氢和次氯酸盐）中氧化性最低的，但是无论是离线清洗还是在线清洗都是使用最广泛的氧化剂。次氯酸钠相对容易搬运和储存。另一方面，臭氧需要现场制备，臭氧的生成也消耗了大量的电能。过氧化氢在室温下是液态，价格较次氯酸盐昂贵。

根据使用的膜材料，每周或每月进行维护清洗的次氯酸钠溶度通常为 $300\sim1000\ mg/L$，但是每季度或每两年一次的以恢复不可逆通量为目的的清洗所需的次氯酸钠浓度（通常为 $2500\sim5000\ mg/L$）比日常维护清洗的次氯酸钠浓度高。与其他氧化剂相比，次氯酸钠由于氧化电位较低，使用浓度范围也较宽。然而，长期连续暴露在次氯酸钠溶液中，应该考虑对膜的损伤。就周期性在线清洗而言，对微生物可能是个致命的伤害。特别是合成聚合物膜易于受到游离和化合氯的损伤，因而净水和污水处理过程选择合适的膜时耐氯性是重要标准。大多数膜设备制造商提供了所生产膜的耐氯性的规格范围。

王等人（2010）研究了次氯酸盐清洗对聚偏氟乙烯（PVDF）膜特性的影响，它是 MBR 系统在世界范围内使用频率最高的膜材料。类似于消毒动力学，他们建立了一个标准化的评价体系，评估了暴露于次氯酸钠中膜的影响，$C \times t$，其中：C 是次氯酸钠浓度，t 为暴露时间。他们得出结论，次氯酸钠清洗不会对聚偏氟乙烯（PVDF）膜的化学结构带来损伤，但是会影响到膜表面的特性。尽管他们强调使用的聚偏氟乙烯（PVDF）膜能在正常的化学清洗条件下承受时间达数年，但由于膜污染的复杂性，可能很难推扩他们的发现。比如，如果膜污染程度比他们的膜污染程度高，就要进行更严格的化学清洗，从而导致聚偏氟乙烯（PVDF）膜寿命的缩短。

MBR 系统维持较低的跨膜压差上升需要周期性的在线清洗。这些维护性清洗使用次氯酸钠溶液或者氯酸钠溶液和酸的组合。氯酸钠溶液起到去除有机污染的作用，酸溶液起到去除无机物，如结垢和金属氧化物的作用。无机酸（硫酸）或者有机酸（柠檬酸）也经常使用。有时，采用化学强化反冲洗形式进行在线清洗，就是将化学试剂加入反冲洗流动管道，通过物理化学协同清洗，以提高清洗效果。

5.3.1.3　次氯酸钠的化学性

MBR 系统化学清洗使用最广泛的氧化剂就是次氯酸钠（NaOCl）或者次氯酸钙（$Ca(OCl)_2$），水解出阴离子，次氯酸根（OCl^-）和相应的阳离子。

$$NaOCl \leftrightarrow Na^+ + OCl^- \tag{5.22}$$

$$Ca(OCl)_2 \leftrightarrow Ca^{2+} + OCl^- \tag{5.23}$$

当然，次氯酸盐在水溶液中与氢离子形成平衡，形成次氯酸（HOCl）。次氯酸（HOCl）的解离方程为：

$$HOCl \leftrightarrow H^+ + OCl^- \tag{5.24}$$

两种化合物次氯酸盐与次氯酸，处于平衡状态，容易随着 pH 值的变化而发生相应的转换。电离方程式的平衡常数 K_a 为：

$$K_a = \frac{[OCl^-] \cdot [H^+]}{[HOCl]} = 2.7 \times 10^{-8} \, mol/L, 20 \, ℃ \tag{5.25}$$

"游离有效氯"指的是存在水溶液中的 HOCl 和 OCl$^-$ 的总量。另外，"结合的有效氯"由自由氯和氨反应形成，也就是次氯酸盐。这一反应是逐步发生的，首先形成氯胺［式（5.26）］，然后是二氯胺［式（5.27）］，最后形成三氯化氮［式（5.28）］。这些连续反应如下所示：

$$NH_3 + HOCl \leftrightarrow NH_2Cl + H_2O \tag{5.26}$$

$$NH_2Cl + HOCl \leftrightarrow NHCl_2 + H_2O \tag{5.27}$$

$$NHCl_2 + HOCl \leftrightarrow NCl_3 + H_2O \tag{5.28}$$

这些反应受到 pH 值、温度和接触时间的影响。在大多数情况下，氯胺（NH_2Cl）和二氯胺（$NHCl_2$）是这三种氯化物中主要的化合物。氯胺（NH_2Cl）和二氯胺（$NHCl_2$）的相对含量受水或者污水中氯和氨比例的影响。氯和氨的比例在 2.0 以上时，三氯化氮的含量可以忽略不计。由于二氯胺（$NHCl_2$）十分不稳定，很容易分解成氮气（N_2）和氯离子（Cl^-）：

$$NHCl_2 + NHCl_2 + H_2O \leftrightarrow HOCl + 3H^+ + 3Cl^- + N_2 \uparrow \tag{5.29}$$

自由氯和结合氯都有消毒的潜力，也就是说可以作为消毒剂杀死微生物。这些氯化物的消毒效果顺序如下：

$$HOCl > OCl^- > 氯胺(NH_2Cl, NHCl_2, NCl_3) > Cl^- \tag{5.30}$$

因为氯离子的氧化态为 -1，价态太低难以接受其他化合物的电子，所以氯离子没有杀毒潜力。自由氯（HOCl 和 OCl$^-$）和氯胺的氧化态都为 $+1$，具有杀毒潜力。然而，它们的杀毒效果具有很大差别。例如，自由氯的杀毒效果就比反应较慢的氯胺杀毒效果好。而且 HOCl 的消毒效果是 OCl$^-$ 的 40~80 倍，因而两种化合物的相对含量对制定消毒方案是非常重要的。

例 5.4

由 pH 值和 K_a 的函数，导出次氯酸（HOCl）和次氯酸盐的比例方程，$[OCl^-]/\{[OCl^-] + [HOCl]\}$。在两个不同温度，0 ℃ 和 25 ℃，对随着 pH 值变化次氯酸（HOCl）含量的变化作图。

计算过程

由 pH 值的变化平衡方程式（5.24）转换可知，$[OCl^-]$ 和 $[HOCl]$ 相对含量的变化是 pH 值的函数。随着 pH 值的增加，反应方程式向右移动，更有利于形成次氯酸盐（OCl$^-$）；相反，随着 pH 值的降低，反应方程向左移动，更有利于形成次氯酸（HOCl）。

两种化合物相对含量的变化是通过 pH 值和 K_a 计算出来：

$$\frac{[\mathrm{HOCl}]}{[\mathrm{HOCl}]+[\mathrm{OCl}^-]}=\frac{1}{1+[\mathrm{OCl}^-]/[\mathrm{HOCl}]}$$

两边分子和分母同时除以［HOCl］，整理表示次氯酸解离方程式（5.27），$K_a=$［OCl$^-$］$\times$［H$^+$］/［HOCl］，分母中［OCl$^-$］/［HOCl］就可以用 K_a/［H$^+$］替代。

$$\frac{[\mathrm{HOCl}]}{[\mathrm{HOCl}]+[\mathrm{OCl}^-]}=\frac{1}{1+[\mathrm{OCl}^-]/[\mathrm{HOCl}]}=\frac{1}{1+K_a/[\mathrm{H}^+]}$$

整理 pH 值的定义等式，$\mathrm{pH}=-\log[\mathrm{H}^+]$，用 $K_a/10^{-\mathrm{pH}}$ 代替 $K_a/[\mathrm{H}^+]$。

$$\frac{[\mathrm{HOCl}]}{[\mathrm{HOCl}]+[\mathrm{OCl}^-]}=\frac{1}{1+[\mathrm{OCl}^-]/[\mathrm{HOCl}]}=\frac{1}{1+\mathrm{K}_a/[\mathrm{H}^+]}=\frac{1}{1+\mathrm{K}_a/10^{-\mathrm{pH}}}$$

次氯酸和次氯酸盐含量分布是 pH 值的函数，用最终等式绘图，如图 5.10 所示。

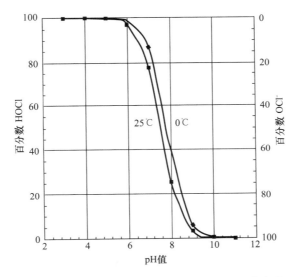

图 5.10　次氯酸和次氯酸盐含量分布的 pH 值变化

　　随着 pH 值的增加，次氯酸（HOCl）的含量相对降低，然而，次氯酸盐的含量呈相反的变化趋势。考虑到水处理过程中 pH 值分布范围通常为 4.5～7，大多数自由氯以次氯酸（HOCl）的形式存在。随着温度从 0 ℃升高到 25 ℃，分布线向左移动，也就是说氧化性更强的次氯酸（HOCl）含量增加，即在一定 pH 值条件下，随着温度的增加消毒效率也会上升。

5.3.1.4　实际氯和有效氯

　　"实际氯"指含有氯的化合物的实际含氯量，用以表示含氯化合物的有效性。实际氯的百分率定义为：

$$(\mathrm{Cl}_2)_{\text{实际氯}}\%=\frac{\text{化合物中氯的分子质量}}{\text{化合物的分子质量}}\times100 \tag{5.31}$$

　　"有效氯"用来表示氯化物氧化性能。下式给出有效率的定义方程式，由"氯当量"乘以"实际氯"：

$$(Cl_2)_{有效氯}\% = 当量的Cl \cdot (Cl_2)_{实际氯} \tag{5.32}$$

$$= 当量的Cl \cdot \frac{化合物中氯的分子质量}{化合物的分子质量} \times 100$$

"氯当量"就是指氯化物的氧化能力，也就是说，氧化反应转移的总电子数。比如，次氯酸盐的半反应方程式：

$$OCl^- + H_2O + 2e^- \longrightarrow Cl^- + 2OH^- \tag{5.33}$$

$$OCl^- + 2H^+ + 2e^- \longrightarrow Cl^- + 2H_2O \tag{5.34}$$

次氯酸根完成氧化反应要消耗两个电子。次氯酸根的氧化反应过程转移了两个电子，氯当量即为2。因此，次氯酸根的实际氯为$68.9\%(=35.5/51.5 \times 100)$，自由氯的计算值为$137.8\%$，表达式为：

$$Cl_{2有效氯}\% = Cl_{当量} \cdot Cl_{2实际氯} = 2 \times 68.9 = 137.8\%$$

例5.5

计算如下化合物：次氯酸（HOCl）、次氯酸钠（NaOCl）和次氯酸钙（$Ca(OCl)_2$）的"实际氯"和"有效氯"。

计算过程

1. 次氯酸（HOCl）

$$HOCl_{(实际氯)}\% = \frac{化合物中氯的分子质量}{化合物的分子质量} \times 100 = \frac{35.5}{1+16+35.5} \times 100 = 67.6\%$$

如前面等式所示，电子变化量为2。这样，氯当量就是2。

$$Cl_{2有效氯}\% = Cl_{当量} \cdot Cl_{2实际氯} = 2 \times 67.6 = 135.2\%$$

2. 次氯酸钠（NaOCl）

$$HOCl_{(实际氯)}\% = \frac{化合物中氯的分子质量}{化合物的分子质量} \times 100 = \frac{35.5}{23+16+35.5} \times 100 = 47.7\%$$

$$NaOCl + 2H^+ + 2e^- \longrightarrow Na^+ + Cl^- + H_2O$$

如前面等式所示，电子变化量为2。这样，氯当量就是2。

$$Cl_{2有效氯}\% = Cl_{当量} \cdot Cl_{2实际氯} = 2 \times 47.7 = 95.4\%$$

3. 次氯酸钙（$Ca(OCl)_2$）

$$Ca(OCl)_{2(实际氯)}\% = \frac{化合物中氯的分子质量}{化合物的分子质量} \times 100 = \frac{35.5 \times 2}{40 + 16 \times 2 + 35.5 \times 2} \times 100 = 49.7\%$$

$$Ca(OCl)_2 \longrightarrow Ca^{2+} + 2OCl^-$$

$$2OCl^- + 2H_2O + 4e^- \longrightarrow 2Cl^- + 4OH^-$$

如前面等式所示，电子变化量为2。这样，氯当量就是2。

将两个反应相加，两个等式中次氯酸根（OCl^-）相抵消，可得如下反应式。

$$Ca(OCl)_2 + 2H_2O + 4e^- \longrightarrow Ca^{2+} + 2Cl^- + 4OH^-$$

一个次氯酸钙（$Ca(OCl)_2$）的总电子变化量看起来像4。但是，氯当量（每个氯净电子转移量）为2(4 e/2 Cl)。

$$\text{Cl}_{2\text{有效氯}}\% = \text{Cl}_{\text{当量}} \cdot \text{Cl}_{2\text{实际氯}} = 2 \times 49.7 = 99.4\%$$

例 5.6

计算每月进行周期性维护清洗需要的次氯酸钠（NaOCl）。用次氯酸钠溶液进行分批清洗试验，充分地恢复下降的通量到预设运行流量。假设如下条件：

- 用次氯酸钠溶液进行分批清洗试验；
  - ——用 2% 的次氯酸钠溶液清洗 2 h 恢复到预设运行流量
  - ——膜面积：1 m^2
  - ——所用次氯酸钠溶液的体积：0.01 m^3
  - ——次氯酸钠溶液的纯度：85%
  - ——次氯酸钠溶液的密度：1000 kg/m^3
- 运行通量：30 LMH；
- 当运行通量降低到 20 LMH，每隔 10 d 进行一次化学清洗；
- MBR 水处理厂的进水流量（Q）：10000 m^3/d；
- 总的膜面积：500 m^2。

计算过程

最初运行通量设置为 30 LMH，但超过 10 d，通量就会降低到 20 LMH，也就是说，由于膜污染通量降低 10 LMH。因而，运行 10 d 后膜面积损失了总膜面积的三分之一，也就是 $1/3 \times 500\ m^2 = 167\ m^2$。

10 d 膜污染造成膜面积的损失量为 167 m^2。因此，在一个化学清洗周期内需要的次氯酸钠量为：

$$167\ m^2 \times \frac{0.01\ m^3\ \text{NaOCl 溶液}}{1\ m^2\ \text{膜面积}} \times \frac{\text{NaOCl 1000 kg}}{\text{NaOCl }m^3} \times \frac{0.2}{100} \times \frac{1}{0.85} = 3.93\ kg$$

由于每个月需要进行三次化学清洗，需要纯净的次氯酸钠（NaOCl）溶液量为 3.93 kg × 3 = 11.8 kg。

如果次氯酸钠（NaOCl）溶液浓度为 0.2%，清洗使用次氯酸钠的纯度为 85%，一个周期化学清洗需要次氯酸钠（NaOCl）的量为：

$$167\ m^2 \times \frac{0.01\ m^3\ \text{NaOCl 溶液}}{1\ m^2\ \text{膜面积}} \times \frac{\text{NaOCl 1000 kg}}{\text{NaOCl }m^3} = 1670\ kg$$

因而，每个月需要使用 0.2% 次氯酸钠溶液的量为 1670 kg × 3 = 5010 kg。

5.3.1.5　其他化学试剂

无机和有机酸可以用作清洗试剂。比如，硫酸和柠檬酸可以使沉淀的无机污染物和结垢溶解。碱可以用于去除有机污染物。表面活性剂（洗涤剂）在清洗有机污染物时起到乳化作用。在清洗之前，需要考虑膜和组件对酸碱的承受程度。此外，酸碱清洗之后需要调整 pH 值至中性。生化酶也可以用于清洗特定的有机污染物，诸如蛋白质和多糖。螯合试剂，例如乙二胺四乙酸（EDTA），可以作为配体材料，应对复杂的无机污染物。由于污水中存在的阳离子引起的 pH 值的变化和可能的干扰，螯合试剂不能于控制 MBR 膜污染。成本也是限制螯合试剂使用的另外一个因素。

5.3.1.6　活性炭

直接往 MBR 膜池中投加粉末活性炭（PAC）也能够减缓膜污染。与没有投加粉末活性炭（PAC）的 MBR 系统相比，投加粉末活性炭（PAC）的 MBR 系统的膜渗透通量明显提高。投加粉末活性炭（PAC）不仅导致污泥絮体的压密程度的降低，而且也导致微生物絮体内胞外聚合物（EPSs）含量的降低。滤饼层孔隙率的增加，这样提高了膜通量（基姆等，1998）。萨蒂亚瓦利和巴拉克里希南（2009）研究指出，投加粉末活性炭（PAC）减缓膜污染，提高难降解化合物的生物降解率，减少可降解有机物的量。

5.3.1.7 化学预处理和添加剂

在饮用水处理工程中，为提高膜的渗透性能，使用强制化学预处理。潜在的污染物在主要的膜过滤过程之前被化学沉淀去除。然而，在污水处理过程 MBR 系统中不能广泛使用。例如，在特定案例中，据报道，猪场废水进入 MBR 系统之前，对高浓度悬浮物进行絮凝处理。将原位 EC 技术与 MBR 相结合，而不是通过絮凝进行预处理，这将在本节稍后讨论。

电解质聚合物也具有有效减缓膜污染的作用。市场上普遍存在的几种商业化的电解质可用于提高 MBR 系统膜的渗透性。例如，一些商用的阳离子型聚电解质，添加几百 ppm，可以将过滤性能提高到 150%。添加这些化学试剂使滤饼层孔隙率提高，导致溶解性 EPS 的降低。而且，对于大多数溶液水溶性物质，潜在的污染物在絮凝过程中可包裹于污泥絮体中。然而，由于缺少长期评估和成本，这种材料在 MBR 工程中并不经常使用。

5.3.2 物理清洗（水力或者机械）

5.3.2.1 预处理

浸没式 MBR 系统中一个非常明显的问题就是中空纤维膜之间的毛发缠绕，这会导致整个系统关停。因而，碎屑，如砂砾、颗粒、毛发和塑料材料应该在进入 MBR 系统的膜池之前去除。在 MBR 系统设计阶段选择合适的预处理比传统污水处理系统更为重要。预处理系统的运行，比如格栅、筛网和沉砂池在其他污水处理书籍中有详细叙述。

5.3.2.2 反冲洗（或者反洗）

与传统介质过滤（水处理过程中砂滤或无烟煤过滤）中的反冲洗（反洗）原理一样，沿着进水的反方向将污染物从过滤介质中洗出，也适用于膜分离系统。在膜过滤过程中进行反冲洗，由于其简单和易操作性，是维持稳定通量运行最常使用的方法。因此，对于大多数 MBR 水处理厂，反冲洗是控制污染主要使用的方法。

基本上，使用蒸馏水或者纯水进行反冲洗。有时会在反冲洗溶液中加入化学试剂用于强化清洗效率，也叫化学强化反冲洗。反冲洗的频率和压力依据膜和膜组件的设计不同而不同。膜设备制造商会提供最大允许的反冲洗压力。

如果在传统过滤中周期性反冲洗，过滤介质会从滤床中流失。例如，一些过滤介质（比如砂子）会随着反冲洗水而洗出，因此需要补充砂子来进行过滤系统的日常维护。与砂滤的情况相似，MBR 系统周期性重复反冲洗会导致膜结构的严重损害。特别是有皮层和支撑层组成的非对称膜具有比（对称）多孔膜相对较弱的结构，因此在反冲洗的时候要格外注意。也就是说，周期性反冲洗会导致膜和膜组件断裂，所以在反冲洗之前首先要考虑膜的使用寿命。

MBR 水处理厂中的反冲洗设备应该包括阀门、管道和显示空气和水压力的压力表。此外，还需要反冲洗泵和反冲洗水储存罐。除非反冲洗添加化学试剂，否则产生的反冲洗污水通常会返回曝气池。

5.3.2.3　空气冲刷（大气泡曝气）

大多数浸没式 MBR 系统采用大气泡曝气作为一种控制污染的基本工具。在膜曝气池中使用大气泡曝气有双重目的：①为微生物细胞生长和代谢提供氧气；②曝气控制膜污染。通常在浸没式膜表面使用过量、大范围的大气泡曝气产生机械振动，将膜表面的污泥滤饼层去除。然而，曝气会消耗大量的能量。根据 MBR 地点的不同，曝气消耗的能量约占 MBR 水处理厂运行所需总能耗的 49%～64%。

用于污染控制的大气泡曝气不可避免地对微生物絮体产生较大的剪切力，因而污泥絮体易于产生污泥碎片。来自污泥絮体造成的颗粒物质的减小使膜污染恶化，所以间隔使用大气泡曝气，尝试使用微气泡为微生物供养：在膜组件下面设置大气泡曝气分散器，在膜组件之外设置微孔曝气装置。由于大气泡曝气装置容易安装，单一的装置可以完成双重目的（为微生物供养和控制膜污染），在 MBR 系统仍旧要频繁使用大气泡曝气。

为了克服能耗高的问题，有研究尝试使用各种不同的方法和设备。LEAPmbr™（GE）中的空气循环系统就是一个商业开发的案例。为了振动和冲刷膜表面，并向膜组件提供间歇式曝气，在 20 或 40 s 的空气间隔内打开和关闭曝气系统以降低 MBR 系统消耗的能量（亚当斯等，2011）。

另外一个高效曝气的例子就是对 MBR 系统施加两相流体（气体和液体），如图 5.11所示。根据气体和液体流的比例不同，形成不同的流体环境：气泡流、活塞流、环状流和雾状流。随着气液比例的增加，流体流态从气泡流变为雾状流。在各种气-液双相流体流态中，活塞流被认为是最有效提高通量的流态。活塞流，气泡以活塞形式形成，提高膜表面的传质效果，冲刷滤饼层，这样就减缓了膜污染。

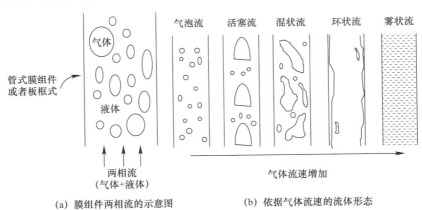

（a）膜组件两相流的示意图　　　　（b）依据气体流速的流体形态

图 5.11　相关示意图

使用管状膜组件的 MBR 系统处理市政污水，使用活塞流可以显著提高通量（43%）（张和贾德，2002）。在板框式 MBR 系统使用两相流也有报道。他们报道称，与单一曝气相比，活塞流显示出较好的抗污染性能。他们还指出，活塞流可以阻止可逆与不可逆污染。由于两相流增加了壁面剪切力造成了这些现象。然而，MBR 系统中的流体流态实际上是由固（污泥絮体）、液和气体组成的三相流，形成的多相流曝气形式至今在理论上没有得到完美的阐释。三相流模拟起来更加复杂。由于污泥絮体特性随时间而变化，固态（微生物絮体）的特性很难特征化。出于这个原因，"气提"代替 MBR 系统中的两相流曝气，更广泛地用于描述 MBR 系统中多相流曝气。

MemPulse™MBR 系统（埃沃夸水处理技术公司，2014）是一个商业化的 MBR 系统，其使用脉冲装置对 MBR 膜组件产生不规则的空气脉冲。提供的气泡与混合液混合，上升到中空纤维膜上，形成活塞流，并对膜表面提供有效的冲刷，以防止固体的累积。

5.3.2.4 间歇抽吸

由于膜分离属于压力驱动型，压力的突然释放（停顿）导致暂时的渗透液反向流动，有助于膜表面滤饼层的去除。浸没式 MBR 中负压暂时停止或者外置式 MBR 中停止加压对控制 MBR 系统污染都有广泛的应用。

间歇抽吸（即暂时停止抽吸）可以提供用于抑制 MBR 系统膜污染的替代工具。由于周期地重复开停抽吸泵，这一技术又叫作循环过滤。由于在停止抽吸过程中抽吸能量消耗可以省去，间歇抽吸控制膜污染是很经济的。然而，该方法控制过程比较复杂，从而可能会损害防污和节能的优点。比如，安装可编程逻辑控制器（PLC）和电磁阀来执行开关的任务会使得系统变得复杂且昂贵。

尽管颗粒物质在膜表面受力平衡分析能够有效帮助人们理解颗粒物质在膜表面的沉积现象，但是过滤过程中开停的时间间隔还是主要通过实验测试确认，不是通过水动力学的理论分析。

5.3.2.5 摩擦

防止 MBR 系统中的膜污染也可以通过摩损来实现。在膜池中添加自由移动的材料能够摩擦膜表面，有助于去除膜表面的滤饼层。这些物质自由移动到膜表面，通过机械擦洗去除滤饼层，使膜渗透通量增加。软海绵球（或者块状物质）或者硬质塑料介质作为自由移动介质产生摩擦作用开始受到人们的关注。

出于这个目的，添加生物活性炭（BAC）或者颗粒活性炭（GAC）到 MBR 系统中。生物活性炭有双重作用：为微生物提供附着和生长的空间以及作为移动载体产生摩擦。由于移动生物活性炭（BAC）载体数量的增加，提高了附着微生物的生化性能，与微生物悬浮增长相比，其具有较好的出水水质。同时，生物活性炭（BAC）载体在膜池中移动，可以充当摩擦颗粒，减少膜污染。这一添加生物活性炭（BAC）的 MBR 系统，也叫作生物膜 MBR。

在 MBR 系统添加移动载体，产生额外的剪切力和冲刷减少了膜表面细微颗粒的沉积，抑制了跨膜压差（TMP）的突然增加。可以在市场中看到使用冲刷载体商品化的改进型 MBR 系统。BIO-CEL®-MCP 系统将惰性有机材料机械清洗工艺（MCP）颗粒，直接添加到 MBR 膜池中。膜池中连续的曝气流携带 MCP 颗粒到膜表面，直接接触的颗粒物质可对膜表面进行机械清洗。

5.3.2.6 临界通量运行

菲尔德等人（1995）研究了临界通量的概念，在膜分离过程中临界通量以下运行可以达到阻止（或者减缓）膜污染的目的。自从这个概念提出，该方法已经应用于各种膜系统中。在他们的开创性工作之后，不少研究者提出了许多有关临界通量严格定义的争议，直到今天还在继续。尽管临界通量的严格定义还没得到广泛的认可，MBR 系统的临界通量是指在较好控制污染的条件下不发生膜污染的运行通量。尽管 MBR 系统在临界通量以下运行，膜污染仍旧会发生。如果临界通量的严格定义（不产生膜污染的通量）适用于膜污染，很明显低通量将会被定义为临界通量。因此，即使使用合适的污染控制措施，比如，大气泡曝气和周期性清洗，导致严重和快速污染的通量视为 MBR 系统的临界通量。这样的通量经常叫作可持续通量，以区别于临界通量的严格定义。

MBR 水处理厂临界通量的典型值范围为 10～40 LMH，依影响膜污染各种因素的不同而不同。如第 4 章所述，很多影响因素直接或者间接影响膜污染，比如，活性污泥混合液的特性、膜特性、水流流态（外置式或者浸没式）、模块配置（中空纤维或者平板膜）、污水进水水质、微生物群落（生物脱氮工艺或者传统活性污泥法）和水力条件（水力停留时间、有机负荷率和污泥停留时间）。图 5.3 和图 5.5 介绍了几种测量临界通量的方法。然而，还没有一种公认的测试临界通量的方法，这使得对比公开数据变得困难。

5.3.3　生物控制

在过去的几十年里，得益于有机生物分子学领域的创新发展，生物控制膜污染技术在近年来获得发展。膜污染生物控制技术与之前相比，表现出更能控制 MBR 膜污染的潜力。具有代表性的膜污染生物控制技术就是群体感应技术。

5.3.3.1　群体感应淬灭

由于现代微生物学和分子生物学的进步，很好地诠释了群体感应（QS）机理。群体感应（QS）是细菌间通过细菌释放出的信号分子诱导物（AIs）进行交流。当这种诱导物超过一个临界值之后引发群体感应（QS），诱导物（AIs）与细菌上的受体结合，使整个细菌群落一起表达某一基因。生物膜的形成是一种典型的群体感应（QS）。随着微生物附着于某一表面，它们继续向其他细菌发出信号，一旦觉察到群体就会调节基因，产生黏性的多糖将细菌粘连到一块（马克思，2014）。

群体感应（QS）用于控制 MBR 系统中膜污染的基本理论就是"群体感应淬灭"。膜表面滤饼层中的微生物使用诱导物（AIs）彼此交流。生物膜的形成和微生物沉积在膜表面形成的膜污染，由于诱导物（AIs）的增加而得到抑制。基于这一理论，首尔大学的李教授团队提供了一种解决 MBR 膜污染控制的潜在解决方案。他们分离出分泌淬灭信号的细菌，将这些细菌固定在自由移动的固体颗粒中，只让诱导物（AIs）释放出来。当这种固体颗粒靠近 MBR 系统的膜附近时，这些固体颗粒有助于抑制生物膜的形成（基姆等，2013）。该研究发现用这种控制污染的方法，跨膜压差到达 70 kPa 的时间延长了 10 倍，表明使用这些固体颗粒可以使污染速率显著降低。

5.3.3.2　其他的生物控制

除了群体感应淬灭之外，其他类型的生物控制技术为：①一氧化氮诱导生物膜扩散；②生化酶破坏 EPSs；③噬菌体破坏生物膜。

（1）添加低浓度的一氧化氮（NO）引起生物膜扩散，表明它可以作为潜在的污染控制技术。然而，还没有用于 MBR 系统污染的控制工程案例，还需要进一步的研究。

（2）由于胞外聚合物（EPSs）主要由蛋白质和多糖组成，胞外聚合物（EPSs）可以被一些特定的酶，比如蛋白酶和多糖酶，水解成小分子物质。如果胞外聚合物（EPSs）轻易地被添加的生化酶降解，膜污染就会减少。有研究已经表明这种酶清洗方法与碱清洗相比表现出高效的清洗效率。然而，对 MBR 系统采用酶清洗技术还有许多限制因素。

（3）添加噬菌体破坏生物膜的形成，减少微生物在膜表面的附着，这样也会感染宿主菌。然而，应用于 MBR 系统细菌和噬菌体之间特定寄生宿主特性还需要进一步和更广泛的研究。

尽管这些最近的应用还需要进一步的研究，但每种生物方法看起来都有可能作为 MBR 系统控制污染的替代方案。特别是，群体感应淬灭技术正在进行实验室和现场测试，很快这项技术就会进入成熟阶段。

5.3.4 电场控制

电已经被用于传统的压力驱动的膜过滤过程。特别是，电在 MBR 系统控制膜污染方面的应用获得了广泛的关注。应用电以增加膜的过滤性能可以分为 3 类：

（1）电场感应；

（2）原位电絮凝；

（3）高电压脉冲。

5.3.4.1 电场

在膜两侧施加电场可以减少带电颗粒向膜表面移动，进而减缓膜污染。这一机制基于粒子的电负性。在水溶液中悬浮物、细微颗粒和胶体粒子都带负电。如果对膜两侧施加直流电场，包括活性污泥悬浮物在内的带电颗粒会从膜表面移向电极，如图 5.12 所示。直流电场装置的引入可使膜表面带电颗粒向正极迁移。这种膜表面颗粒物质反向传质减缓了膜污染。

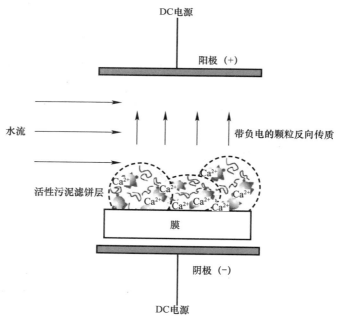

图 5.12　膜过滤系统中直流电流诱导膜表面物质反向传质

近年来，许多学者进行了关于外加电场提高 MBR 系统膜过滤性能的相关研究。在浸没式 MBR 系统中引入非常小的电场，从 0.036～0.073 V/cm，可以显著提高渗透通量（刘等，2012a）。其解释是低电场提高微生物生长和活性，这样减少了 EPS 的产量，进而减缓污染。

电场定义为两电极间单位距离（cm）间的电压（V），如下式所示：

$$E = \frac{V}{d} \tag{5.35}$$

式中，E 为电场（V/cm）；V 为电压（V）；d 为两电极间距离（cm）。两电极之间距离越近，形成的电场就越强。

对活性污泥混合液施加电场潜在地改变了微生物活性和活性污泥的理化特性，比如，颗粒尺寸、污泥体积指数（SVI）和 Zeta 电位。刘等人（2012b）强调低电场下运行 MBR 系统能够减少对 MBR 性能的意外干扰，同时降低能量消耗。

赤松等人（2010）提出在 MBR 系统引入间歇的电场（即电场间歇的打开和关闭）相比没有电场的 MBR 系统可以维持渗透通量在 3.5 倍以上。在阴极附近没有气泡产生，以此判断没有发生水解，也就是说通量的提高不是来源于气体对膜表面活性污泥的冲刷，而是由于电场作用。膜表面和带负电的活性污泥颗粒之间的斥力阻止了活性污泥颗粒在膜表面的附着。与其他研究者相比，他们施加了相对高的电场，电场场强为 4～6 V/cm。此外，还需要长期研究电场对微生物活性和微生物其他各种理化特性的影响。陈等人（2007）对中空纤维浸没式 MBR 系统施加了更高的电场，研究发现，随着电场从 15 V/cm 增加到 20 V/cm，线性通量增加，在 20 V/cm 之后通量保持恒定。

然而，施加电场的时间非常有限，未研究电场对微生物活性长期的影响。电场对膜过滤性能带来的提升应该超过对微生物损伤带来的影响，同时电场的存在也可能导致代谢活性或者污水可降解性的下降。

电场在 MBR 水处理厂大规模的应用还需要进一步的研究。首先，由于电场的引入，提高的通量应该抵消其能量的消耗。尽管许多研究表明使用电场提高了过滤性能，但没有提供能量消耗数据。此外，引入电场所消耗的能量应该与传统曝气控制污染的能量消耗进行对比。应该就能量消耗和通量性能指标对电场 MBR 系统和传统曝气 MBR 系统进行评价。另外一个有待解决的问题就是电极的寿命。由于电极易受到污染和腐蚀，也需要频繁的清洗和更换。由于当前大多数的研究在实验室短时间内进行，需要长期地对电极污染、腐蚀和清洗的数据进行检测分析。最后，电场对微生物活性和微生物理化特性长期的影响也需要持续研究。应该保证电场对微生物没有严重的损伤。

5.3.4.2　原位电絮凝

由于电絮凝可以在反应器中运行（即原位运行是可能的），近年来对原位絮凝的关注度增加。特别是对应用电絮凝（EC）在 MBR 系统中对膜污染的控制。电絮凝的机制是基于在阳极原位形成阳离子，如铝（Al^{3+}）、铁（Fe^{3+}）等阳离子，这些物质在水溶液通常可以作为絮凝剂，减少带负电胶体颗粒的双电子层。当用铝（Al）作为电极材料，发生的反应如下：

$$阳极：Al(s) \longrightarrow Al^{3+}(aq) + 3e^- \tag{5.36}$$

$$溶液中：Al^{3+}(aq) + 3H_2O \longrightarrow Al(OH)_3 + 3H^+ \tag{5.37}$$

$$阴极：3H_2O + 3e^- \longrightarrow (3/2)H_2(g) + 3OH^-(aq) \tag{5.38}$$

电絮凝的机理有点像传统絮凝。阳极产生铝离子（Al^{3+}），溶解到本体溶液，在阴极发生诱导反应产生的氢气（H_2）。与铝相似，$Al_2(SO_4)_3 \cdot 18H_2O$ 是水处理过程中最经常使用的絮凝剂，铝离子（Al^{3+}）与水分子反应生成各种水解的铝离子和氢氧化铝（$Al(OH)_3$）。铝离子（Al^{3+}）和水解的铝离子通过电中和机制，与带负电的胶体物质发生絮凝。凝胶状的不溶性氢氧化铝（$Al(OH)_3$），通过网捕胶体颗粒，在溶液中形成自由下落的沉淀物充当絮凝剂（网捕卷扫絮凝机制）。

巴尼·梅勒姆和埃莱克托罗维奇（2010）提出浸没式膜电生物反应器（SMEBR）新装置。图5.13为浸没式膜电生物反应器（SMEBR）装置的示意图，主要由直流电源、中空纤维膜组件和圆柱形铁网电极组成。生物反应器内部分为区域Ⅰ和区域Ⅱ。区域Ⅰ放置在反应器外壁和阳极之间，区域Ⅱ放置在阴极和阳极之间。在区域Ⅰ中发生生物降解和电絮凝（EC），区域Ⅱ发生生物降解和膜过滤。

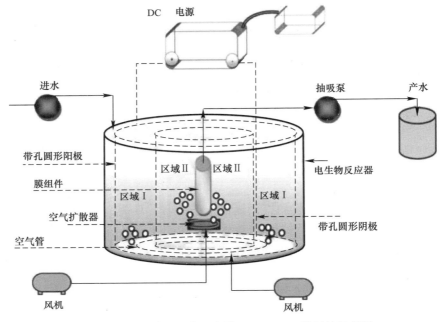

图5.13 浸没式电生物反应器（SMEBR）装置的示意图

（摘自：Bani-Melhem, K. and Elektorowicz, M., Environ. Sci. Technol., 44, 3298, 2010.）

用这种新型设备，施加1 V/cm的电场强度，采用周期性的开关模式（开15 min，关45 min）。研究者发现，在没有任何反冲洗的情况下，污染速率降低到16.3%，膜的过滤性能得到提高。其解释是膜过滤性能提高的原因与污泥混合液的zeta电位从-30.5降低到-15.3 mV密切相关。Zeta电位的增加意味着在MBR系统中形成滤饼层污染的胶体颗粒产生絮凝，从本体溶液中去除。而且，造成膜孔污染的溶解物质也通过絮凝作用得以去除。

与直流电流感应一样，应该研究EC-MBR对微生物活性影响的问题。魏等人（2011）研究了电流密度对微生物活性的影响，微生物活性不会受到显著影响，直到电流密度达到6.2 A/m^2保持4 h。然而，电流密度达到12.3 A/m^2和24.7 A/m^2时，活细胞的百分比分别下降了15%和29%。他们注意到pH值对微生物活性的重要影响。总的来说，由于水解作用，阴极产生了氢氧根（OH^-），如式（5.38）所示。随着电流密度的增加，根据阴极电化学反应，溶液pH值也随之增加。显著的碱性环境，超出了正常的pH值范围，对膜池中微生物造成伤害。

值得注意的是，在 EC-MBR 运行过程中，产生了大量的无机和有机污泥。总的来说，由于电极上金属粒子的溶解，金属氢氧化物 $M(OH)_3$ 在本体溶液中沉淀出来，产生了含有金属的"重"污泥。此外，任何多余的金属离子（Me^{2+} 或者 Me^{3+}）都会与本体溶液中溶解性磷酸根离子（PO_4^{3-}）反应，生成 $Me_3(PO_4)_2$（或者 $MePO_4$）沉淀。例如，铝离子（Al^{3+}）产生的磷酸铝（$AlPO_4$）沉淀，反应方程如下：

$$Al^{3+} + PO_4^{3-} \longrightarrow AlPO_4(s) \downarrow \tag{5.39}$$

最终，EC-MBR 产生了大量的 $Me(OH)_3$ 和 $MePO_4$，以及有机絮凝污泥。EC-MBR 中污泥混合液悬浮物浓度（MLSS）也比正常 MBR 水处理系统要高。根据巴尼·梅勒姆和埃莱克托罗维奇（2011）的研究，在实验室内使用铝电极的 EC-MBR 系统，在运行 30 d 内污泥混合液悬浮物浓度（MLSS）从 3500 mg/L 增加到 5000 mg/L。他们也发现 MLVSS/MLSS 的比值达到近 70%，与正常活性污泥的这一比例 80%～93% 相比较低。MLSS 表示混合液中总的有机物和无机物浓度，MLVSS 表示有机物固体（即只有微生物细胞）。低比率肯定是由于产生的无机污泥含有氢氧化铝（$Al(OH)_3$）或磷酸铝（$AlPO_4$）。

尽管因为电极材料、溶液 pH 值和 MBR 系统本体溶液中有机物含量的不同，所产生的污泥沉淀有所不同。在设计 EC-MBR 初始阶段，应考虑产生的含有金属的"重"污泥的处置方法和成本因素。

在当今市政污水处理过程中，主要问题是营养物质（氮和磷）的去除。大多数 MBR 污水处理厂使用的 BNR 工艺除磷率较低，磷元素的去除主要依靠污泥排放。然而，MBR 系统具有较长的 SRT。因此，在 MBR 系统中，污泥排放除磷受到限制。许多 BNR-MBR 污水处理厂使用化学试剂后处理工艺除磷，比如，用明矾和三价铁盐产生沉淀。因为 EC-MBR 工艺中，磷沉淀生成金属磷酸盐，所以研究者对 EC-MBR 工艺的除磷率期望较高。例如，铁电极中的 $FePO_4$ 沉淀和铝电极中的 $AlPO_4$ 沉淀。这也是 EC-MBR 工艺的优势之一。

5.3.4.3 高电压脉冲

高压脉冲技术（HVI），一般电场强度为 20～80 kV/cm，以纳米-微秒脉冲运行，已经成功用于灭活微生物。高压脉冲技术（HVI）因食品工业中的脉冲电场（PEFs）而为大家熟知，已经被用于非热食品杀菌。如图 5.14 所示，细菌细胞膜被高压脉冲技术（HVI）破坏，撕裂，最终穿孔（电穿孔）。高压脉冲技术（HVI）造成细胞膜电穿孔，是微生物灭菌的主要机制。

基姆等人（2011）研究了使用高压脉冲技术（HVI）对大肠杆菌消毒。他们使用电场强度为 5～20 kV/cm 的方波脉冲灭活微生物样品，提出了消毒动力学，表明采用高压脉冲技术（HVI）控制微生物膜污染的可行性。李和常（2014）提出，采用高压脉冲技术（HVI）用于 MBR 系统膜污染的控制。高压脉冲技术（HVI）用于活性污泥混合液而不是微生物样品，采用电场强度为 10～20 kV/cm 的指数衰减波形脉冲和 20～70 μs 的脉冲持续时间。他们报道称，高压脉冲技术（HVI）诱导之后通量恢复率要高于其他控制技术。他们还发现，随着高压脉冲技术（HVI）接触时间的增加，活性污泥混合液的浓度降低，而本体溶液中溶解性 COD、总氮（TN）、总磷（TP）、多糖和蛋白质的浓度增加，说明通过高压脉冲技术（HVI）的诱导，污泥絮体和微生物细胞发生破裂。这些结果表明高压脉冲技术（HVI）诱导导致污泥絮体溶解化，也使得膜表面沉积的紧密

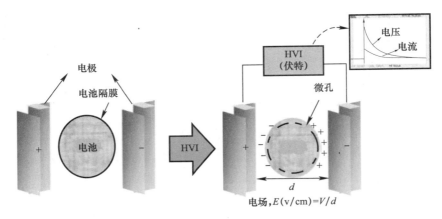

图 5.14　高压脉冲技术（HVI）对细胞膜电穿孔机制的示意图

滤饼层松散。高压脉冲技术（HVI）诱导通过去除膜表面溶解性生物滤饼层的方式，减缓微生物污染。尽管 MBR 技术中高压脉冲技术（HVI）的应用仍旧处于初始的研究和发展阶段，但研究结果表明，高压脉冲技术（HVI）是用于 MBR 系统膜污染控制和污泥处置潜在的替代方法。

5.3.5　膜和膜组件的改进

5.3.5.1　膜的改性

对膜材料进行物理化学改性目的是在长时间内提高膜过滤的性能。提高表面亲水性获得较高的水通量和抗污染性能是一个重要因素，尽管表面形貌、结构、电荷和粗糙度会随之变化。通常对疏水膜表面进行表面涂覆或者嫁接功能化官能团处理以获得亲水化膜。许多研究报道，通过各种方法对膜表面进行修饰改变膜表面的亲水性。PVDF 是世界上 MBR 水处理厂最常使用的膜材料，刘等人（2011）对 PVDE 的表面改性进行了非常系统的回顾和整理。最近，采用光刻方法使膜表面呈现如下形态，如尖状、菱形和花纹形态（袁等人，2012）。用平板膜 MBR 系统对比，沉积在有图案的膜表面的微生物细胞，在数量上有了很大的减小。他们解释说，这是由于图案的膜表面的顶点有助于形成水力学阻力，导致局部湍流。

由于近些年来纳米技术的显著发展，与传统表面修饰方法相反，研究人员聚焦于纳米材料的应用，用以改善膜性能。银纳米颗粒（nAg）、二氧化钛纳米颗粒（TiO_2）、碳纳米管（CNT）和富勒烯（C_{60}）都有可能成为候选者，研究人员期望使用这些材料能够改善膜的性能。

长期以来，人们都知道银具有杀菌能力。杨等人（2009）提出了一种微生物污染控制方法，通过对反渗透膜表面和流道间隔修饰银纳米（nAg）涂层。他们介绍说，在反渗透膜表面和流道间隔修饰银纳米（nAg）涂层的膜元件具有更好的性能，与没有修饰的膜元件相比，渗透水通量和 TDS 截留降低更慢。蔡等人（2009）用大肠杆菌 K12 样品研究了富勒烯（C_{60}）对微滤膜生物污染的影响。他们报道称，富勒烯（C_{60}）抑制了微生物的呼吸活性和对膜表面的附着，同时建议富勒烯（C_{60}）可以作为一种有用的阻止膜生物污染的抗污染试剂。快克等人（2001）制造了一种有机无机杂化反渗透膜，即芳香族聚酰胺薄膜表面有二氧化钛（TiO₂）纳米颗粒涂层。他们发现，由二氧化钛（TiO₂）纳米颗粒组成的膜提高了水通量和紫外光照射下的光催化杀菌效率。基姆等人（2012）以多层碳纳米管（MWCNTs）为基膜通过界面聚合制备了含有银纳米（nAg）颗粒超薄层的复合膜。他们发现，与不含多层碳纳米管（MWCNTs）的膜相比复合膜具有多壁碳纳米管扩散隧道效应，渗透性能有了提高。超薄层内的银纳米（nAg）颗粒提高了膜的渗透性，表面的亲水性为复合膜提供了抗菌性能和抗污染性能。塞利克等人（2011）通过相转换法制造了多层碳纳米管（MWCNTs）和聚醚砜（PES）共混膜，共混膜的亲水性有了提高，与单纯的聚醚砜（PES）膜相比，具有更高的渗透水通量和更慢的污染速率。

众所周知，二氧化钛（TiO₂）在具有羧基、砜基和醚基等官能团的聚合物膜表面具有自组装行为。自组装复合膜可以通过膜表面的砜基和醚基官能团与 Ti⁴⁺结合制备；如图 5.15 所示。罗等人（2005）报道了聚醚砜膜通过与二氧化钛（TiO₂）纳米颗粒以自组装方式改性提高了膜的亲水性，表明获得的复合膜具有很好的抗污染性能。基姆和布鲁根（2010）回顾了纳米杂化膜的制造程序和性能评估。

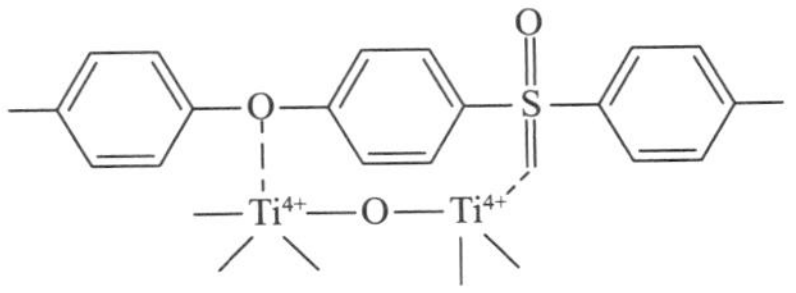

尽管在用纳米颗粒物质和纳米管开发低污染膜方面已经做了许多研究，这些技术在 MBR 工艺或者水处理厂的直接应用尚未报道，这表明还需要进一步的研究和开发。

(a) 通过砜基和醚基与 Ti⁴⁺配位

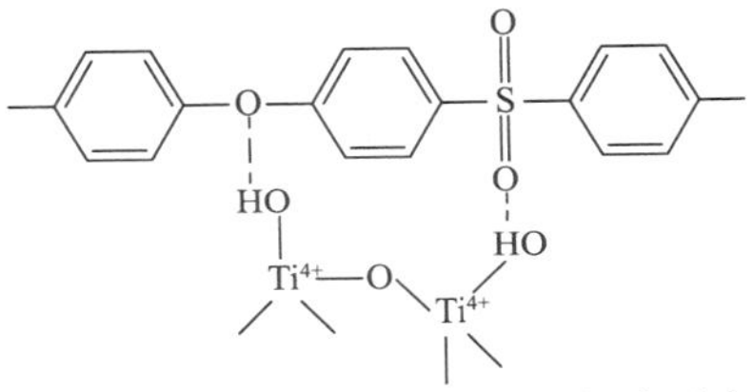

(b) 通过砜基与醚基与二氧化钛表面羟基之间形成的氢键

图 5.15　自组装二氧化钛纳米颗粒的机制
（摘自：Luo, M. -L. et al., Appl. Surf. Sci., 249, 76, 2005.）

5.3.5.2　膜组件的改进

从优化和改进膜组件方面来提高膜设备性能，特别是可以通过膜或膜间隙的旋转或使用螺旋膜增加膜表面的湍流，从而降低膜污染。

图 5.16 所示是一种涡旋发生膜组件（FMX，BKT Inc.）的详细结构。涡旋发生器置

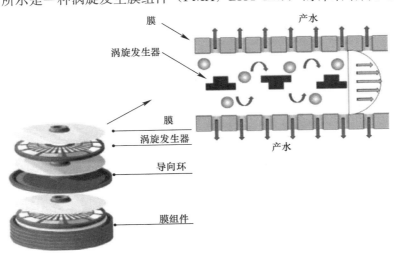

图 5.16　安装涡旋发生器膜组件的示意图

于膜之间，由中心传动轴驱动。涡旋发生器没有与膜接触，在膜表面形成卡门涡旋，悬浮的污染物被大量水流冲走。康等人（2011）使用安装涡旋发生器的平板超滤膜过滤厌氧消化污泥，可以将进水固体浓度提高5％。杰等人（2012）提出带有螺旋结构的膜装置，在没有增加曝气强度的情况下提高了通量。该系统由支撑螺旋结构的孔隙和膜组成。他们解释说，由于螺旋结构在膜表面产生了螺旋流，提高了壁面的剪切力和膜的渗透性能。

>>> 参考文献

Adams, N., Cumin, J., Marschall, M., Turák, T. P., Vizvardi, K., and Koops, H. (2011) Reducing the cost of MBR: The continuous optimization of GE's ZeeWeed Technology, Proceedings of 6th IWA Specialist Conference on Membrane Technology for Water & Wastewater Treatment, Aachen, Germany, IWA (International Water Association), 4-7October.

Akamatsu, K., Lu, W., Sugawara, T., and Nakao, S. -H. (2010) Development of a novel fouling suppression system in membrane bioreactors using an intermittent electric field, Water Research, 44: 825-830.

Aouni, A., Fersi, C., Ali, M., and Dhabbi, M. (2009) Treatment of textile wastewater by a hybrid electrocoagulation/nanofiltration process, Journal of Hazardous Materials, 168: 868-874.

Bani-Melhem, K. and Elektorowicz, M. (2010) Development of a novel submerged membrane elecro-bioreactor (SMEBR): Performance for fouling reduction, Environmental, Science and Technology, 44: 3298-3304.

Bani-Melhem, K. and Elektorowicz, M. (2011) Performance of the submerged membrane elecro-bioreactor (SMEBR) with iron electrodes for wastewater treatment and fouling reduction, Journal of Membrane Science, 379: 434-439.

Barllion, B., Ruel, S. M., and Lazarova, V. (2011) Full scale assessment of energy consumption in MBRs, Proceedings of 6th IWA Specialist Conference on Membrane Technology for Water & Wastewater Treatment, Aachen, Germany, IWA (International Water Association), 4-7th October.

Celik, E., Park, H., Choi, H., and Choi, H. (2011) Carbon nanotube blended polyethersulfone membranes for fouling control in water treatment, Water Research, 45: 274-282.

Chae, S. -R., Wang, S., Hendren, Z. D., Wiesner, M. R., Watanabe, Y., and Gunsch C. K. (2009) Effects of fullerene nanoparticles on Escherichia coli K12 respiratory activity in aqueous suspension and potential use for membrane biofouling control, Journal of Membrane Science, 329: 68-74.

Chang, I. -S. and Judd, S. (2002) Air sparging of a submerged MBR for municipal wastewater treatment, Process Biochemistry, 37(8): 915-920.

Chen, J. -P., Yang, C. -Z., Zhou, J. -H., and Wang, X. -Y. (2007) Study of the influence of the electric field on membrane flux of a new type of membrane bioreactor, Chemical Engineering Journal, 128: 177-180.

Evoqua Water Technologies (2014) Web page http://www.evoqua.com/en/products/biological_treatment/membrane_biological_reactor_systems_mbr/Pages/envirex_product_integrated_mbr.aspx.

Field, R. W., Wu, D., Howell, J. A., and Gupta, B. B. (1995) Critical flux concept for microfiltration fouling, Journal of Membrane Science, 100, 259-272.

He, S., Xue, G., and Wang, B. (2006) Activated sludge ozonation to reduce sludge production in membrane bioreactor (MBR), Journal of Hazardous Materials, B135, 406-411.

Huang, X. and Wu, J. (2008) Improvement of membrane filterability of the mixed liquor in a membrane bioreactor by ozonation. Journal of Membrane Science, 318: 210-216.

Janot, A., Drensia, K., and Engelhardt, N. (2011) Reducing the energy consumption of a large-scale membrane bioreactor, Proceedings of Sixth IWA Specialist Conference on Membrane Technology for Water &. Wastewater Treatment, Aachen, Germany, IWA (International Water Association), 4-7th October.

Jie, L., Liu, L., Yang, F., Liu, F., and Liu, Z. (2012) The configuration and application of helical membrane modules in MBR, Journal of Membrane Science, 392-393: 112-121.

Judd, S. (2008) The status of membrane bioreactor technology. Trends in Biotechnology, 26(2): 109-116.

Kang, S. J., Olmstead, K., Schraa, O., Rhu, D. H., Em, Y. J., Kim, J. K., Min, J. H. (2011) Activated anaerobic digestion with a membrane filtration system, Proceedings of 84th Annual Conference and Exhibition of Water Environment Federation (WEFTECH),

Los Angeles, USA, WEF (Water Environment Federation), 15-19th October.

Kim, E. -S., Hwang, G., El-Din, M. G., and Liu, Y. (2012) Development of nanosilver and multi-walled carbon nanotubes thin-film nanocomposite membrane for enhanced water treatment, Journal of Membrane Science, 394-395: 37-48.

Kim, J. and Bruggen, B. V. (2010) The use of nanoparticles in polymeric abd ceramic membrane structure: Review of manufacturing procedures and performance improvementfor water treatment, Environmental Pollution, 158, 2335-2349.

Kim, J. -S., Lee, C. -H., and Chun, H. -D. (1998) Comparison of ultrafiltration characteristics between activated sludge and BAC sludge, Water Research, 32, 3443-3451.

Kim, J. -Y., Lee, J. -H., Chang, I. -S., Lee, J. -H., and Yi, J. -W. (2011) High voltage impulse electric fields: Disinfection kinetics and its effect on membrane bio-fouling, Desalination, 283, 111-116.

Kim, S. R., Oh, H. S., Jo, S. J., Yeon, K. M., Lee, C. H., Lim, D. J., Lee, C. H., and Lee, J. K. (2013) Biofouling control with bead-entrapped quorum quenching bacteria in MBR: Physical and biological effects, Environmental Science &. Technology, 47(2), 836-842.

Kornboonraksa, T. and Lee, S. J. (2009) Factors affecting the performance of membrane bioreactor for piggery wastewater treatment, Bioresource Technology, 100, 2926-2932.

Kwak, S. -Y., Kim, S., and Kim, S. (2001) Hybrid organic/inorganic reverse osmosis (RO)membrane for bactericidal anti-fouling. 1. Preparation and characterization of TiO2 nanoparticle self-assembled aromatic polyamide thin-film-composite (TFC) membrane, Environmental Science and Technology, 35: 2388-2394.

Lee, J. -S. and Chang, I. -S. (2014) Membrane fouling control and sludge solubilization using high voltage impulse (HVI) electric fields, Process Biochemistry, 49: 858-862.

Liu, F., Hashim, N. -A., Liu, Y. -L., and Li, M. -A. (2011) Review: Progress in the production and modification of PVDF membranes, Journal of Membrane Science, 375: 1-27.

Liu, L., Liu, J., Bo, G., Yang, F., and Chellam, S. (2012b) Fouling reductions in a membrane bioreactor using an intermittent electric field and cathodic membrane modified by vapor phase polymerized pyrrole, Journal of Membrane Science, 394-395: 202-208.

Liu, L., Liu, J., Gao, B., and Yang, F. (2012a) Minute electric field reduced membrane fouling and improved performance of membrane bioreactor, Separation and Purification Technology, 86: 106-112.

Luo, M. -L., Zhao, J. -Q., Tang, W., and Pu, C. -S. (2005) Hydrophilic modification of poly(ether sulfone) ultrafiltration membrane surface by self-assembly of TiO2 nanoparticles, Applied Surface Science, 249: 76-84.

Marx, V. (2014) Stop the microbial chatter, Nature, 511: 493-497, 24 July.

Santos, A., Ma, W., and Judd, S. (2011) Membrane bioreactors: Two decades of research and implementation, Desalination, 273: 148-154.

Satyawali, Y. and Balakrishnan, M. (2009) Performance enhancement with powdered activated carbon (PAC) addition in a membrane bioreactor (MBR) treating distillery effluent, Journal of Hazardous Materials,

170, 457-465.

Wang, P., Wang, Z., Wu, Z., Zhou, Q., and Yang, D. (2010) Effect of hypochlorite cleaning on the physio-chemical characteristics of polyvinylidene fluoride membranes, Chemical Engineering Journal, 162: 1050-1056.

Wei, C. -H., Huang, X., Aim, R. B., Yamamoto, K., and Amy, G. (2011a) Critical flux and chemical clean-ing-in-place during the long-term operation of a pilot-scale submerged membrane bioreactor for municipal wastewater treatment, Water Research, 45: 863-871.

Wei, V., Elektorowicz, M., and Oleszkiewicz, J. A. (2011b) Influence of electric current on bacterial via-bility in wastewater treatment, Water Research, 45: 5058-5062.

Wu, J. and Huang, X. (2010) Use of ozonation to mitigate fouling in a long-term membrane bioreactor, Bioresource Technology, 101, 6019-6027.

Yang, H. -L., Lin, J. -C., and Huang, C. (2009) Application of nanosilver surface modification to RO membrane and spacer for mitigating biofouling in seawater desalination, Water Research, 43: 3777-3786.

Young-June, W., Jaewoo, L., Dong-Chan, C., HeeRo, C., Inae, K., Chung-Hak, L., and In-Chul, K. (2012) Preparation and application of patterned membranes for wastewater treatment, Environmental Science and Technology, 46(20): 11021-11027.

Zhang, K., Wei, P., Yao, M., Field, R. W., and Cui, Z. (2011) Effect of the bubbling regimes on the per-formance and energy cost of flat sheet MBRs, Desalination, 283, 221-226.

第6章

MBR工艺设计

在过去的 20 年里，世界范围内膜生物反应器（MBR）装置的大量应用使膜生物反应器在设计和运行方面积累了不少的经验。MBR 设计过程在许多方面与传统活性污泥（CAS）工艺有很多相似的地方，但在预处理、曝气和膜系统的设计过程与传统活性污泥工艺有很大不同，需要特别关注。这些工艺的合理设计会使渗透出水水质稳定性提高，同时提高整个系统的可靠性，也可以大大降低能量消耗并延长膜的使用寿命。本章的目标是提供设计 MBR 水处理厂的注意事项和方法，包括预处理系统、生物反应器、曝气系统和膜设备设计原理。本章的最后部分向读者提供了一个设计案例。

6.1 MBR 污水处理厂工艺流程

MBR 污水处理技术与传统活性污泥法（CAS）污水处理技术略有不同。MBR 污水处理厂可以略去初沉池和二沉池，它显著降低了整个污水处理厂的占地面积。然而，为了降低 MBR 污水处理厂的有机负荷和污泥负荷，通常安装一个预处理的沉淀池。在采用合流制排水系统的城市，由于在雨季的雨水由初沉池处理，此时的预处理初沉池也可以用来处理暴雨水。

MBR 污水处理厂的工艺流程示意图如图 6.1 所示。开始，污水从排水管网系统收集，水流通过粗格栅以去除大的固体颗粒，然后将污水与从排泥系统回流的污泥混合进入沉砂池以去除砂砾。接下来，污水依次进入流量调节池和初沉池，但根据现场的实际情况选择需要与否。调节池的主要功用是产生稳定的水量，而初沉池可以去除颗粒物和漂浮的固体。

初沉池的上清液经过细格栅进入生物反应器，细格栅用以去除细微碎片以保护膜免受污染。在生物反应器中，可氧化的有机物和无机物被微生物氧化。无论是浸没式还是外置式 MBR 系统，待处理水都经过膜组件后排出并且进行消毒以灭活病原体。出水然后排入接纳水体，或者作为再生水回用。

应处理或处置污水处理过程中产生的固体。固体产生于粗格栅、沉砂池、初沉池、细格栅和生物反应器。总的来说，粗格栅、沉砂池、细格栅产生的固体运至垃圾填埋场，而初沉池（图 6.1）沉淀的初级污泥和生物反应器产生的活性污泥通过浓缩和脱水过程进一步处理后运至垃圾填埋场或者焚烧炉。陈化后，脱水污泥也可以作为肥料用于农业。在大规模的污水处理厂中，初级污泥和剩余活性污泥经常通过厌氧消化产生沼气。

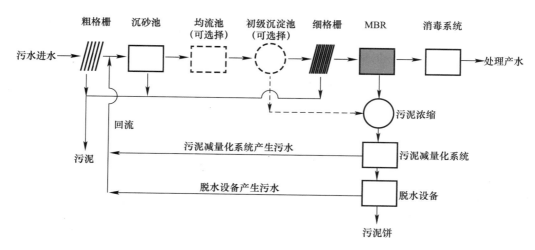

图 6.1 MBR 污水处理厂工艺流程图

6.2 预处理系统设计

6.2.1 污水流量

确定污水流量对于设计污水处理设施非常重要，因为它会影响水力特性、设施的建造和运行。例如，水力停留时间（HRT）是生物反应器的设计标准之一，适当的生物处理需要一定调节范围的水力停留时间（HRT），而水力停留时间（HRT）通过生物反应器体积除以进水流量计算得到。膜组件的数量是另外一个设计标准，也需要由污水流量计算得到。膜组件的数量（需要的膜面积）通过由膜设备制造商提供的设计水通量估算得到。由于水通量定义为单位膜面积的渗透水流量，准确的污水流量数据对于这一估算非常重要。

在大多数情况下，污水量不是恒定的。在工业环境中，大多数的工业废水在工作时间产生，而非时间产生的废水较少。在市政环境中，污水量随时间的变化更大。然而，对于市政污水，从午夜到凌晨，污水量趋于减少。市政污水处理厂的时变化流量（日变化）如图 6.2 所示。小城市的变化量与大城市相比，变化幅度较大。

污水每日、每季度和每年流量的变化也不相同。如果是这样，我们怎样计算污水流量和流量变化才能设计好污水处理厂？测量一段时间内污水流量是确定流量变化的最好方式。然而，直接测量流量是不可能的，应该基于历史经验或者数据来计算。对于工业环境，可以获得不同行业的几项数据。例如，奶酪生产工厂每生产一吨的奶酪就会产生 $0.7 \sim 2.0 \ m^3$ 的污水，污水浓度一般为 $1 \sim 2 \ kg \ BOD_7/m^3$（亨泽等，2000）。因此，我们可以根据奶酪产量预测污水流量和污水负荷率（BOD_7 浓度）。

对于市政环境，人口数量、人均污水定额和每个城市的污水负荷率可用来估算污水流量和污水负荷率。需要指出的是，不同城市和废水来源的污水量变化（比如，市政、工业、下渗和雨水等）也会影响污水流量的估算。污水流量随着工业污染源、地区水源、下渗和渗出等不同而不同，详细数据可以在其他优秀参考书籍中查阅，包括污水处理工程及回用（Tchobanoglous et al，2003）、污水处理（Henze et al，2000）。

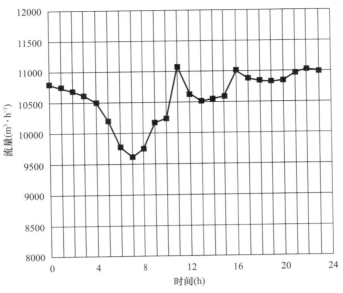

图 6.2　大型市政污水处理厂典型每小时流量波动
（数据来自韩国中浪污水处理厂，2013 年 10 月）

一段时间内的流量测量可以用统计学方法分析包括日平均流量和日最大流量在内的各种流量。市政污水的流量一般成正态分布或者对数正态分布，可以通过图像表示出来。按照如下过程用概率曲线分析：

（1）收集流量周期（即每天、每周、每月）。

（2）对流量值从低到高排序。接着，对测量数据按照序列排序。

（3）按照如下公式，计算流量百分比（即流量等于或者低于设计流量的百分比）：

$$百分比(\%) = \left(\frac{m}{1+n}\right) \times 100 \tag{6.1}$$

式中　m——排序序号；

　　　n——测量值（流量）总数。

（4）使用算术或对数概率标度坐标纸绘制数据。以 y 表示百分比，以 x 表示流量。（使用电子表格软件验证对数正态分布，首先绘制正态分布图，接着对 x 数值进行对数变换）

如果算术标度坐标纸上的数据成线性趋势，流量服从正态分布。如果在对数概率标度坐标纸上的数据很好地呈线性关系，流量服从对数正态分布。污水流量的平均值与标准差也可以用来估算概率图。对于服从正态分布的数据，平均值（$\overline{X}$）和标准差（s）可以用如下公式计算：

$$\overline{X} = P_{50} \tag{6.2}$$

$$s = P_{84} - P_{50} \text{ 或者 } s = P_{50} - P_{16} \tag{6.3}$$

式中　P_{50}——对应 50% 概率的流量；

　　　P_{84}——对应 84% 概率的流量；

　　　P_{16}——对应 16% 概率的流量。

对于服从对数正态分布的数据，几何平均值（$\overline{X}$）和几何标准偏差（s）可以用如下公

式计算:

$$\log\overline{X} = \log P_{50} + 1.15\log(s)^2 \tag{6.4}$$

$$\log s = \log P_{84} - \log P_{50} \text{ 或者 } \log P_{50} - \log P_{16} \tag{6.5}$$

一般用平均流量设计生物反应器,但是最大流量(对应 90% 概率的流量)也用于设计预处理系统,比如格栅和沉砂池。平均流量和最大流量都用来设计初沉池和膜分离系统。峰值流速和持续时间对于设计 MBR 系统是很重要的。

例 6.1

表 6.1 数据为当地污水处理厂一年内的月平均进水流量。

(1)每月流量分布服从正态分布还是对数正态分布?通过对每月进水流量作图,使用相应的算术或对数概率标度坐标纸,校核线性关系。

(2)每月平均流量与标准差是多少?如果数据服从正态分布,计算算术平均和标准差;如果数据服从对数正态分布,计算几何平均和几何标准偏差。

(3)对比通过图解法和统计公式计算出来的数值。

某污水处理厂一年内每月平均进水流量　　　　　　　　表 6.1

月份	流速（m³/month）
一月	24300
二月	30400
三月	37800
四月	50100
五月	42700
六月	35500
七月	62500
八月	54000
九月	40000
十月	45700
十一月	33000
十二月	27500

计算过程

对于图解法,首先对流量平均值按照顺序排序,计算等于或小于设计流量的流量概率,如表 6.2 所示。

计 算 表　　　　　　　　表 6.2

数字（排序）	概率（%）	流速（m³/month）
1	7.7	24300
2	15.4	27500
3	23.1	30400
4	30.8	33000
5	38.5	35500
6	46.2	37800
7	53.8	40000

数字（排序）	概率（%）	流速（m³/month）
8	61.5	42700
9	69.2	45700
10	76.9	50100
11	84.6	54000
12	92.3	62500

对按照算术或对数概率标度坐标纸作图的数据校验，确定流量分布是否服从正态分布或者对数正态分布。如下图所示，很明显，与在算术概率图上相比，数据在对数概率图上有更好的线性关系，也就是说污水流量服从对数正态分布。

对几何平均值与标准差，可以使用概率图通过图表法计算（图 6.3）。

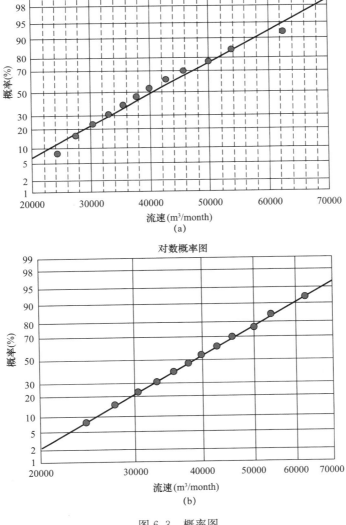

图 6.3　概率图

$$\log s = \log P_{84} - \log P_{50} = \log(53500) - \log(39000) = 0.137$$

$$s = 1.37 \ \text{m}^3/\text{month}$$

$$\log \overline{X} = \log P_{50} + 1.1513(\log s)^2 = \log(39000) + 1.1513(\log 1.37)^2 = 4.61$$

$$\overline{X} = 40738 \ \text{m}^3/\text{month}$$

几何平均值和标准差也可以用以下公式计算：

$$\log \overline{X} = \frac{\sum \log X_i}{n} = 4.590$$

$$\overline{X} = 38864 \ \text{m}^3/\text{month}$$

$$\log s = \sqrt{\frac{\sum (\log X_i - \log \overline{X})^2}{n-1}} = 0.122$$

$$S = 1.325 \ \text{m/d}$$

正如我们在这个例子中看到的，无论流量数据服从正态分布还是对数正态分布，图表法是一种直观的计算方法，通过图表法计算出来的平均值和标准值和通过计算公式计算出来的数值很相近。

6.2.2 格栅

对污水进水中发现的粗糙物体（抹布、纸张、塑料、金属等），如果不去除，可能会损害下游设备，降低系统处理的可靠性并损害管渠（Tchobanoglous et al，2003）。预先在污水处理厂的前部安装粗格栅，主要用以去除这些物质。

此外，污水进水中发现的毛发和纤维物质会影响膜系统，特别是采用浸没式中空纤维膜的 MBR 系统。毛发和纤维物质可能缠绕在中空纤维膜束内，抑制向上曝气引起的振动运动，加速膜污染。去除这些物质对于系统稳定运行的重要性是个不争的事实。因此，许多 MBR 系统设计时，在生物反应器之前安装细格栅，以去除毛发和纤维物质。

6.2.2.1 粗格栅

粗格栅的间隙宽度为 6～150 mm。机械清洗格栅是指清洗设备和粗格栅安装在一起。机械清洗格栅经常作为粗格栅使用。使用这种类型格栅的目的是将进水中粗大物质通过栅条表面加以收集，接着用机械推动的耙去除这些积累的物质。格栅的位置、迎面流速、通过耙的流速、栅条间隙宽度、格栅的压力损失、格栅耙的控制方式等，在设计格栅时都应该加以考虑。

粗格栅经常安装在污水设备前面，因为粗糙的物体可能会对后续工艺造成污染。表面流速应该大些，防止粗糙物体在达到栅条前在水渠中沉淀（通常大于 0.4 m/s），但是通过栅条的流速最大，应该小于某一值以减少粗糙物体穿过栅条（通常小于 0.9 m/s）（Tchobanoglous et al，2003）。机械清洗格栅的设计指南在表 6.3 和图 6.4 中介绍。

机械清洗粗格栅的设计因素和建议数值   表 6.3

设计因素	数值
表面流速，m/s	0.4～0.6
通过栅条的速度，m/s	0.6～1.0

续表

设计因素		数值
栅条尺寸	宽度，mm	8～10
	深度，mm	50～75
	栅条之间净距离，mm	10～50
	水平斜率(图 6.3)，°	75～85
	允许的压力损失(栅条堵塞)，mm	150
	最大的压力损失(栅条堵塞)，mm	800

摘自：Qasim, S., Wastewater Treatment Plants: Planning, Design, and Operation, 2nd edn., CRC Press, Boca Raton, FL, 1998.

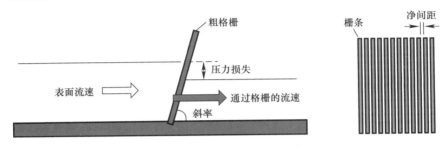

图 6.4　粗格栅设计考虑的示意图

粗大物体在栅条上的堆积或堵塞会增加水头损失。水头损失累积超过某一值会危及格栅结构的稳定性或者增大污水从管渠溢到地面的风险。应检测水头损失增加或设置周期时间，定期清除堆积或堵塞在格栅上的粗大物体。150 mm 的水头损失通常就达到格栅清洗的最大值。基于表面流速和通过栅条的速度可以计算水头损失，表达式如下：

$$h_{\mathrm{L}} = \frac{1}{C}\left(\frac{V^2 - v^2}{2g}\right) \tag{6.6}$$

式中　h_{L}——压头损失，m；

C——流量系数；

V——表面流速，m/s；

v——通过栅条的速度，m/s；

g——重力加速度，9.81 m/s²。

流量系数（C）通过实验计算。对于用净水完全清洗的格栅，流量系数（C）为 0.7；对于堵塞的格栅，流量系数（C）为 0.6。

6.2.2.2　细格栅

金属网线格栅间距的宽度或穿孔格栅的孔径一般为 0.2～6mm。通常，使用中空纤维膜的 MBR 污水处理厂与使用平板膜相比，对毛发缠绕更加敏感，因此需要更细的格栅。按照席尔等人对欧洲运行的 MBR 污水处理厂的调研（2009），穿孔格栅或金属网线格栅效果比狭缝式细格栅要好（图 6.5），因为前者在去除毛发物质上比后者具有更好的性能。细格栅在设计标准和水头损失的估算方面与粗格栅有很大不同，通常按照制造商的具体要求。MBR 污水处理厂安装的代表性细格栅如图 6.6 所示。

细格栅在去除细微颗粒性物质和毛发或者纤维材料的同时，也可以去除污水中的生化需氧量（BOD）和总的悬浮物（TSS）。尽管依污水收集系统的不同，污水的行进时间不

187

同，对生化需氧量（BOD）和总的悬浮物（TSS）去除率也不相同，但通常情况下，经过细格栅对生化需氧量（BOD）和总的悬浮物（TSS）的去除率分别可以达到5%~50%和5%~45%（固体废弃物管理等，2003）。因此，在生物反应器设计过程中，需要考虑细格栅对生化需氧量（BOD）和总的悬浮物（TSS）的去除。

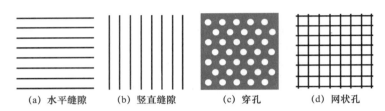

(a) 水平缝隙　　　(b) 竖直缝隙　　　(c) 穿孔　　　(d) 网状孔

图 6.5　MBR 污水处理厂使用的细格栅类型

（摘自 Frechen, F. B. et al., Desalination, 231, 108, 2008）

(a) 琥珀爬齿和回转格栅　　　　　(b) 滚筒式格栅　　　　　(c) 英克拉（Incla）
平面格栅

图 6.6　MBR 污水处理厂建议使用的细格栅

6.2.3　沉砂池

污水进水包含密度大的固体物质，比如砂、碎石和煤渣（通常称为砂砾）。污水进水中的砂砾需要完全去除，以保护后续设备免遭磨损以及发生故障。尽管一些 MBR 污水处理厂，特别是小型 MBR 污水处理厂，略去了沉砂设备，但是 MBR 污水处理厂一般都要有沉砂池。

对于大型 MBR 污水处理厂，通常使用两种沉砂系统，水平沉除砂池和曝气沉砂池，如图 6.7(a) 和图 6.7(b) 所示。旋涡式沉砂池一般安装在小型 MBR 污水处理厂如图 6.7(c) 所示。水平流沉砂池是一个长矩形池子，进水流经池子砂砾沉淀在池子底部。工程师假设砂砾的沉淀遵循类型 1 沉淀（即自由沉淀），因此在设计水平流沉砂池时，完全去除最小砂砾时的沉降速度是一个重要参数。

在沉砂池里，沉淀的砂砾表面会含有有机物质，这也容易腐烂，产生异味。在清理阶段，通常需要冲洗表面覆盖的有机物避免产生异味。另外，曝气沉砂池中，当污水进水流经长矩形池子，由于剪切力对砂砾表面的冲刷，有机物可以从砂砾上被刮掉。

在曝气沉砂池中，沿池子一边安装曝气分散器，在细微颗粒流经池子时，产生垂直于水流的螺旋流，然而较大的颗粒（通常直径大于 0.21 mm）沉淀在池子底部。两种类型的沉砂池的设计信息可以从其他参考书查阅（Reynolds, 1996；Tchobanoglous et al, 2003）。

(a) 水平流沉砂池

(b) 曝气沉砂池

(c) 旋流式沉砂池

图 6.7　沉砂池

6.2.4　调节池

如第 6.2.1 节所论述的，污水流量随时间变化，特别是在小城市的污水处理厂。膜不可避免地遭受污染，特别是在高通量运行时期，因此建议膜系统在临界通量以下运行（参考第 4.1 节）。尽管可以用小时高峰流量来设计生物反应器和膜组件的数量，这种方法会导致生物反应器和膜系统处理性能的浪费，也增加了 MBR 污水处理厂的建设费用。

如果峰值因子（即每小时峰值流量与日平均流量的比值）通常大于 1.5，则安装调节池来替代生物反应器尺寸的增加和膜组件数量的增加，这种方式是经济的。通过安装调节池可以使流量更加均衡，这也减小了所需的生物反应器尺寸和膜组件的数量。除了均衡流量以外，调节池也起到调节固体和有机负荷的作用。据报道，通过调节池降低了 23%～47% 的悬浮固体（SS）和 10%～20% 的生化需氧量（BOD）（Reynolds，1996），这反过来也加强了污水处理效率和可靠性。

调节池有两种类型的布置：线内和线外布置（图 6.8）。在线内布置中，所有的污水直接进入调节池，通过恒流泵产生稳定流量。在线外布置中，只有当污水流量大于每小时平均流量时，污水分流进入调节池。当流量小于每小时平均流量时，通过一个受控泵送系统将调节池中的污水泵入下游。线外布置流量调节中悬浮固体（SS）和生化需氧量（BOD）的稳定性较线内布置流量调节稍低。

调节池体积基于流量波动设计，流量波动可以通过一段时期内的流量分布记录。在 1 d 之内流量的变化如图 6.9 所示。通过绘制平行线表示每小时平均流量，可以计算出调节池污水体积的波动。平行线以上阴影面积与平行线以下面积之和相等，对应波动量。可以对平均线以下面积进行分割，计算每个分割面积，然后将分割面积相加，可以估算平均线以下的面积。

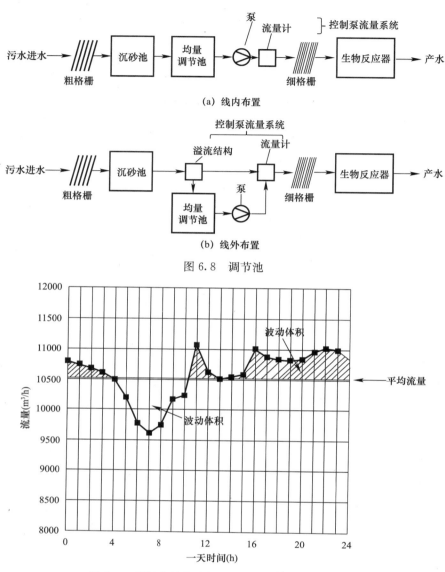

（a）线内布置

（b）线外布置

图 6.8　调节池

图 6.9　利用流量线计算流量波动体积设计调节池

例 6.2

某污水处理厂 1 d 内的污水流量分布数据如表 6.4 所示。假设所看到的流量分布是一个典型污水处理厂的流量分布，计算线内布置调节池的污水体积（或者所需最小的池子体积）波动。

某污水处理厂 1 d 内的污水流量分布数据　　　　　　　　　　　　　　表 6.4

时间	流速（m³/h）	时间	流速（m³/h）
0（午夜）	1300	4	650
1	1100	5	600
2	930	6	700
3	760	7	900

续表

时间	流速（m³/h）	时间	流速（m³/h）
8	1200	16	1630
9	1500	17	1600
10	1800	18	1640
11	1950	19	1680
12（中午）	1900	20	1700
13	1800	21	1720
14	1750	22	1600
15	1650	23	1540

计算过程

为了计算污水体积波动或者池子体积，首先需要绘制水位图和计算每小时平均流量（表 6.5）。24 次测量的每小时平均流量是 1400 m³/h。计算水位图中每小时平均流量线以上的面积，然后计算污水体积波动。通过相加不同分割体积，近似算出污水体积波动（图 6.10）。

波动量

$$= 100 + 400 + 550 + 500 + 400 + 350 + 250 + 230 + 200 + 240 + 280 + 300 + 320 + 280 + 140$$
$$= 4460 \text{ m}^3$$

由于每小时平均流量线以上的面积表示的污水流量体积等于每小时平均流量线以下的面积表示的污水流量体积。

波动量 $= -100 - 300 - 470 - 640 - 750 - 800 - 700 - 500 - 200 = -4460$ m³

计　算　表　　　　　　　　　　　　　表 6.5

时间	流速（m³/h）	流速差[a]（m³/h）	体积差[b]（m³）
0（午夜）	1300	−100	−100
1	1100	−300	−300
2	930	−470	−470
3	760	−640	−640
4	650	−750	−750
5	600	−800	−800
6	700	−700	−700
7	900	−500	−500
8	1200	−200	−200
9	1500	100	100
10	1800	400	400
11	1950	550	550
12（中午）	1900	500	500
13	1800	400	400
14	1750	350	350
15	1650	250	250
16	1630	230	230
17	1600	200	200
18	1640	240	240
19	1680	280	280

续表

时间	流速（m³/h）	流速差ª（m³/h）	体积差ᵇ（m³）
20	1700	300	300
21	1720	320	320
22	1600	200	200
23	1540	140	140

ª 流速差为每小时测量流速与平均流速差值；
ᵇ 体积差为流速差与时间间隔（即 1 h）的乘积。

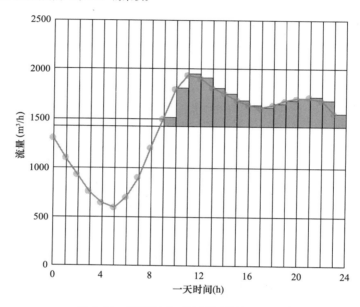

图 6.10　利用每小时流量图估算波动量

6.3　生物反应器设计

生物反应器的设计包括反应器尺寸和基于进水水质、需要的出水水质和每日污泥产量曝气处理消耗有机物所需的氧气量。根据反应器是新建的还是改建的，生物反应器的设计方法有很大不同。

改造现有污水处理厂时，改变反应器体积是很困难的，而对于新建的生物反应器来说相对简单。对于一个新建的生物反应器，污泥悬浮物浓度（MLSS）和污泥停留时间（SRT）是预先估算的。对于一个改造后的生物反应器，基于预定的反应器体积和设计的污泥停留时间（SRT）计算污泥悬浮物浓度（MLSS）。图 6.11 所示为两种情况下生物反应器设计的一般程序。

6.3.1　污水进水水质特性：可生物降解的 COD 和 TKN 的计算

适当的生物反应器设计和准确估计出水水质都需要了解进水水质。一般需要测量进水中有机物含量、含氮量和含磷量。本书使用化学需氧量（COD）衡量有机物含量，而没有采用其他设计图书使用的生化需氧量（BOD），这是因为化学需氧量（COD）的测量比生化需氧量（BOD）更加准确，也更快速。进水中化学需氧量（COD）根据其过滤性能分类，通过 1 mmGF/C 过滤器（溶解性和颗粒性 COD）和生物降解性（能进行生物降解的和不能生物降解的 COD）。因此，污水进水总的 COD 可以用如下公式计算：

$$总的 COD = 溶解可生物降解 COD(S_{0,b}) + 颗粒可生物降解 COD(X_{0,b}) +$$
$$溶解不可生物降解 COD(S_{0,i}) + 颗粒不可生物降解 COD(X_{0,i})$$

$S_{0,b}$ 代表易于生物降解的有机物，能够被微生物很快代谢；$X_{0,b}$ 代表在微生物生长中不能被利用，但是微生物分解或者水解之后可以被利用的有机物。尽管就微生物降解速率而言，$X_{0,b}$ 和 $S_{0,b}$ 有很大不同，为简便起见，用于本书中污泥产量由二者相加（$S_0 = S_{0,b} + X_{0,b}$）计算（参考第 2.3 节）得到。

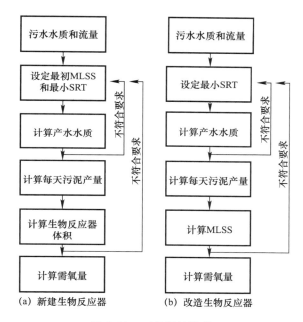

图 6.11　工艺设计流程

$S_{0,i}$ 表示不能被微生物代谢的物质，由于其粒径较膜孔孔径更小，所以 $S_{0,i}$ 往往随出水排出。然而，$X_{0,i}$ 不能通过膜，随着剩余污泥外排。研究者们采用各种方法计算进水中的 S_0，比如呼吸计量法（亨泽等，2000）。

对污水进水水质分类的一个简单方法是在实验室用活性污泥和污水进水（用 1 μm 的 GF/C 过滤器过滤或者不过滤），在间歇反应器中运行 15～20 d。对于不过滤的污水进水，起始 COD 是所有四类物质之和（$S_{0,b} + X_{0,b} + S_{0,i} + X_{0,i}$），最后 COD 对应于 $S_{0,i}$。除此之外，假设在实验过程中的微生物增长量忽略不计，所以起始和最后阶段悬浮物浓度之差即为 $X_{0,i}$。

对于过滤的污水，起始 COD 为两种溶解性物质之和（$S_{0,b} + S_{0,i}$），最后 COD 对应于 $S_{0,i}$。起始和最后 COD 值之差即为 $S_{0,b}$。总的 COD 与三种 COD 之和（$S_{0,i} + X_{0,i} + S_{0,b}$）的差值即为 $X_{0,b}$。

进水中氮含量往往分为有机氮和无机氮。市政污水中的有机氮大部分来自蛋白质、氨基酸和尿素。当污水进入污水处理厂时，大约60%的有机氮可以被矿化为氨。矿化度取决于污水收集系统的长度（即水力停留时间）、温度和污水特性。无机氮包括氨（NH_3）、亚硝酸根（NO_2^-）和硝酸根（NO_3^-）。但是，亚硝酸根（NO_2^-）和硝酸根（NO_3^-）的浓度非常低，在大多数污水进水中可以忽略不计。因此，总的凯氏氮（TKN）为有机氮和氨或者氨氮之和，往往用来计算污水进水中的总氮（即总氮约等于 TKN）。

同样，进水中氮与进水 COD（即可生物降解、不可生物降解和可溶性、颗粒性质）一样，可以分为几类。但是，工程师经常假设有机氮具有易于生物降解（即不能降解的 TKN 量忽略不计）和可溶性（即颗粒的 TKN 量忽略不计）。在污水处理过程中，进水中 $TKN(TKN_0)$ 被微生物同化，作为氨氧化细菌（AOB）的能量。

污水进水 COD 和氮的分类和市政污水中相对应的代表性数值如图 6.12 所示。我们可以推断进水中大约有80%可生物降解 COD 和20%的不可生物降解 COD。大约一半不可生物降解 $COD(S_{0,i})$ 可以通过膜，另外一半（$X_{0,i}$）留在污泥中。对于氮来说，大约进水中96%的氮（TKN_0）是可生物降解的，污水进水中的亚硝酸根（NO_2^-）和硝酸根（NO_3^-）浓度可以忽略。

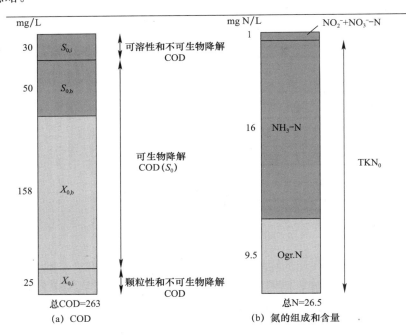

图 6.12　市政污水进水中

（摘自 Henze, M. et al., Activated Sludge Models ASM1, ASM2,
ASM2d and ASM3, IWA Publishing, London, U. K., 2000.）

和氮一样，如果磷排放量过大，会诱导水体中藻类产生水华。磷在水体中以正磷酸盐、聚磷酸盐和有机磷形式存在，但是聚磷酸盐占主要成分。pH 值决定正磷酸盐的形式（即，PO_4^{3-}，HPO_4^{2-}，$H_2PO_4^-$ 或者 H_3PO_4），当加入混凝剂去除磷时，也影响化学沉淀速率。聚磷酸盐是几种磷酸基团形成的聚合物，在生物反应器中不能水解形成正磷酸盐。有机磷也能够水解成正磷酸盐，但是依有机磷特征和生物反应器的运行条件不同，水解程度不同。

6.3.2　校核最小污泥停留时间

生物反应器中污泥的平均停留时间影响生物反应器总的污泥浓度和出水水质。此外，在设计生物反应器尺寸时，污泥停留时间（SRT）可以作为最初的计算点。理论上，污泥停留时间（SRT）应该足够长，以保留污水处理过程中生长缓慢的微生物。一般来说，硝化细菌是一个限制性微生物，决定所需污泥停留时间（SRT）。

硝化细菌由两种好氧自养菌组成：氨氧化细菌（AOB）和亚硝酸盐氧化菌（NOB）。如果污泥停留时间（SRT）不足以保留硝化细菌，硝化细菌会随着剩余活性污泥流失。这样需要校核预定的污泥停留时间（SRT）是否足够长，完成给定设计条件下的硝化反应。参考第 2 章关于硝化细菌的详细信息。由于氨氧化细菌（AOB）生长较亚硝酸盐氧化菌（NOB）缓慢，氨氧化细菌（AOB）的生长动力学方程通常用来估算曝气生物反应器最小的污泥停留时间（SRT）。氨氧化细菌（AOB）的比增长率是氨和溶解氧（DO）浓度的函数，可以用如下方程表示：

$$\mu_{AOB} = \left(\frac{\mu_{m,AOB} \cdot NH_3}{K_N + NH_3} \right) \left(\frac{DO}{K_{DO} + DO} \right) - k_{d,AOB} \tag{6.7}$$

式中　$\mu_{m,AOB}$——氨氧化细菌（AOB）最大的比增长率，d^{-1}；

　　　NH_3——生物反应器中氨氮浓度，mgN/L；

　　　K_N——氨的半饱和常数，mgN/L；

　　　DO——生物反应器中溶解氧（DO）浓度，mg/L；

　　　K_{DO}——溶解氧（DO）的半饱和常数，mg/L；

　　　$k_{d,AOB}$——氨氧化细菌（AOB）的衰变常数，d^{-1}。

$\mu_{m,AOB}$ 与温度有关，可以用如下公式计算：

$$\mu_{m,AOB}(T_2) = \mu_{m,AOB}(T_1) \theta^{(T_2 - T_1)} \tag{6.8}$$

式中　$\mu_{m,AOB}(T_2)$——在温度 T_2 下氨氧化细菌（AOB）最大比增长率，d^{-1}；

　　　$\mu_{m,AOB}(T_1)$——在温度 T_1 下氨氧化细菌（AOB）最大的比增长率，d^{-1}；

　　　θ——温度修正系数。

除了最大比增长率之外，其他代谢系数，比如半饱和常数和衰减常数，也受温度影响。表 6.6 为 MBR 污水处理厂中氨氧化细菌（AOB）的动力学系数及其温度修正系数。

活性污泥中 AOB 在 20℃ 下的动力学系数　　　　　　　　　　表 6.6

系数	单位	范围	典型值
$\mu_{m,N}$	g VSS/g VSS d	0.20～0.90	0.75
K_N	g NH_3-N/m^3	0.5～1.0	0.74
Y_N	g VSS/g NH_3-N	0.10～0.15	0.12
$k_{d,N}$	g VSS/g VSS d	0.05～0.15	0.08
K_{DO}	g/m^3	0.40～0.60	0.5
计算 θ 值的参数			
$\mu_{m,N}$	/	1.06～1.123	1.07
K_N	/	1.03～1.123	1.053
$k_{d,N}$	/	1.03～1.08	1.04

摘自：Tchobanoglous，G. et al.，Wastewater Engineering：Treatment and Reuse，4th edn.，McGraw-Hill，New York，2003.

由于比增长速率定义为单位微生物单位时间内的增长量，比增长速率的倒数等于单位微生物增长率的微生物量，污泥停留时间（SRT）等于比增长速率的倒数（$(dX/dt) \cdot (1/X)$），比增长率的倒数等于单位微生物增长量所需的微生物。即，污泥停留时间（SRT）可以用单位微生物去除率（或者产量）所需总的微生物量（固体量）来计算。因此，污泥停留时间（SRT）可以用如下公式计算：

$$SRT = \frac{1}{\mu_{AOB}} \tag{6.9}$$

保留硝化细菌所需最小的污泥停留时间（SRT）可以通过基于最低温度、氨和溶解氧（DO）浓度条件下的氨氧化细菌（AOB）的比增长率计算。由于大多数异养菌生长速度较硝化细菌快，所以需要注意的是基于氨氧化细菌（AOB）保留的最小污泥停留时间（SRT）一般对于保留异养菌的时间是足够长的（即去除有机物的细菌）。如果预定的污泥停留时间（SRT）比计算出来最小的污泥停留时间（SRT）（即在设计条件下，用氨氧化细菌（AOB）计算出来的SRT）还要短，需要重新设定比最小污泥停留时间（SRT）更长的污泥停留时间（SRT）。

此外，由于污泥停留时间（SRT）影响出水COD浓度，检查设计污泥停留时间（SRT）下的出水COD浓度是否满足所允许的最大COD浓度。污泥停留时间（SRT）也影响生物反应器中的污泥浓度。维持生物反应器中适当的污泥浓度可以减小膜污染，膜污染与污泥浓度有一定的关联。事实上，污泥停留时间（SRT）的设计将污泥浓度维持在8000~12000 mg/LMLSS范围内，以避免过高固体浓度导致膜污染的发生。

例6.3

计算保留生物反应器中两种微生物：异养菌和氨氧化细菌（AOB）所需的最小污泥停留时间（SRT）。使用以下两种微生物的动力学参数计算。假设冬天温度低到5 ℃，在此条件下溶解氧（DO）浓度不影响两种微生物的生长。

1. 异养菌

a. 在5 ℃下最大的比增长速率：2.2 g VSS/g VSS · d

b. 生物反应器中COD浓度：5.0 g bCOD/m³

c. 在5 ℃下COD的半饱和常数：20 g bCOD/m³

d. 在5 ℃下衰变常数：0.07 g VSS/g VSS · d

2. 氨氧化细菌（AOB）

a. 在5 ℃下最大的比增长速率：0.27 g VSS/g VSS · d

b. 生物反应器中氨浓度：0.5 g NH³−N/m³

c. 在5 ℃下氨的半饱和常数：0.34 g NH³−N/m³

d. 在5 ℃下衰变常数：0.04 g VSS/g VSS · d

计算过程

用校正到5 ℃时的动力学参数计算异养菌和氨氧化细菌（AOB）的比增长速率。

异养菌的比增长速率。

$$\mu = \left(\frac{\mu_m \times N}{K_s + N}\right) - k_d = \left(\frac{(2.2 \text{ g/g} \cdot \text{d}) \times (5.0 \text{ g/m}^3)}{(20+5.0) \text{ g/m}^3}\right) - 0.07 \text{ g/(g} \cdot \text{d)} = 0.37 \text{ g/(g} \cdot \text{d)}$$

氨氧化细菌（AOB）的增长率：

$$\mu_{\mathrm{AOB}} = \left(\frac{\mu_{\mathrm{m,AOB}} \times \mathrm{NH_3}}{K_{\mathrm{N}} + \mathrm{NH_3}}\right) - k_{\mathrm{d,AOB}} = \left(\frac{(0.27 \ \mathrm{g/g \cdot d}) \times (0.5 \ \mathrm{g/m^3})}{(0.34 + 0.5) \ \mathrm{g/m^3}}\right) - 0.04 \ \mathrm{g/(g \cdot d)}$$
$$= 0.12 \ \mathrm{g/(g \cdot d)}$$

因此，异养菌和氨氧化细菌（AOB）的最小污泥停留时间（SRT）（即最大比增长率的倒数）分别是 2.7 d 和 8.3 d。实际上，最小污泥停留时间（SRT）的安全因子为计算值的 1.5～2.0 倍，也就是说异养菌和氨氧化细菌（AOB）的最小污泥停留时间（SRT）（即，最大比增长率的倒数）分别是 4.1～5.4 d 和 12.5～16.6 d。因为氨氧化细菌（AOB）的最小污泥停留时间（SRT）要比异养菌的最小污泥停留时间（SRT）长，生物反应器的尺寸基于氨氧化细菌（AOB）的最小污泥停留时间（SRT）设计。通常 MBR 系统设计的污泥停留时间（SRT）大于 20 d，反应器中氨氧化细菌（AOB）所需的最小污泥停留时间（SRT）（即 12.5～16.6 d）也不会受到限制。

6.3.3 污泥日产量的计算

计算生物反应器中的污泥日产生量对于设计污泥处理设备是很重要的，如污泥脱水设备、污泥干燥设备和污泥焚烧设备。基于总污泥量的公式计算污泥量。在第 2 章中，我们讨论了怎么计算生物反应器中总的污泥浓度。让我们回顾一下计算中的一些重要概念。

基于动力学参数、污水特性和生物反应器的运行参数，我们可以计算总的污泥浓度，如下所示：

$$X_{\mathrm{T}} = X + X_{\mathrm{i}} = \underbrace{\left(\frac{\mathrm{SRT}}{\tau}\right)\left[\frac{Y(S_0 - S)}{1 + k_{\mathrm{d}} \cdot \mathrm{SRT}}\right]}_{\text{活性微生物固体量}} + \underbrace{\frac{X_{0,\mathrm{i}} \cdot \mathrm{SRT}}{\tau}}_{\text{进水中惰性物质}} +$$
$$\underbrace{f_{\mathrm{d}} \cdot k_{\mathrm{d}}\left(\frac{\mathrm{SRT}}{\tau}\right)\left[\frac{Y \cdot (S_0 - S)}{1 + k_{\mathrm{d}} \cdot \mathrm{SRT}}\right]\mathrm{SRT}}_{\text{微生物衰亡产生的惰性物质}} \tag{6.10}$$

式中 X_{T}——总的污泥浓度，mg VSS/L；

　　X——微生物浓度，mg VSS/L；

　　X_{i}——惰性污泥浓度，mg VSS/L；

　　τ——水力停留时间，d；

　　Y——微生物生长量，mg VSS/mg COD；

　　S_0——可降解底物浓度，mg COD/L；

　　S——产水底物浓度，mg COD/L；

　　k_{d}——衰变常数，$\mathrm{d^{-1}}$；

　　$X_{0,\mathrm{i}}$——污水进水中总惰性物质，mg VSS/L；

　　f_{d}——在衰亡期生物反应器中积累微生物的百分数。

生物反应器中的总污泥浓度（X_{T}）由活性微生物污泥（X）和惰性污泥（X_{i}）组成。惰性污泥可以进一步分为两种物质：进水中惰性物质产生的惰性污泥（$X_{0,\mathrm{i}}$）和衰亡微生物产生的惰性污泥。所有污泥浓度的单位为单位体积的微生物量。

污泥的日产生量（单位为每日产生的微生物量）可以由进水流量（Q）、污泥停留时间（SRT）和总污泥浓度（X_{T}）估算出来，总污泥浓度（X_{T}）可以用式（6.10）计算。污泥停留时间（SRT）定义为生物反应器中总污泥质量（X_TV）与总污泥排放速率之比（即 $\mathrm{SRT}=X_TV/$总污泥排放速率）。生物反应器在稳态条件下，总污泥产生速率应该等于总污泥排放速率。因此，每日污泥产生速率（P_{X_T}）等于总污泥排放速率，可以用如下公式估算：

$$P_{X_T}=\frac{X_TV}{\mathrm{SRT}}=\left\{\left(\frac{\mathrm{SRT}}{\tau}\right)\left[\frac{Y(S_0-S)}{1+k_d\mathrm{SRT}}\right]+\frac{X_{0,i}\mathrm{SRT}}{\tau}+f_dk_d\times\left(\frac{\mathrm{SRT}}{\tau}\right)\left[\frac{Y(S_0-S)}{1+k_d\mathrm{SRT}}\right]\mathrm{SRT}\right\}\frac{V}{\mathrm{SRT}}$$

$$=\frac{QY(S_0-S)}{1+k_d\mathrm{SRT}}+QX_{0,i}+f_dk_d\frac{QY(S_0-S)}{1+k_d\mathrm{SRT}}\mathrm{SRT} \tag{6.11}$$

式中　Q——进水流量，$\mathrm{m^3/d}$；

　　　V——生物反应器的体积，$\mathrm{m^3}$。

例 6.4

在生物反应器中，在两种不同污泥停留时间（20 d 和 30 d）的条件下运行，计算每日的污泥产生速率。反应器的设计基于如下条件：

- 污泥停留时间（SRT）：20 d 和 30 d；
- 流量为 1000 $\mathrm{m^3/d}$；
- 生物反应器中污泥浓度为 8000 mg VSS/L。

污水进水水质如下：

- 可生物降解的 COD 浓度：400 g COD/$\mathrm{m^3}$；
- 惰性有机物浓度：20 g VSS/$\mathrm{m^3}$。

使用如下动力学参数计算：

$$k=12.5\mathrm{g\ COD/g\ VSS\cdot d}$$

$$K_s=10\mathrm{g\ COD/m^3}$$

$$Y=0.40\mathrm{g\ VSS/g\ COD}$$

$$f_d=0.15\mathrm{g\ VSS/g\ VSS}$$

$$k_d=0.10\mathrm{g\ VSS/g\ VSS\cdot d}$$

计算过程

式（6.11）可用来计算每日污泥产量。在使用式（6.11）之前，需要估算一下出水 COD 浓度（S）。使用式（2.20）计算污泥停留时间（SRT）为 20 d 时的出水 COD 浓度。

$$S=\frac{K_s(1+k_d\mathrm{SRT})}{\mathrm{SRT}(Y_k-k_d)-1}$$

$$=\frac{(10\mathrm{g\ COD/m^3})(1+(0.10\mathrm{g\ VSS/g\ VSS\ d})20\ \mathrm{d})}{20\cdot \mathrm{d}((0.40\mathrm{g\ VSS/g\ COD})(12.5\mathrm{g\ COD/g\ VSS\ d})-0.10\mathrm{g\ VSS/g\ VSS\ d})-1}$$

$$=0.31\mathrm{g\ COD/m^3}$$

$$P_{X_T}=\frac{QY(S_0-S)}{1+k_d\mathrm{SRT}}+QX_{0,i}+f_dk_d\frac{QY(S_0-S)}{1+k_d\mathrm{SRT}}\mathrm{SRT}$$

$$=\frac{(1000\ \mathrm{m^3/d})(0.4\mathrm{g\ VSS/g\ COD})((400-0.31)\mathrm{g\ COD/m^3})}{1+(0.1\mathrm{g\ VSS/g\ VSS})(20\ \mathrm{d})}+$$

$$(1000\ \mathrm{m^3/d})(20\mathrm{g\ VSS/m^3})+(0.15\mathrm{g\ VSS/g\ VSS})(0.1\mathrm{g\ VSS/g\ VSS})\cdot$$

$$\frac{(1000\mathrm{m^3/d})(0.4\mathrm{g\ VSS/g\ COD})((400-0.31)\mathrm{g\ COD/m^3})}{1+(0.1\mathrm{g\ VSS/g\ VSS})(20\ \mathrm{d})}(20\ \mathrm{d})$$

同样，污泥停留时间（SRT）为 30 d 时，出水 COD 浓度和每日污泥产生量也可以估算出来。

$$S = 0.27 \text{g COD/m}^3$$

$$P_{X_T} = 78.0 \text{ kg VSS/d}$$

值得注意的是，污泥停留时间（SRT）为 30 d 的污泥产生量与污泥停留时间（SRT）为 20 d 的污泥产生量相比，具有较低的污泥产生量。我们也可以从例 6.5 看出来，污泥停留时间（SRT）可以影响生物反应器体积。

生物反应器要完成氨氮反应和 COD 的去除，在计算每日污泥产生量时我们需要包含硝化细菌的产生量和硝化细菌衰亡产生的惰性污泥。在实际的估算中，由于硝化细菌衰亡产生的惰性物质可以忽略不计，我们只需要计算包含硝化细菌的产生量。式（6.11）可以表示为：

$$P_{X_T} = \underbrace{\frac{QY(S_0 - S)}{1 + k_d \text{SRT}}}_{\text{异养微生物产生固体量}} + \underbrace{\frac{QY_n N_{ox}}{1 + k_{dn} \text{SRT}}}_{\text{硝化细菌产生的固体量}} +$$

$$\underbrace{QX_{0,i}}_{\text{进水中惰性物质的固体量}} + \underbrace{f_d k_d \frac{QY(S_0 - S)}{1 + k_d \text{SRT}} \text{SRT}}_{\text{异养微生物衰亡产生的固体量}}$$

式中　Y_n——硝化细菌的生长量，g VSS/g COD；

　　　N_{ox}——可氧化氨的浓度，g N/m³；

　　　k_{dn}——硝化细菌的衰减常数，d⁻¹。

式（6.12）中可氧化氨的浓度，由氮的质量守恒可以用如下公式计算：

$$可氧化 N = 进水中 N - 出水中 N - 微生物中 N$$

$$QN_{ox} = Q(\text{TKN}_0) - QN_e - 0.12 P_{X,\text{bio}}$$

$$N_{ox} = \frac{\text{TKN}_0 - N_e - 0.12 P_{X,\text{bio}}}{Q} \tag{6.12}$$

式中　TKN_0——进水中 TKN 浓度，g N/m³；

　　　N_e——出水中氨氮浓度，g N/m³；

　　　$P_{X,\text{bio}}$——由于微生物增长和衰亡每日产生的污泥，g VSS/d；

　　　0.12——微生物中氮的百分比。

工程师经常用 TSS 比上可挥发性悬浮物浓度（VSS）用来估算每日的污泥产量。一般根据 TSS 经验地估算每日泥产生量。Tchobanoglous 等人（2003）假设 VSS 为微生物中 TSS 的 85％和微生物衰亡产生的惰性物质为可挥发性悬浮物（VSS）。然而，为了更好地估算 VSS 和 TSS 的比值，需要试验确定。来自进水中惰性物质中的 TSS 可以通过测量进水中 TSS（TSS_0）和 VSS（VSS_0）来估算。因此，基于 TSS 可以用下式计算每日污泥产生量：

$$P_{X_T} = \left[\frac{QY(S_0 - S)/(1 + k_d \text{SRT})}{0.85} \right] + \left[\frac{QY_n N_{ox}/(1 + k_{dn} \text{SRT})}{0.85} \right] +$$

$$\left[QX_{0,i} + Q(\text{TSS}_0 - \text{VSS}_0) \right] + \left[\frac{f_d k_d (QY(S_0 - S)/(1 + k_d \text{SRT}))\text{SRT}}{0.85} \right]$$

$$\tag{6.13}$$

6.3.4 曝气池体积的计算

计算设计污泥停留时间（SRT）和预估污泥日产量之后，生物反应器的体积就可以计算出来。生物反应器的体积可以用生物反应器的污泥质量与生物反应器中总的污泥浓度的比值表示（式（6.14））。生物反应器中的污泥质量可以用每日污泥产率乘以设计的污泥停留时间（SRT）表示（式（6.15）），然而生物反应器中总的污泥浓度是一个设计值。

$$V = \frac{\text{生物反应器中污泥质量}}{\text{生物反应器中总的污泥浓度}} \tag{6.14}$$

$$\text{生物反应器中污泥质量} = P_{X_T} \cdot \text{SRT} \tag{6.15}$$

此处给出的生物反应器体积的计算过程是基于设计污泥浓度。对现有运行的 CAS 工艺中生物反应器进行改造，大多数情况下没有对正在运行的生物反应器改变体积。在这种情况下，基于固定的生物反应器体积和计算出来的污泥量，可以计算出污泥浓度。

例 6.5

在污泥停留时间分别为 20 d 和 30 d 的条件下，计算生物反应器需要的体积。假设在这个例子中不考虑硝化作用。除了如下信息外，生物反应器设计、污水水质和动力学参数的条件和例 6.4 一样。

- 设计污泥浓度：10.0 kg TSS/m^3；
- X 中 TSS 和衰亡微生物产生惰性物质中 VSS 百分比为 85%。

$$\text{TSS}_0 = 60 \text{ g/m}^3$$

$$\text{VSS}_0 = 50 \text{ g/m}^3$$

计算过程

为了计算所需生物反应器的体积，我们需要使用式（6.14）计算每日污泥产生量（基于 TSS 计算），使用式（6.15）计算生物反应器中污泥质量。

$$P_{X_T} = \left[\frac{QY(S_0 - S)/(1 + k_d \text{SRT})}{0.85} \right] + \left[QX_{0,i} + Q(\text{TSS}_0 - \text{VSS}_0) \right] +$$

$$\left[\frac{f_d k_d (QY(S_0 - S)/(1 + k_d \text{SRT}))\text{SRT}}{0.85} \right]$$

$$= \frac{53292 \text{ g VSS/d}}{0.85 \text{ g VSS/g TSS}} + 20000 \text{ g VSS/d} + 1000 \text{ m}^3/\text{d}(60 - 50)\text{g/m}^3 +$$

$$\frac{15988 \text{ g VSS/d}}{0.85 \text{ g VSS/g TSS}} = 111.5 \text{ kgTSS/d}$$

生物反应器中污泥质量 $= P_{X_T} \cdot \text{SRT} = (111.5 \text{ kg TSS})(20 \text{ d}) = 2230 \text{ kgTSS}$

即，可以用式（6.14）计算反应器的体积：

$$V = \frac{\text{生物反应器中污泥质量}}{\text{生物反应器中总的污泥浓度}} = \frac{2230 \text{ kg TSS}}{10 \text{ kg TSS/m}^3} = 223 \text{ m}^3$$

同样，污泥停留时间（SRT）时计算反应器的体积：

$$P_{X_T} = 98.2 \text{ kg TSS/d}$$

反应器中污泥质量 $= 2946 \text{ kg TSS}$

$$V = 295 \ \mathrm{m}^3$$

需要注意的是，将污泥停留时间（SRT）从 20 d 增加到 30 d，由于衰亡细胞的增加，每日污泥产生量降低了 14.5%，但计算的生物反应器体积增加了 32.3%。

6.3.5　缺氧池体积的计算

基于需要脱氮的质量和反应池中反硝化速率（SDNR）计算缺氧池的体积。根据可氧化氨浓度［N_{ox}，公式（6.12）］和目标出水的硝酸盐浓度或者硝酸盐可排放最大浓度限制（$\mathrm{NO}_{3,\mathrm{P}}$）计算需要脱硝的氮质量，公式为：

$$反硝化反应氮的质量 = Q(N_{\mathrm{ox}} - \mathrm{NO}_{3,\mathrm{P}}) \tag{6.16}$$

反硝化速率（SDNR）受到可以利用的有机物的影响，是缺氧池中有机负荷率（F/M）的函数，可以表示为式（6.17）。由式（6.17）可知反硝化速率（SDNR）与有机负荷率（F/M）呈线性关系，如图 6.13 所示，整理后可得式（6.18）。

$$\frac{F}{M_{\mathrm{ax}}} = \frac{QS_0}{V_{\mathrm{ax}}X_{\mathrm{ax}}} \tag{6.17}$$

式中　V_{ax}——缺氧池的体积，m^3；

　　　X_{ax}——缺氧池中污泥浓度，g VSS/m^3。

$$\mathrm{SDNR} = 0.019\left(\frac{F}{M_{\mathrm{ax}}}\right) + 0.029 \tag{6.18}$$

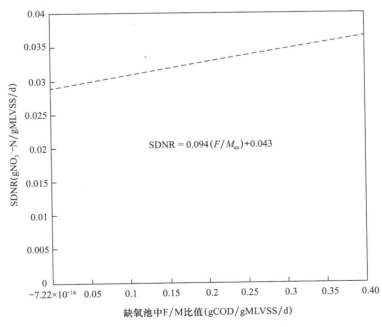

图 6.13　SDNR 是 F/M 比值的函数

（摘自：Tchobanoglous, G. et al., Wastewater Engineering：
Treatment and Reuse, 4th edn., McGraw-Hill, New York, 2003.）

由于有机负荷率（F/M）与缺氧池的体积有一定的关联，缺氧池体积的计算是一种数值迭代的计算方法。这种方法的通用协议如图 6.14 所示。首先，假设缺氧池的体积为一定的值，这样有机负荷率（F/M）和反硝化速率（SDNR）使用假设的缺氧池的体积就可以计算出来。基于需要反硝化的硝酸盐质量和缺氧池中污泥浓度，缺氧池的体积就可以计算出来［式（6.19）］。这一过程要不断迭代，直到计算的数值与假设的数值相同。

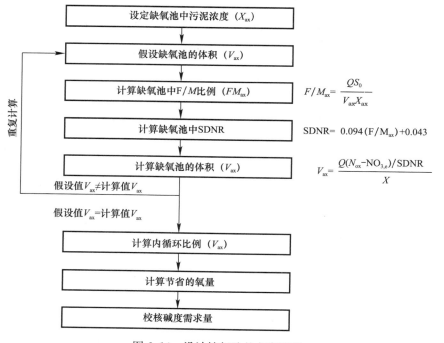

图 6.14　设计缺氧池的方案流程

$$V_{ax} = \frac{反硝化反应所需污泥}{缺氧池中污泥浓度} = \frac{Q(N_{ox} - NO_{3,P})/SDNR}{X} \quad (6.19)$$

污泥从好氧池内循环回流到缺氧池的流量可以用式（2.56）计算，这也将总氮去除（TNR）效率、进水流量（Q）和内循环流量（Q_r）联系起来，假设好氧池中发生完全的硝化反应，被同化氮的比例可以用下式计算：

$$Q_r = \frac{Q(TNR - f)}{1 - TNR} \quad (6.20)$$

$$TNR = \frac{TKN_0 - NO_{3,P}}{TKN_0} \quad (6.21)$$

$$f = \frac{TKN_0 - N_{ox}}{TKN_0} \quad (6.22)$$

正如第 2.5.1 节和第 2.5.2 节所论述的，硝化反应中消耗碱度（每氧化 1 mol 氨氮需要消耗 7.1 mg 碳酸钙碱度），在反硝化过程中产生碱度（每消耗 1 mol 硝态氮产生 3.6 mg 碳酸钙碱度）。因此，有必要检查是否需要补充碱度。

在缺氧池的设计过程中，由于反硝化过程消耗 COD，我们需要计算反硝化过程节省的氧气。注意，反硝化反应发生在缺氧条件下。在好氧池中，节省了去除 COD 对氧的需求。正如第 2.5.2 节论述的，每 1 g 硝酸盐氮发生反硝化作用可节省 2.86 g 氧气。节省氧气的量可以用缺氧池中反硝化的氮的质量乘以系数［即 2.86，式（6.16）］。

6.4　曝气的设计

在曝气生物反应器中，好氧微生物用曝气产生的氧气作为最终电子受体氧化有机和无机污染物。除此之外，曝气也起到混合活性污泥，产生湍流清洗膜的作用（就浸没式 MBR 而言）。

在生物水处理过程中，曝气单元的能耗在整个污水厂中占比最高。CAS 工艺需要大约 50％的能量用于曝气。在 MBR 工艺中，由于膜系统的存在使这一比例增加到 80％。因此，需要合理设计曝气系统，避免对系统曝气量过高或者过低估算，从而导致能耗费用增加和有机物处理不完全。

6.4.1　实际氧传质速率

在现场条件下，实际氧传质速率（AOTR）比在标准状况下纯水中氧传质速率（SOTR）慢很多。要计算实际氧传质速率（AOTR），首先需要了解水中氧传质的理论。污水处理工程通常使用双膜理论，气膜和液膜存在于气相和液相之间，如图 6.15 所示。

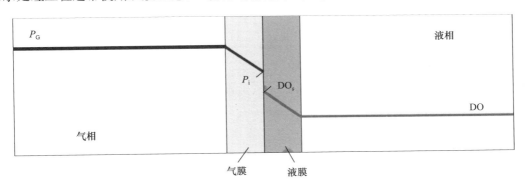

P_G=气相中氧分压
P_i=与 DO_S 平衡时界面的氧分压
DO=液相中溶解的氧浓度
DO_S=与 P_i 平衡时界面的溶解氧浓度

图 6.15　解释双膜理论的示意图

该理论假设双层薄膜对气体传递产生阻力，两相中气体浓度差驱动气体传递。如果大部分质量传递阻力存在于液态薄膜中，这也是污水处理工程的假设条件，氧的传质速率（OTR）可以用如下等式表示。

$$OTR = \frac{dDO}{dt} \cdot V = K_{La} \cdot (DO_S - DO) \cdot V \qquad (6.23)$$

式中　DO——液体相中溶解的氧浓度，mg/L；

　　　DO_S——液膜中的溶解的氧浓度，mg/L；

　　　K_{La}——质量传递系数，h^{-1}；

　　　V——反应器体积，m^3。

SOTR 表示在标准条件（20 ℃，1 个大气压，纯水中没有溶解氧）下的氧传质速率，但是 AOTR 要考虑各种现场条件下（温度、污水特性、曝气装置、混合液密度和曝气池结构）氧的传质速率。温度通过改变质量传递系数来影响氧的传质速率。高温会导致氧传质系数降低。

$$K_{La}(T) = K_{La}(20 ℃)\theta^{T-20} \tag{6.24}$$

式中　$K_{La}(T)$——在温度 T 下，质量传递系数，h^{-1}；

$K_{La}(20 ℃)$——在温度 20 ℃下，质量传递系数，h^{-1}；

θ——温度矫正因子。

污水特性、曝气装置、曝气池构造和混合液密度也会影响质量传递系数。这些影响可以通过阿尔法修正因子分析，定义表达式如下：

$$\alpha = \frac{K_{La}（污水）}{K_{La}（纯水）} \tag{6.25}$$

据报道，通过试验确定的阿尔法因子在 0.3～1.2 之间变化很大。与 CAS 工艺中生物反应系统中阿尔法因子相比，高污泥浓度的 MBR 系统生物反应器的阿尔法因子相当低。坎普和克劳斯（2003）的研究表明，阿尔法因子随着 MLSS 浓度的增加指数下降。他们将阿尔法修正因子公式表达为 $\alpha = e-0.08788 \cdot MLSS$，曝气系统也受阿尔法因子影响。实际上，机械曝气系统（0.6～1.2）与曝气分散器（0.4～0.8）相比，具有较高的阿尔法因子数值。

污水特性也影响溶解氧。这一影响用贝塔（β）矫正因子表示，定义式如下：

$$\beta = \frac{DO_S（污水）}{DO_S（纯水）} \tag{6.26}$$

据报道，污水中通常使用的贝塔（β）值为 0.95，尽管该数值在 0.7～0.98 之间。考虑到上面提到的所有因素，现场条件下的氧传递速率（即 ACTR）可以表达如下：

$$AOTR = SOTR \cdot \frac{\alpha(\beta DO_S - DO)}{DO_{S,20}}\theta^{T-20} \tag{6.27}$$

式中　AOTR——实际氧的传递速率，kg/h；

SOTR——标准状态下氧的传递速率，kg/h。

例 6.6

计算以下提供的现场条件下的氧传递速率（AOTR），并对比标准条件下氧的传递速率。

氧传质系数 $K_{La}(20 ℃) = 4.9 \ h^{-1}$

污水中的氧传递速率与净水中的氧传递速率的比值（α）= 0.6

温度矫正因子（θ）= 1.024

污水中溶解氧（DO）浓度与净水中溶解氧（DO）浓度比值（β）= 0.95

污水温度 = 25 ℃

20 ℃（293 K）下亨利定律常数 = 790 L·atm/mol

反应器中设计溶解氧（DO）浓度 = 2.0 mg/L

反应器体积 = 223 m^3

计算过程

为了计算 SOTR 和 AOTR，需要分别计算在 20 ℃和 25 ℃下溶解氧（DO）浓度。利用亨利定律常数在温度 $T(H_{O_2}(T))$ 下计算在温度 $T(DO_S(T))$ 下溶解氧（DO）浓度，表达式如下：

$$DO_S(T) = \frac{P_{O_2(g)}}{H_{O_2}(T)} \tag{6.28}$$

式中　$P_{O_2(g)}$——氧分压，atm；

在 25 ℃（298 K）时的亨利定理常数可以用范特霍夫方程计算，表达如下：

$$H_{O_2}(T_2) = H_{O_2}(T_1) \cdot \exp\left[\frac{\Delta H^\circ}{R}\left(\frac{1}{T_1} - \frac{1}{T_2}\right)\right] \tag{6.29}$$

式中　$H_{O_2}(T_2)$——在温度 T_2 下氧的亨利定理常数，K；

$\quad\quad H_{O_2}(T_1)$——在温度 T_1 下氧的亨利定理常数，K；

$\quad\quad \Delta H^\circ$——标准焓变，K·cal/mol；

$\quad\quad R$——气体常数，cal/K·mol。

$$H_{O_2}(298\ \text{K}) = 790(\text{Latm})/\text{mol} \cdot \exp\left[\frac{\Delta H^\circ}{R}\left(\frac{1}{T_1} - \frac{1}{T_2}\right)\right] = 875\ (\text{Latm})/\text{mol}$$

在 20 ℃和 25 ℃下的溶解氧（DO）浓度分别为：

$$DO_S(293\ K) = \frac{P_{O_2(g)}}{H_{O_2}(293\ \text{K})} = \frac{0.21\text{atm}}{790\ \text{Latm/mol}} = 2.66 \times 10^{-4}\ \text{mol/L} = 8.51\ \text{mg/L}$$

$$DO_S(298\ K) = \frac{P_{O_2(g)}}{H_{O_2}(298\ \text{K})} = \frac{0.21\ \text{atm}}{875\ \text{Latm/mol}} = 2.40 \times 10^{-4}\ \text{mol/L} = 7.68\ \text{mg/L}$$

在纯水（没有溶解氧）中 20 ℃下的氧传递速率 SOTR 可以表达为：

$$SOTR = K_{La}(DO_{S,20} - 0)V = K_{La} \times DO_{S,20} \times V$$
$$= (4.9\ \text{h}^{-1})(8.51\ \text{mg/L})(10^{-6}\ \text{kg/mg})(10^3\ \text{L/m}^3)(223\ \text{m}^3) = 9.30\ \text{kg/h}$$

现在就可以用等式（6.28）估算 AOTR：

$$AOTR = SOTR \times \frac{\alpha(\beta DO_S - DO)}{DO_{S,20}}\theta^{T-20}$$
$$= (9.30\ \text{kg/h}) \times \frac{0.6(0.95 \times 7.68 - 2.0\ \text{mg/L})}{8.51\ \text{mg/L}} \times 1.024^{(25-20)} = 3.91\ \text{kg/h}$$

需要注意的是，AOTR 数值仅为 SOTR 数值的 42%，这表明在现场条件下的氧传质效率较低。

6.4.2　生物处理过程曝气量的计算

基于 COD 消耗、硝化反应、反硝化反应和污泥产量估算理论需氧量。我们回顾一下计算理论需氧量的计算公式：

$$OD_{\text{theory}} = Q(S_0 - S) + 4.32QN_{\text{ox}} - 2.86Q(N_{\text{ox}} - NO_{3,e}) - 1.42P_{X,\text{bio}} \tag{6.30}$$

该公式基于 OD_{theory} 氧的质量守恒，为去除 $COD(Q(S_0 - S))$ 耗氧量，硝化反应耗氧量（$4.32QN_{\text{ox}}$），反硝化反应节省下来的氧当量（$-2.86Q(N_{\text{ox}} - NO_{3,e})$）和污泥产生量节省下来的氧当量（$-1.42P_{X,\text{bio}}$）之和。

$P_{X,\text{bio}}$相当于两个过程消耗的氧，微生物的剩余污泥产生率和惰性物质产生量。$P_{X,\text{bio}}$可以用公式表达如下：

$$P_{X,\text{bio}} = \frac{QY(S_0 - S)}{1 + k_d\text{SRT}} + \frac{QY_n N_{ox}}{1 + k_{dn}\text{SRT}} + f_d k_d \frac{QY(S_0 - S)}{1 + k_d\text{SRT}}\text{SRT} \tag{6.31}$$

由于估算的$\text{OD}_{\text{theory}}$是一个理论值，我们需要根据曝气系统的现场条件将其转换为OD。现场条件下的需氧量可以用如下公式计算：

$$\text{OD}_{\text{field}} = \left(\frac{\text{OD}_{\text{theory}}}{E}\right)\left(\frac{\text{SOTR}}{\text{AOTR}}\right) = \left(\frac{\text{OD}_{\text{theory}}}{E}\right)\left(\frac{\text{DO}_{S,20}}{\alpha(\beta\text{DO}_S - \text{DO}) \cdot \theta^{T-20}}\right) \tag{6.32}$$

式中　OD_{field}——现场条件下的需氧量，kg/d；

　　　$\text{OD}_{\text{theory}}$——理论条件下的需氧量，kg/d；

　　　$\text{DO}_{S,20}$——20 ℃下的溶解氧浓度，mg/L；

　　　E——分散器氧的传递效率。

例 6.7

对于例 6.4（污泥停留时间为 20 d）MBR 系统，计算在现场条件下的 OD。假设除了分散器氧的传递效率（E）为 0.3 之外，现场条件与例 6.6 一致。

计算过程

由于例 6.4 忽略了硝化反应，$P_{X,\text{bio}}$可以用如下等式计算：

$$\begin{aligned}
P_{X,\text{bio}} &= \frac{QY(S_0 - S)}{1 + k_d\text{SRT}} + f_d k_d \frac{QY(S_0 - S)}{1 + k_d\text{SRT}}\text{SRT} \\
&= \frac{(1000\ \text{m}^3/\text{d})(0.4\ g\ \text{VSS/g COD})(400 - 0.31\ g\ \text{COD/m}^3)}{1 + (0.1\ g\ \text{VSS/g VSS})(20\ \text{d})} \\
&\quad + (0.15\ g\ \text{VSS/g VSS})(0.1\ g\ \text{VSS/g VSS}) \cdot \\
&\quad \left[\frac{(1000\ \text{m}^3/\text{d})(0.4\ g\ \text{VSS/g COD})(400 - 0.31\ g\ \text{COD/m}^3)}{1 + (0.1\ g\ \text{VSS/g VSS})(20\ \text{d})}\right](20\ \text{d}) \\
&= (53292 + 15988)g\ \text{VSS/d} = 69280\ g\ \text{VSS/d}
\end{aligned}$$

$\text{OD}_{\text{theory}}$可以用下式估算：

$$\begin{aligned}
\text{OD}_{\text{theory}} &= Q(S_0 - S) - 1.42 P_{X,\text{bio}} \\
&= 1000\ \text{m}^3/\text{d} \times (4000 - 0.31)\ g/\text{m}^3 - 1.42 \times 69280\ g/\text{d} \\
&= 301312\ g/\text{d} = 301\ \text{kg/d} = 12.5\ \text{kg/h}
\end{aligned}$$

OD_{field}可以用下式估算：

$$\begin{aligned}
\text{OD}_{\text{field}} &= \left(\frac{\text{OD}_{\text{theory}}}{E}\right)\left(\frac{\text{DO}_{S,20}}{\alpha(\beta\text{DO}_S - \text{DO}) \times \theta^{T-20}}\right) \\
&= \left(\frac{301\ \text{kg/d}}{0.3}\right)\left(\frac{8.51\ \text{mg/L}}{0.6(0.95 \times 7.68 - 2.0\ \text{mg/L}) \times 1.024^{25-20}}\right) \\
&= 2387\ \text{kg/d} = 99\ \text{kg/h}
\end{aligned}$$

计算出来的OD_{field}值比$\text{OD}_{\text{theory}}$高 7.9 倍。假设空气的密度为 1.2 kg/m³（密度随温度变化），OD_{field}换算为气体流量为 359 m³ 空气/h[$= (99\ \text{kgO}_2/\text{h})/(0.23\ \text{kgO}_2/\text{kg}\ 空气 \times 1.2\ \text{kg}\ 空气/\text{m}^3)$]。

6.4.3   膜清洗需要的曝气量

在浸没式 MBR 系统中，大气泡曝气装置安装在膜组件下面，冲刷积累在膜表面的污泥。在一定范围内，膜通量随着曝气速率的增加而增加，膜曝气对于提高过滤性能是很重要的。提供合适的曝气量对于降低能耗和减少膜污染至关重要。据报道，使用大气泡曝气装置，其能耗在 MBR 污水处理厂总的运行能耗中占比，从原来的 30% 增加到 50%。

膜清洗所需的曝气量与安装在反应器中的膜组件数量（即膜面积）有直接关系。因此，由膜面积和比曝气量（SAD_m）估算所需曝气量。比曝气量（SAD_m）定义为单位膜面积内气体流量（即 m^3 空气/m^2 膜/h）。比曝气量（SAD_m）的数值随膜供应商和膜组件的特征不同而不同。通常比曝气量（SAD_m）的范围为 $0.3 \sim 0.8\ m^3$ 空气/m^2 膜/h，在表 6.7 中列出。

有时，膜曝气对曝气的需求量是按照出水计算而不是膜面积。SAD_p 被定义为单位出水流量的气体流量（即 m^3 空气/m^3 产水）。SAD_p 在 10 到 100 之间分布。

各种膜组件的比曝气量（SAD_m）

表 6.7

供应商	膜类型	型号	$SAD_m(m^3/m^2/h)$	参考资料
久保田	FS	EW	0.34	Judd(2006)
	FS	EM	0.48	Judd(2006)
	FS	EK	0.53	Judd(2006)
	FS	ES	0.75	Judd(2006)
三菱	HF	SUR334LA	0.34	Judd(2006)
GE 泽农	HF	500d	0.54	Judd(2006)
	HF	500d	0.34	Brepols(2004)
	HF	500d	0.18	Cote(2004)
西门子	HF	B10R	0.36	Adham(2004)
爱科利态	HF	4005CF	0.15	网上信息
A3	HF	SADF	0.2	Grelot(2010)
旭化成	HF	MUNC-620A	0.24	网上信息

注：表中 FS 为平板膜；HF 为中空纤维膜。

6.5   膜系统的设计

希望将膜的运行通量能够尽可能地高，以降低膜组件的费用，但高通量又会降低膜系统的稳定性。众所周知，膜污染速率随着跨膜压差的增加而增加，且随着通量的增加成指数级增加（贾德，2006）。确定设计通量时应考虑流量峰值因数（即每小时流量峰值与日平均流量之比）和因过滤周期需要反冲洗造成的停顿时间。典型的过滤周期如图 6.16 所示。在峰值流量条件下，膜产品应该稳定运行（即没有严重的污染）。因此，设计通量应基于峰值流量计算，而不是日平均流量。如果峰值因子大于 1.5，考虑到经济效益，强烈建议安装调节池，而不是增加膜组件的数量。

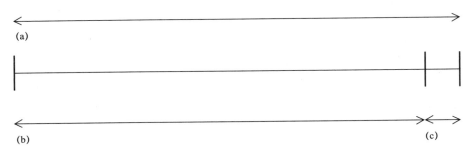

图 6.16　典型过滤周期示意图

注：（a）总的过滤时间为 10 min；（b）过滤运行时间为 9.5 min；
（c）为了减少膜污染颗粒物质，从膜表面释放出来的停顿时间为 30 s。

膜过滤是不连续运行的，以最大限度地减少膜污染。间歇过滤是 MBR 运行的一种传统方式。此外，定期进行反冲洗也是为了减少膜污染。由于周期过滤和反冲洗期间的停顿也降低了设计通量。化学清洗阶段，过滤过程停顿也降低了设计通量。因此，设计通量应该考虑到峰值因子、过滤周期和化学清洗，可以用如下公式计算：

$$\text{设计通量} = \frac{(\text{最大运行通量})(\text{过滤比})(\text{运行比})}{\text{峰值因子}} \qquad (6.33)$$

式中　最大运行通量＝临界通量，$L/m^2 \cdot h$

过滤比＝（过滤时间）/（过滤时间＋反洗时间＋停顿时间）

运行比＝（运行时间）/（运行时间＋清洗时间）

峰值因子＝（日峰值流量）/（日平均流量）

基于设计通量计算 MBR 系统需要安装的膜组件数量。可以使用日平均流量、设计通量和每个膜组件的膜面积来计算膜组件数量，公式如下：

$$\text{膜组件数量} = \frac{\text{日平均流量}}{(\text{设计通量})(\text{每个膜组件的膜面积})} \qquad (6.34)$$

例 6.8

在 MBR 污水处理厂中，出水以 30 LMH 外排。为了降低膜污染，每个过滤周期 5 min，进行一次反冲洗，时间为 30 s（即产水时间为 4.5 min，反冲洗时间为 0.5 min）。除了反冲洗，每天进行一次 30 min 的维护清洗。考虑到反冲洗和维护清洗，净的通量是多少？

计算过程

由于在反冲洗和维护清洗期间，不会产水，基于净过滤和运行时间，净通量可以用如下公式计算：

$$\text{净通量} = (\text{瞬时通量})(\text{过滤比})(\text{运行比})$$
$$= (30 \text{ LMH})\left(\frac{4.5 \text{ min}}{5 \text{ min}}\right)\left(\frac{23.5 \text{ h}}{24 \text{ h}}\right) = 26.4 \text{ LMH}$$

6.6　设计案例

这个设计案例总结了本章中介绍的所有设计程序，对于想要了解 MBR 设计整体框架的读者来说是非常有用的。建立一个新的 MBR 处理市政污水的工厂的主要挑战在于生物反应器和膜系统的设计。生物反应器由曝气池和缺氧池组成，曝气池中的混合液循环到缺氧池中（即内循环），经过硝化和反硝化完成生物脱氮。假设曝气池和缺氧池在完全搅拌反应器中运行。

设计应该包括：①两个混合反应器的体积（即曝气池和缺氧池）；②内循环流量；③生物处理和膜清洗的曝气速率；④曝气池中安装膜组件的数量。生物反应器的污泥浓度和污泥停留时间分别为：8000 gMLVSS/m^3 和 20 d。在这一案例中，膜系统基于 GE-泽能 ZeeWeed500d 浸没式膜组件设计。ZeeWeed500d 膜箱最多可以装 48 支膜组件，每个膜组件有 31.6 m^2 的膜面积（即 1516.8 m^2/膜箱）。总的参数、污水特性、动力学参数、曝气参数和膜系统的运行环境在表 6.8～表 6.12 列出。

设计的基本信息　　　　　　　　　　　　　　　　表 6.8

类别	数值
污水进水平均流速（m^3/d）	1000
污水流速的峰值因子[a]	1.5
好氧池污泥停留时间（d）	20
夏季污水平均温度（℃）	25
冬季污水平均温度（℃）	12
最大可生物降解的 COD/(g·m^{-3})	5
最大氨浓度（g N·m^{-3}）	0.5
最大氮浓度（g N·m^{-3}）	25
好氧池中溶解氧浓度（g·m^{-3}）	2

[a] 峰值因子定义为每日流速与每小时峰值流速之比。峰值因子持续时间假定为 2 h。

污水进水水质　　　　　　　　　　　　　　　　表 6.9

类别	浓度（mg/L）
可生物降解 COD	230
不可生物降解的可溶性 COD	20
TKN	50
硝酸盐	0
不可生物降解 VSS	20
碱度（CaCO₃ 计算）	150

活性污泥动力学参数　　　　　　　　　　　　　　表 6.10

参数	单位	数值
μ_m	g VSS/(g VSS/d)	6
K_s	g bCOD/m^3	20
Y	g VSS/g bCOD	0.4
k_d	g VSS/(g VSS/d)	0.12
f_d	无单位	0.15
$\mu_{m,N}$	g VSS/(g VSS/d)	0.75
K_N	g N/m^3	0.74
K_{DO}	g DO/m^3	0.5

续表

参数	单位	数值
Y_N	g VSS/gN	0.12
$k_{d,N}$	g VSS/(g VSS/d)	0.08
θ 值		
μ_m 或者 $\mu_{m,N}$	/	1.07
k_d 或者 $k_{d,N}$	/	1.04
K_s	/	1
K_N	/	1.05
SDNR	/	1.08

生物反应曝气参数　　　　　　　　　　　　　表 6.11

参数	单位	数值
阿尔法 α	/	0.45
贝塔 β	/	1
曝气池中溶解氧 DO	mg/L	2
扩散器氧传输速率（E）	%	30

为了精确设计，通常需要使用基于活性污泥模型的设计软件（GPS-X，BioWin，WEST 等）。不过，使用程序方法设计 MBR 污水处理厂将有助于了解影响生物反应器尺寸、总的污泥产生量、曝气量和需要膜组件的数量的因素。以下废水工程中介绍了程序方法的设计过程。

膜系统运行参数　　　　　　　　　　　　　　表 6.12

参数	单位	数值
最大运行通量[a]	L/(m² · h)	40
产水比		
过滤	min	15
反冲洗	min	0.5
维护清洗		
频率	次数/每周	3
持续时间	min	60
粗气泡曝气		
SAD	m³/(m² · h)	0.54
曝气/停顿	s	10/10

[a] 最大运行通量表示临界通量。运行通量超过最大的通量时间应限制在小于 1 h。

6.6.1　用硝化反应动力学校核设计的污泥停留时间

首先，需要核对设计的污泥停留时间（SRT）是否大于曝气池进行彻底的硝化反应所需的最小污泥停留时间（SRT$_{min}$）。如果最小污泥停留时间（SRT$_{min}$）大于设计的污泥停留时间（SRT），设计的污泥停留时间（SRT）需要重新设定（即增加污泥停留时间）。如例 6.3 所示，硝化反应所需的最小污泥停留时间（SRT$_{min}$），通过氨氧化细菌（AOB）的比增长率计算出来，如下所示：

$$\mu_{\mathrm{AOB}} = \left(\frac{\mu_{\mathrm{m,AOB}} \cdot \mathrm{NH_3}}{K_{\mathrm{N}} + \mathrm{NH_3}}\right)\left(\frac{\mathrm{DO}}{K_{\mathrm{DO}} + \mathrm{DO}}\right) - k_{\mathrm{d,AOB}}$$

$$\mu_{\mathrm{m,AOB}}(T) = \mu_{\mathrm{m,AOB}}(20\,^{\circ}\mathrm{C}) \cdot \theta^{(T-20)}$$

$$K_{\mathrm{N}}(T) = K_{\mathrm{N}}(20\,^{\circ}\mathrm{C}) \cdot \theta^{(T-20)}$$

$$k_{\mathrm{d,AOB}}(T) = k_{\mathrm{d,AOB}}(20\,^{\circ}\mathrm{C}) \cdot \theta^{(T-20)}$$

在冬季温度环境下（即 12 ℃）：

$$\mu_{\mathrm{m,AOB}}(12\,^{\circ}\mathrm{C}) = 0.75 \times 1.07^{(12-20)} = 0.44 \text{ g VSS/g VSS} \cdot \mathrm{d}$$

$$K_{\mathrm{N}}(12\,^{\circ}\mathrm{C}) = 0.74 \times 1.05^{(12-20)} = 0.5 \text{ gN/m}^3$$

$$k_{\mathrm{d,AOB}}(12\,^{\circ}\mathrm{C}) = 0.08 \times 1.04^{(12-20)} = 0.06 \text{ g VSS/g VSS} \cdot \mathrm{d}$$

使用给定的计算数值、其他动力学参数和设计条件，氨氧化细菌（AOB）的比增长率可以用如下公式计算：

$$\mu_{\mathrm{AOB}} = \left(\frac{\mu_{\mathrm{m,AOB}} \cdot \mathrm{NH_3}}{K_{\mathrm{N}} + \mathrm{NH_3}}\right)\left(\frac{\mathrm{DO}}{K_{\mathrm{DO}} + \mathrm{DO}}\right) - k_{\mathrm{d,AOB}}$$

$$= \left(\frac{(0.44 \text{ g/gd})(0.5 \text{ g/m}^3)}{(0.50 + 0.5) \text{ g/m}^3}\right)\left(\frac{2.0 \text{ g/m}^3}{(0.5 + 2.0) \text{ g/m}^3}\right) - 0.06 \text{ g/gd} = 0.12 \text{ g/(g} \cdot \mathrm{d})$$

曝气池所需的最小污泥停留时间（SRT）可以用式（6.9）计算：

$$\mathrm{SRT} = \frac{1}{\mu_{\mathrm{AOB}}} = \frac{1}{0.12 \text{ g/(gd)}} = 8.3 \text{ d}$$

即使我们使用一个安全因子（即峰值进水的 TKN 浓度比上平均流量的 TKN 浓度），计算出的最小污泥停留时间（SRT）也比预设的 20 d 的污泥停留时间（SRT）短。因此，没有必要重新设计污泥停留时间（SRT）。

6.6.2 计算生物反应的污泥产量

生物反应产生总的污泥量（$P_{X,\mathrm{bio}}$，单位：单位时间内产生的质量）可以用式（6.12）计算。$P_{X,\mathrm{bio}}$ 也可以通过总的污泥产量（$P_{X_{\mathrm{T}}}$）减去污水进水中惰性污泥量而得。为了计算 $P_{X,\mathrm{bio}}$，首先需要估算出水 COD 浓度，可氧化氨的浓度。出水 COD 可以用式（2.20）计算，如下所示：

$$S = \frac{K_{\mathrm{S}}(1 + k_{\mathrm{d}}\mathrm{SRT})}{\mathrm{SRT}(\mu_{\mathrm{m}} - k_{\mathrm{d}}) - 1} = \frac{(20 \text{ g COD/m}^3)[1 + (0.09 \text{ g VSS/g VSSd})(20 \text{ d})]}{(20 \text{ d})[(3.50 - 0.09) \text{ g VSS/g VSSd}] - 1}$$

$$= 0.83 \text{ gCOD/m}^3$$

$$k_{\mathrm{d}}(12\,^{\circ}\mathrm{C}) = k_{\mathrm{d}}(20\,^{\circ}\mathrm{C}) \cdot \theta^{(T-20)} = 0.12 \times 1.04^{(12-20)} = 0.09 \text{ g VSS/g VSS d}$$

$$\mu_{\mathrm{m}}(12\,^{\circ}\mathrm{C}) = \mu_{\mathrm{m}}(20\,^{\circ}\mathrm{C}) \cdot \theta^{(T-20)} = 6.0 \times 1.07^{(12-20)} = 3.50 \text{ g VSS/g VSS d}$$

需要注意的是，出水 COD 浓度小于设计出水可生物降解的 COD（5.0 g/m³）。可氧化氨浓度（N_{ox}）可以通过 $P_{X,\mathrm{bio}}$ 和 N_{ox} 迭代计算而得到。首先，我们假设 N_{ox} 为 35 gN/m³（进水中 TKN 浓度的 70%），$P_{X,\mathrm{bio}}$ 的计算如下所示：

$$P_{X,\mathrm{bio}} = \frac{QY(S_0 - S)}{1 + k_{\mathrm{d}}\mathrm{SRT}} + \frac{QY_{\mathrm{n}}(S_0 - S)}{1 + k_{\mathrm{d,AOB}}\mathrm{SRT}} + f_{\mathrm{d}}k_{\mathrm{d}}\frac{QY(S_0 - S)}{1 + k_{\mathrm{d}}\mathrm{SRT}}\mathrm{SRT}$$

$$= \frac{(1000 \text{ m}^3/\text{d})(0.4 \text{ g/g})(230-0.83 \text{ g/m}^3)}{1+(0.09 \text{ g/g d})(20 \text{ d})} \frac{(1000 \text{ m}^3/\text{d})(0.12 \text{g/g})(35 \text{g/m}^3)}{1+(0.06 \text{ g/g d})(20 \text{ d})} +$$

$$(0.15 \text{ g/g})(0.09 \text{ g/g d})\left[\frac{(1000 \text{ m}^3/\text{d})(0.40 \text{ g/g})(230-0.83 \text{ g COD/m}^3)}{1+(0.09 \text{ g/g d})(20 \text{ d})}\right](20 \text{ d})$$

$$= 43487 \text{ g VSS/d}$$

使用式（6.13）计算 N_{ox}：

$$N_{ox} = \frac{TKN_0 - N_e - 0.12 P_{X,bio}}{Q}$$

$$= \frac{50 \text{ g/m}^3 - 0.5 \text{ g/m}^3 - 0.12 \times 43487 \text{ g/d}}{1000 \text{ m}^3/\text{d}} = 44.3 \text{ g/m}^3$$

计算出来的 N_{ox} 比最初的估算值大很多（44.3＞35 g/m³）。因此，有必要重新计算该值，重新计算 $P_{X,bio}$ 和 N_{ox}，直到假设值和计算值一致。电子表格程序，如 MicrosoftExcel 能用来进行迭代计算。迭代结果 N_{ox} 为 44.2 g/m³，$P_{X,bio}$ 为 43990 g VSS/d。

6.6.3 计算好氧池体积

基于总污泥质量的估算和设计总的污泥浓度［式（6.15）］可以计算曝气池体积。为了计算污泥日产量（P_{X_T}），需要估算曝气池中总的污泥质量［式（6.12）］。

$$P_{X_T} = P_{X,bio} + QX_{0,i} = 43990 \text{ g/d} + (1000 \text{ m}^3/\text{d})(20 \text{ g/m}^3) = 63990 \text{ g VSS/d}$$

$$V = \frac{\text{生物反应器中污泥质量}}{\text{生物反应器中总的污泥浓度}} = \frac{(8000 \text{ g VSS/d})(20 \text{ d})}{8000 \text{ g VSS/m}^3} = 160 \text{ m}^3$$

曝气池的体积对应 3.8 h 的水力停留时间（HRT）［＝160 m³/(1000 m³/d)(24 h/d)］。

6.6.4 预估缺氧池的体积

计算缺氧池所需的体积，首先要计算缺氧池中污泥浓度（X_{ax}），用于计算缺氧池的有机负荷率（F/M_{ax}）。反硝化速率（SDNR）是缺氧池的有机负荷率（F/M_{ax}）的函数［式（6.19）］，可以用以计算反硝化所需的微生物量。假设活性污泥从曝气池回流到缺氧池的回流比足够大，即可假设 X_{ax} 与曝气池中的污泥浓度（X）相等（即8000 g VSS/m³）。缺氧池的有机负荷率（F/M_{ax}）可以用假设的水力停留时间 2 h 条件下的缺氧池体积（83.3 m³），使用式（6.18）计算：

$$\frac{F}{M_{ax}} = \frac{QS_0}{V_{ax}X_{ax}} = \frac{(1000 \text{ m}^3/\text{d})(230 \text{ g/m}^3)}{(83.3 \text{ m}^3)(8000 \text{ g/m}^3)} = 0.345 \text{ g/g d}$$

反硝化速率（SDNR）可以用式（6.19）计算：

$$SDNR(20 \text{ ℃}) = 0.019\left(\frac{F}{M_{ax}}\right) + 0.029 = 0.019(0.345 \text{ g/g d}) + 0.029$$

$$= 0.036 \text{ gNO}_3^- - N/\text{g VSS d}$$

$$SDNR(12 \text{ ℃}) = SDNR(20 \text{ ℃}) \cdot \theta^{(12-20)} = (0.036 \text{ g/g d}) \times 1.08^{(12-20)}$$

$$= 0.019 \text{ gNO}_3^- - N/\text{g VSS d}$$

正如前面的计算，可氧化的氮浓度（N_{ox}）为 44.2 g NO₃⁻—N/m³，硝酸盐的排放限制为 25 g $NO_3^- - N/m^3$。因此，反硝化氮的量为 19200 g $NO_3^- - N/d$（$= (44.2 - 25)$ g/$m^3 \times$ 1000 m^3/d），反硝化所需微生物的量为 1010526 g VSS（$= (19200$ g/d$)/(0.019$ g/g·d$)$）。因而，缺氧池的体积就可以用下式计算：

$$V_{ax} = \frac{反硝化反应所需的活性污泥}{缺氧池中活性污泥浓度} = \frac{1010525 \text{ g}}{8000 \text{ g/}m^3} = 126.3 \text{ m}^3$$

缺氧池计算出来的体积（126.3 m^3）比起初假设值（83.3 m^3）要大。计算值要与起初假设值相等。与 $P_{X,bio}$ 和 N_{ox} 的计算相似，V_{ax} 也可以用迭代计算方法计算。迭代计算的结果如下所示：

$$\frac{F}{M_{ax}} = 0.21 \text{ g COD/g VSS d}$$

$$SDNR(20 \text{ ℃}) = 0.0331 \text{ g } NO_3^- - N\text{g/g VSS d}$$

$$SDNR(12 \text{ ℃}) = 0.0179 \text{ g } NO_3^- - N\text{g/g VSS d}$$

反硝化反应所需活性污泥量 $= 1074754$ g VSS

$$V_{ax} = 134.3 \text{ m}^3 (= 3.2 \text{ h SRT})$$

6.6.5 计算内循环回流比

有前面的计算，我们可以估算出总氮去除效率和被同化为微生物中的氮的百分比（f），这个可以用来计算内循环的回流比，如 6.3.5 章节所述。

$$TNR \text{ 效率} = \frac{TKN_0 - NO_{3,P}}{TKN_0} = \frac{(50 - 25) \text{ g/}m^3}{50 \text{ g/}m^3} = 0.5$$

$$f = \frac{TKN_0 - NO_{3x}}{TKN_0} = \frac{(50 - 44.2) \text{ g/}m^3}{50 \text{ g/}m^3} = 0.1$$

$$TNR \text{ 效率} = 1 - \frac{Q \cdot (1 - f)}{Q + Q_r}$$

$$0.5 = 1 - \frac{(1000 \text{ m}^3/\text{d}) \cdot (1 - 0.1)}{1000 \text{ m}^3/\text{d} + Q_r}$$

$$Q_r = 800 \text{ m}^3/\text{d}$$

6.6.6 检查需要的碱度

如前所述，在硝化过程中消耗碱度（每 1 mg 的可氧化氮消耗 7.14 mg 碳酸钙碱度），在反硝化过程中产生碱度（消耗每 1 mg 的氮产生 3.60 mg 碳酸钙碱度）。因此，有必要检查提供的碱度是否满足需要。

硝化过程中消耗的碱度：

$$\left(7.14 \frac{\text{mg CaCO}_3}{\text{mg NH}_3 - N}\right)(44.2 \text{ mg/L}) = 316 \text{ mg/L}(\text{CaCO}_3 \text{ 计})$$

反硝化过程中产生的碱度：

$$\left(3.60 \frac{\text{mg CaCO}_3}{\text{mg NH}_3 - N}\right)(19.2 \text{ mg/L}) = 69 \text{ mg/L}(\text{CaCO}_3 \text{ 计})$$

考虑到进水中碱度（150 mg 碳酸钙每 L 的碱度），最小的残留碱度（50 mg 碳酸钙每升的碱度），生物反应器中需要提供 147 mg 碳酸钙每升的碱度。

$$提供的碱度 = 进水碱度 - 消耗碱度 + 产生碱度 - 最小残留碱度$$
$$= (150 - 316 + 69 - 50) \ mg/L = -147 \ mgCaCO_3/L$$

6.6.7 确定剩余活性污泥

如前所述，剩余活性污泥产率等于每日污泥产率（P_{X_T}）。由于污泥日产率（P_{X_T}）使用的是质量单位，为了计算活性污泥产率，将曝气池的污泥浓度转换为体积单位。需要注意的是，在实践中，在 MBR 污水处理厂没有像二沉池这样的污泥浓缩装置。因此，剩余活性污泥浓度与曝气池中的 MLVSS 浓度相等，也是在曝气池中完成污泥外排。

$$P_{X_T} = 63990 \ g \ VSS/d$$

剩余污泥量为 $\dfrac{63990 \ g \ VSS/d}{8000 \ g/m^3} = 8.0 \ m^3/d$。

6.6.8 计算生物反应所需的曝气量

曝气池中 COD 去除和硝化反应所需的理论需氧量（OD_{theory}），可以用式（6.31）计算。

$$\begin{aligned}
OD_{theory} &= Q(S_0 - S) + 4.32QN_{ox} - 2.86Q(N_{ox} - N_{3,e}) - 1.42P_{X,bio} \\
&= 1000 \ m^3/d \times (230 - 0.83) \ g/m^3 + 4.32(1000 \ m^3/d)(44.2 \ g/m^3) - \\
&\quad 2.86(1000 \ m^3/d)[(44.2 - 25) \ g/m^3] - 1.42 \times 43487 \ g/d \\
&= 303450 \ g/d
\end{aligned}$$

现场条件下的需氧量（OD_{field}）可以根据理论需氧量（OD_{theory}）、污水特性和混合条件用式（6.33）计算。

$$\begin{aligned}
OD_{field} &= \left(\frac{OD_{theory}}{E}\right)\left(\frac{DO_{S,20}}{\alpha(\beta DO_S - DO) \cdot \theta^{T-20}}\right) \\
&= \left(\frac{303 \ kg/d}{0.3}\right)\left(\frac{8.51 \ mg/m^3}{0.6(0.95 \times 10.10 - 2.0 \ mg/m^3) \times 1.024^{12-20}}\right) = 2280 \ kg/d
\end{aligned}$$

在 12 ℃（285 K）下，溶解氧的浓度用式（6.29）和式（6.30）计算：

$$\begin{aligned}
H_{O_2}(285 \ K) &= H_{O_2}(293 \ K) \times \exp\left[\frac{\Delta H^\circ}{R}\left(\frac{1}{293} - \frac{1}{285}\right)\right] \\
&= 790 (Latm)/mol \times \exp\left[1792\left(\frac{1}{293} - \frac{1}{285}\right)\right] = 665.4 (Latm)/mol
\end{aligned}$$

$$DO_S(285 \ K) = \frac{P_{O_2(g)}}{H_{O_2}(285 \ K)} = \frac{0.21 \ atm}{665.4 (Latm)/bar} = 3.16 \times 10^{-4} \ mol/L = 10.10 \ mol/L$$

为了将质量速率转换为体积速率，如果我们将每 1 m^3 空气中氧气质量为 0.27 kg，需氧量为 8444 m^3 空气/d 或 5.86 m^3 空气/min。

6.6.9 膜系统的设计

膜系统的设计包括计算设计通量、所需膜组件的数量和大气泡曝气的曝气量。

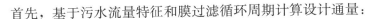

首先，基于污水流量特征和膜过滤循环周期计算设计通量：

$$设计通量 = \frac{(最大运行通量)(过滤比)(运行比)}{峰值因子} = \frac{(40 \text{ L/m}^2\text{h})(0.968)(0.982)}{1.5}$$

$$= 25.35 \text{ L/(m}^2 \cdot \text{h)}$$

式中峰值因子＝（每小时的峰值流量）/（每日的平均流量）＝1.5

过滤比＝（过滤时间）/（过滤时间＋反冲洗时间）＝（15 min）/（15＋0.5 min）＝0.968

运行比＝（运行时间）/（运行时间＋清洗时间）＝［1 周－（3 次）（60 min/次）（1 周/10080 min）］/（1 周）＝0.982

其次，基于设计通量和每日平均流量计算膜组件的数量：

$$膜组件数量 = \frac{每日平均流量}{(设计通量)(每个膜组件膜面积)} = \frac{(1000 \text{ m}^3/\text{d})(1000 \text{ L/m}^3)(1 \text{ d/24 h})}{(25.35 \text{ L/m}^2 \text{ h})(31.6 \text{ m}^2 / 膜组件)}$$

$$= 52 \text{ 膜组件}$$

ZeeWeed 500d 膜箱最大能装 48 支膜组件。因而，需要两个膜箱，每个膜箱装 26 支膜组件。

最后，基于 SAD 和周期曝气方案计算膜曝气所需的曝气量如下：

$$曝气所需曝气量$$

$$= (SAD_m)(膜面积)\frac{曝气时间}{曝气时间 + 停顿时间} = (0.54 \text{ m}^3/\text{m}^2/\text{h})(52 \times 31.6 \text{ m}^2)\frac{10 \text{ s}}{10 \text{ s} + 10 \text{ s}}$$

$$= 443.7 \text{ m}^3/\text{h} = 7.39 \text{ m}^3/\text{min}$$

6.6.10　设计总结

设计总结如表 6.13 所示。

设计总结　　　　　　　　　　　　　　　　　　　表 6.13

设计参数	单位	数值
曝气池		
体积	m³	160
HRT	h	3.8
缺氧池		
体积	m³	134
HRT	h	3.2
内循环		
流量	m³/d	800
比进水流量	Q	0.8
添加碱度	mg CaCO₃/L	147
剩余污泥		
质量比	kg VSS/d	64.0
体积比	m³/d	8.0
曝气池		
生物反应	m³/min	5.86
大气泡暴气	m³/min	7.39

续表

设计参数	单位	数值
膜系统		
膜组件数量	支	52
膜箱数量	个	2

>>>> 参考文献

Chang, S. (2011) Application of submerged hollow fiber membrane in membrane bioreactors:Filtration principles, operation, and membrane fouling, Desalination, 283：31-39.

Frechen, F. B., Schier, W., and Linden, C. (2008)Pre－treatment of municipal MBR applications, Desalination, 231：108-114.

Henze, M., Gujer, W., Mino, T., and van Loosdrecht, M. (2000) Activated Sludge Models ASM1, ASM2, ASM2d and ASM3. IWA Publishing, London, U. K.

Judd, S. (2006) The MBR Book. Elsevier, London, U. K.

Judd, S. (2008) The status of membrane bioreactor technology, Trends in Biotechnology, 26(2)：109-116.

Krampe, J. and Kauth, K. (2003) Oxygen transfer into activated sludge with high MLSS concentrations, Water Science and Technology, 47(11)：297-303.

Kumar, A., Kumar S., and Kumar, S. (2005) Biodegradation kinetics of phenol and catechol using Pseudomonas putida MTCC 1194, Biochemical Engineering Journal, 22:151-159.

Qasim, S. (1998) Wastewater Treatment Plants：Planning, Design, and Operation, 2nd edn. CRC Press, Boca Raton, FL.

Randal, C. W., Barnard, J. L., and Stensel, H. D. (1992) Design of activated sludge biological nutrient removal plants, in Design and Retrofit of Wastewater Treatment Plants for Biological Nutrient Removal, Randal, C. W., Barnard, J. L., and Stensel, H. D. (Eds.). Technomic Publishing, Lancaster, PA.

Reynolds, T. D. and Reynolds, P. A. (1996) Unit Operations and Processes in Environmental Engineering, 2nd edn. PWS Publishing Company, Boston, MA.

Rittmann, B. E. and McCarty, P. L. (2000) Environmental Biotechnology：Principles and Applications, McGraw-Hill Higher Education, Boston, MA.

Schier, W., Frechen, F. B., and Fisher, St. (2009) Efficiency of mechanical pre－treatment on European MBR plants, Desalination, 236：85-93.

Tchobanoglous, G., Burton, F. L., and Stensel, H. D. (2003) Wastewater Engineering:Treatment and Reuse, 4th edn. McGraw-Hill, New York.

U. S. EPA (1993) Manual：Nitrogen control. U. S. Environmental Protection Agency, Washington, D. C.

Wu, J., Le-Clech, P., Stutz, R. M., Fane, A. G., and Chen, V. (2008) Effects of relaxation and backwashing conditions on fouling in membrane bioreactor, Journal of Membrane Science, 324(1-2)：26-32.

第7章

案例分析

7.1 引言

膜生物反应器技术自 1969 年开始研究以来，已经有 40 多年的历史。在北美，从 1991 年开始，工程化的 MBR 技术大规模用于处理工业污水。在 20 世纪 90 年代早期，大多数 MBR 装置安装有加压模块。到 20 世纪 90 年代中期，浸没式 MBR 有了发展，并用于 MBR 工艺。浸没式膜组件减少了能量消耗和加压膜组件污染速率过高的问题。浸没式 MBR 膜组件也扩大了 MBR 技术的应用，从专用的工业污水处理扩展到市政污水处理。污水处理厂的处理能力也随着 MBR 污水处理厂数量的增加而不断增加，处理能力从少于 1500 m³/d 到超过 200000 m³/d。

表 7.1 列出了全球最大的 MBR 污水处理厂，按照每日峰值流量排序（PDF，百万升/d）。目前，世界上最大的 MBR 污水处理厂是位于法国阿谢雷塞纳阿瓦尔的市政污水处理厂。由通用电气建造，在 2016 年每日要处理 224000 m³ 的污水。表中列出的污水处理厂有 12 个在美国，其中的 10 个在中国和韩国，3 个在澳大利亚，3 个在欧洲。尽管 MBR 技术起源于日本，列表中没有日本的 MBR 污水处理厂。尽管 MBR 技术在欧洲有许多工程应用，只有几个大型 MBR 污水处理厂。33 个 MBR 污水处理厂中有 22 个由通用电气公司提供支持，也就是说，在较大规模的 MBR 污水处理厂中，通用公司的工程技术占主导地位。表 7.1 列出的 MBR 污水处理厂将在第 7.4 节分析，第 7.4 节按市政污水处理和工业废水处理对其分类。

全球最大的污水处理厂　　　　　　　　　　　　　　　　表 7.1

设施	位置	技术提供商	运行时间	PDF(MLD)	ADF(MLD)
塞纳河下游	法国阿切雷斯	GE 水处理及工艺过程集团	2016	357	224
坎顿污水处理厂	美国俄亥俄州	美国 Ovivo	预计 2015—2017	333	159
澳门	中国	GE 水处理及工艺过程集团	2014	189	137
里弗赛德	美国加利福尼亚州	GE 水处理及工艺过程集团	2014	186	124
明水	美国华盛顿	GE 水处理及工艺过程集团	2011	175	122

设施	位置	技术提供商	运行时间	PDF(MLD)	ADF(MLD)
维塞利亚	美国加利福尼亚州	GE 水处理及工艺过程集团	2014	171	85
清河	中国	碧水源/MRC	2011	150	150
北拉斯维加斯	美国内华达州	GE 水处理及工艺过程集团	2011	136	97
巴林格·麦金尼恩尔污水处理厂	美国马里兰州	GE 水处理及工艺过程集团	2013	135	58
考克斯河 WRF	美国马里兰州	GE 水处理及工艺过程集团	2015	116	58
黄河	美国佐治亚州	GE 水处理及工艺过程集团	2011	114	71
十堰神定河	中国	碧水源/MRC	2009	110	110
阿夸维瓦	法国戛纳	GE 水处理及工艺过程集团	2013	108	60
釜山市	韩国	GE 水处理及工艺过程集团	2012	102	102
广州	中国	美能	2010	100	
温榆河	中国北京	碧水源/MRC	2007	100	100
约翰克里克	美国佐治亚州	GE 水处理及工艺过程集团	2009	96	42
樟宜	新加坡	GE 水处理及工艺过程集团	2014	92	61
阿瓦扎/波利梅克斯	土库曼斯坦	GE 水处理及工艺过程集团	2011	89	71
松山绿城	韩国	爱科利态（Econity）	计划 2015	84	
北小河	中国	西门子	2008	78	—
安萨布	阿曼马斯喀特	库博塔	2010	77	55
克利夫兰海湾	澳大利亚	GE 水处理及工艺过程集团	2007	77	29
Broad Run WRF	美国弗吉尼亚州	GE 水处理及工艺过程集团	2008	73	38
贡川	韩国	爱科利态（Econity）	2012	65	65
卢赛尔 STP	卡塔尔多哈	GE 水处理及工艺过程集团/德格雷蒙	2013	62	58
拉莫雷	法国	GE 水处理及工艺过程集团	2013		61
高阳	中国	联合环境	预计 2014	60	
凯恩斯北部	澳大利亚	GE 水处理及工艺过程集团	2009	59	19
凯恩斯南部	澳大利亚	GE 水处理及工艺过程集团	2009	59	19
皮奥里亚	美国亚利桑那州	GE 水处理及工艺过程集团	2008	58	38
水球	巴西圣保罗	科赫滤膜系统	2013	56	56
萨瓦德尔	西班牙	库博塔	2009	55	
约旦河流域 WRF	美国犹他州	GE 水处理及工艺过程集团	2010		54

7.2 MBR 商品化的膜、膜组件和膜箱

世界上有上百家膜供应商。然而，MBR 市场主要由两个大型公司供应膜产品。最大的公司是 GE 泽农（GE Zenon），第二大的是久保田（Kubota）。依据 2010 年公布的数据，

GE 泽农为世界前 20 家大型 MBR 污水处理厂中的 14 家提供了膜产品。Koch 膜系统公司（KMS）为久保田膜产品提供 MBR 技术，拥有世界上最多的装置。GE 泽农提供的是中空纤维膜产品，而久保田提供的是平板膜产品。两家都是浸没式膜组件。三菱人造丝是世界上第一家研发膜产品并应用于 MBR 工程的公司。因此，他们拥有 MBR 膜和膜系统的原专利。

7.2.1　GE 泽农

泽农最初的产品为增强型中空纤维膜，随后在 1993 年以 "ZeeWeed 145" 命名了浸没式膜组件产品。膜用非溶剂诱导分相技术以聚偏氟乙烯（PVDF）制备，以 PET 为材料作为编织管增加强度。膜产品的超滤膜孔径为 0.02 μm。膜的外径为 1.8 mm，内径为 0.8 mm。组件的有效膜面积为 13.5 m^2。

出水从膜的外表面流入，进入膜的两端。一个膜箱有 12 个膜组件，每个膜组件总的有效膜面积为 167 m^2。每个膜箱的装填密度为 168 m^2/m^3。膜组件在原来的基础上在许多方面都有所发展，GE 泽农最新的产品是 ZeeWeed 500d。

该膜组件和膜箱如图 7.1(b) 所示。膜的主要特性没有太大改变，但是对膜组件和膜箱进行了优化设计。每个膜组件的有效表面积增加到 34.4 m^2。一个膜箱能容纳 48 个膜组件，使得总有效表面积达到 1650 m^2，这是第一代产品的十倍。现在膜箱的装填面积为 448 m^2，几乎是最初产品的三倍。ZeeWeed 145 和 ZeeWeed 500d 的照片，如图 7.1 所示。

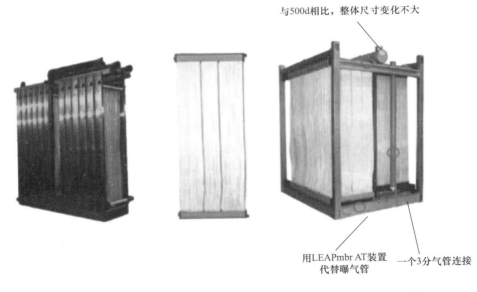

与500d相比，整体尺寸变化不大

用LEAPmbr AT装置代替曝气管　　一个3分气管连接

(a) ZeeWeed 145膜箱　　　(b) ZeeWeed 单元膜组件　　　(c) ZeeWeed 500d 膜箱

图 7.1　膜组件和膜箱示意图

膜箱的性能也有了提高。与传统工艺相比，膜曝气是 MBR 系统能耗较高的主要原因，这阻碍了 MBR 系统的广泛使用。膜曝气单元能耗占总运行能耗的 30%。GE 泽农研发了逐步清洗工艺，包括反冲洗、维护清洗（MC）和恢复清洗。他们还研发了循环曝气和经济曝气，并成功地将曝气能量从 0.9 kWh/m³ （ZeeWeed 150）降至 0.1 kWh/m³ （ZeeWeed 500d）。总的曝气比率（SAD_m）为 0.54 N m³/h·m²。

调整间隔曝气时间的目的在于降低曝气的费用。循环曝气包含 50% 的停顿时间（不曝气），现在新的经济型曝气包含 75% 的停顿时间。最近，他们研发了一种"LEAPmbr"系统，通过改变曝气密度，又额外降低了 30% 的曝气量，也就是说，改变了气体流量。新系统减少了曝气循环数，降低了投资费用。

7.2.2 久保田

久保田早于泽农几年就推出了 MBR 膜。前期产品命名为"510"系列，现在已经发展到"515"系列。两种膜产品都是以氯化聚乙烯为材料，采用熔融拉伸法制备。前期膜产品（"510"系列）是孔径为 0.4 μm 的微滤膜，带有衬垫材料的平板膜表面安装在塑料平板上。"510"系列的平板高 1000 mm，宽 490 mm，厚 6 mm，每块板总的表面积为 0.8 m²。最新的"515"系列的平板高 1560 mm，宽 575 mm，厚 6 mm，每块板总的表面积为 1.45 m²。"515"系列膜组件有两个抽吸口保证高效渗透出水。"510"系列膜组件有效膜面积为 0.8 m²。出水从膜的顶部流出。一个膜箱最多可以放 200 支膜组件，有效膜面积为 160 m²。每个膜箱的装填密度为 44 m²/m³，这是 ZeeWeed 150 的四分之一。

与"510"系列相比，目前的"515"系列已经开发考虑到更多的因素。与 ZeeWeed 系列一样，主要的膜性能没有太大的变化，但是膜组件和膜箱的开发效率更高。每个膜组件的有效膜面积增加到 1.45 m²。一个膜箱能够容纳 200 膜组件，使得总有效膜面积达到 290 m²，这是第一代产品的 1.8 倍。

现在，每个膜箱的装填密度为 48 m²，在最初系列产品的基础上没有太大的提高，与当前的 ZeeWeed 的产品相比明显更低。将膜组件堆积成两层或三层以增加膜箱的填充密度，这也叫双层（DD）系统。如图 7.2 所示，ES、EK 和 RW 分别为单层、两层和三层。

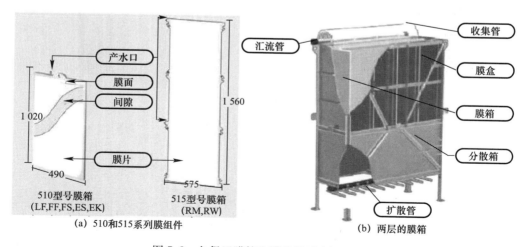

(a) 510和515系列膜组件　　　　(b) 两层的膜箱

图 7.2　久保田膜箱和膜组件示意图（一）

ES型号　　　　　　　　EK型号　　　　　　　　RW型号

(c) 主要膜箱的照片

图 7.2　久保田膜箱和膜组件示意图（二）

KMS 是久保田的主要工程合作伙伴。KMS 为久保田膜开发 MBR 系统。他们采用连续曝气工艺，成功地将曝气速率从 0.75 $Nm^3/h \cdot m^2$ 降至 0.42 $Nm^3/h \cdot m^2$。

7.2.3　三菱人造丝工程公司

三菱人造丝工程公司（MRE）是世界第三大、亚洲最大的 MBR 膜产品供应商，拥有 MBR 膜产品和工艺的原始专利技术。三菱人造丝工程公司（MRE）提供了两种类型的膜产品。一种是使用聚乙烯材料的单皮层中空纤维膜，命名为"SUR"系列。另一种是使用 PET 材料为编织管，聚偏氟乙烯（PVDF）为皮层的增强型中空纤维膜，命名为"SADF"系列。这两种膜产品都是基于非溶剂凝胶法（NIPS）技术。

"SUR"系列膜的公称孔径为 0.4 μm，是一种微滤膜（MF）。膜组件的最大有效表面积为 3 m^2。出水从膜组件两端流出，组件水平放置。最大的膜箱"SUR 50M0210LS"，由 70 个膜组件组成，有效膜面积为 210 m^2。每个膜箱的装填密度为 131 m^2/m^3。

"SADF"系列膜的公称孔径为 0.1 μm，也是一种微滤膜（MF）。膜组件的最大有效表面积为 25 m^2。出水从膜组件两端流出，组件垂直放置。最大的膜箱"SADF 50E0025SA"，由 20 个膜组件组成，有效膜面积为 500 m^2。每个膜箱的装填密度为 64 m^2/m^3。"SUR 50M0210LS"和"SADF 50E0025SA"如图 7.3 所示。

7.2.4　滨特尔

滨特尔提供的膜产品，命名为"X-Flow"。"X-Flow"是用聚偏氟乙烯（PVDF）涂覆在管状支撑体上的孔径为 0.03 μm 的超滤膜（UF）。原水由压力驱动从膜的内部流向膜的外部。组件系统外部使用曝气和低压污泥循环系统，以维持中空纤维或者膜管的湍流状态。现在的"X-Flow"技术，如图 7.4 所示。

7.2.5　MBR 应用中膜、膜组件和膜箱的汇总

表 7.2 列出了 MBR 工艺使用的各种膜、组件和膜箱的技术信息，并展示了膜组件和组件单元系统的照片，也提供了一些关于供应商、膜组件的品牌名称、膜材料、膜孔径、孔径分类、渗透流向和组件形态的信息。

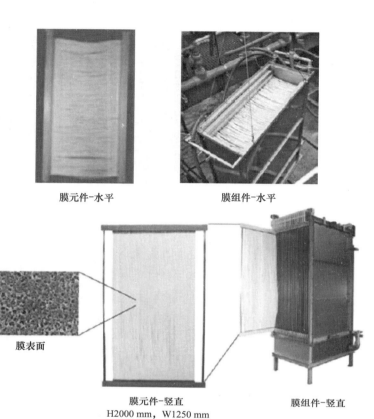

膜元件-水平　　　　　　　膜组件-水平

膜表面

膜元件-竖直
H2000 mm，W1250 mm

膜组件-竖直

图 7.3　MRE 膜组件和膜箱示意图

（摘自 van der Roest，H. F. 等，Membrane Bioreactors for Municipal
Wastewater Treatment，IWA Publishing，London，U. K. ，2002；
Judd，C. ，The largest MBR plants worldwide）

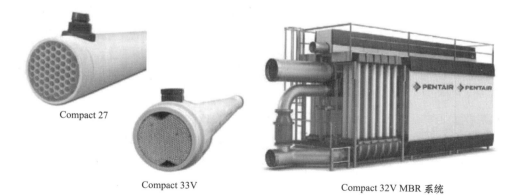

Compact 27

Compact 33V

Compact 32V MBR 系统

图 7.4　滨特尔膜组件和膜箱的示意图

（摘自 van der Roest，H. F. 等，Membrane Bioreactors for Municipal
Wastewater Treatment，IWA Publishing，London，U. K. ，2002；
Judd，C. ，The largest MBR plants worldwide）

MBR 应用中膜组件列表

表 7.2

膜组件	系统	公司组件型号	材料	膜孔尺寸	超微滤	膜结构	渗透方向	组件结构
	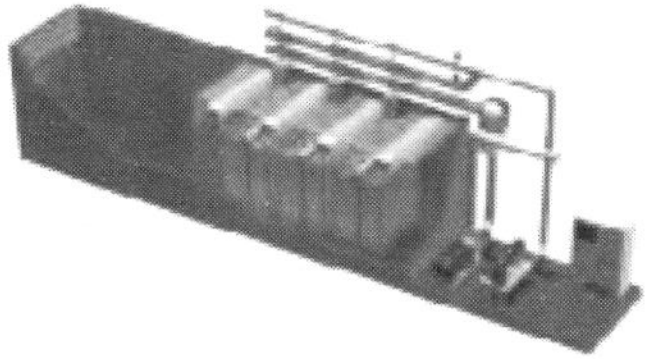	GE—Zenon ZeeWeed	PVDF	0.02	UF	H, R	从外到内	S, V
		Kubota 510	PVC	0.4	MF	P	从外到内	S, V
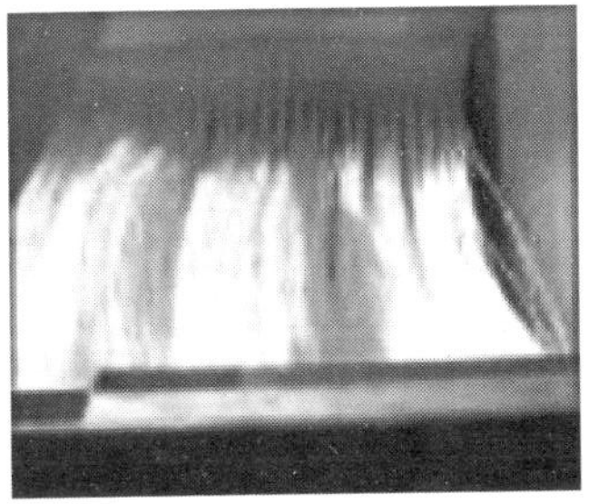		三菱丽阳工程公司 SUR	PE	0.4	MF	H	从外到内	S, H

续表

膜组件	系统	公司组件型号	材料	膜孔尺寸	超微滤	膜结构	渗透方向	组件结构
		MRE SADF	PVDF	0.1	MF	H, R	从外到内	S, V
		US Memjet	PVDF	0.08	MF	H	从外到内	S, V
		Norit Xiga	PES	0.03	UF	H	从内到外	P, H

续表

膜组件	系统	公司组件型号	材料	膜孔尺寸	超微滤	膜结构	渗透方向	组件结构
		KMS Puron	PES	0.05	MF	H, R	从外到内	S, V
		Toray Seghers Keppel	PVDF	0.08	MF	P	从外到内	S, V
		Max flow A3	多酚类	0.08	MF	P	从外到内	S, V

续表

膜组件	系统	公司组件型号	材料	膜孔尺寸	超微滤	膜结构	渗透方向	组件结构
		Eidos	PP	0.1	MF	H	从外到内	S、V
		Huber VRM	PES	0.1	MF	P	从外到内	S、V
		Huber VUM	PES	0.1	MF	H	从外到内	S、V

续表

膜组件	系统	公司组件型号	材料	膜孔尺寸	超微滤	膜结构	渗透方向	组件结构
		Asahi Kasei MUNC 620	PVDF	0.3	MF	H	从外到内	S、V
		Cleanfil®-S30V	PVDF	0.1	MF	H、R	从外到内	S、V
		KMS-600	PP	0.4	MF	H	从外到内	S、V

续表

膜组件	系统	公司组件型号	材料	膜孔尺寸	超微滤	膜结构	渗透方向	组件结构
		Martin Systems siClaro FM		0.1	UF	P	从外到内	S、V
		VSEP			UF	P	从外到内	S、V
		Norit Aquaflex	PVDF	0.03	UF	H	从内到外	P、V

续表

膜组件	系统	公司组件型号	材料	膜孔尺寸	超微滤	膜结构	渗透方向	组件结构
		Norit 错流式 MBR	PVDF	0.03	UF	H	从内到外	P，H
		DOW Omexell	PVDF	0.01	UF	H	从外到内	P，V
		OrelisSA Persep Novasep	PES		UF	H	从内到外	P，V

续表

膜组件	系统	公司组件型号	材料	膜孔尺寸	超微滤	膜结构	渗透方向	组件结构
		Orelis SA Pleiade Novasep	PES		UF	P	从外到内	S、V
		Rochem BioFILT FM			UF	P	从外到内	S、H
		SFC Umwelttechnik—CMEM					从外到内	
		Motial 天津	PVDF		MF	H	从外到内	P/S、V

续表

膜组件	系统	公司组件型号	材料	膜孔尺寸	超微滤	膜结构	渗透方向	组件结构
		Spirasep Trisep	PES	0.05	UF	SW	从外到内	P、V
		Microclear Weise Water Systems		0.01	UF	P	从外到内	S、V
		Biomembrat Wehrie Werk				P	从内到外	P、V

续表

膜组件	系统	公司组件型号	材料	膜孔尺寸	超微滤	膜结构	渗透方向	组件结构
		Zao Membranes	PSF		MF	T	从外到内	S, V
		Motimo	PVDF		MF	H	两者	S/P, V
		Porous fibers	PVDF	0.1	MF	H	从外到内	S, V

续表

膜组件	系统	公司组件型号	材料	膜孔尺寸	超微滤	膜结构	渗透方向	组件结构
		Litree			UF	H	两者	S/P、H
		Hyflux						
		BioCel Microdyne-Nadir	PES		MF	P	从外到内	S、V

摘自：van der Roest，H. F. et al.，Membrane Bioreactors for Municipal Wastewater Treatment，IWA publishing，London，U. K.，2002；Judd，C.，The largest MBR plants world-wide 2014.

缩写：H，中空纤维；P，平板；R，增强；M，多芯；S，浸没式；P，压力式；V，竖直；H，水平。

7.3　最常使用膜产品的 MBR 工艺案例分析

在本节中，使用在第 7.2 节中介绍的最常使用膜产品的 MBR 污水处理厂的性能试验效果。本节总结了由荷兰应用水研究基金会（DFAWR）资助，由 STOWA 研究的贝弗韦克污水处理厂的 MBR 处理性能试验结果。他们使用了供应商提供的四种主要的膜和 MBR 系统，测试其技术性能和探究贝弗韦克污水处理厂污水中的最优技术参数。试验过程中，在不同的运行条件下针对四个不同运行阶段来优化运行参数。

本节内容包括 MBR 系统结构、设计数据、生物及膜的性能参数。我们将前面章节学习到的关于 MBR 的知识应用于污水处理厂的案例分析上，对比每个供应商提供的包括膜和膜组件在内的 MBR 系统的异同。

7.3.1　GE 泽农

7.3.1.1　系统结构

MBR 试验污水处理厂的图片和 GE 泽农试验设计数据，如图 7.5 和表 7.3 所示。污泥从 N2 到 N1 池的循环，降低了循环流的含氧量有助于反硝化作用。用一个压缩机为 N1 和 N2 池中的活性污泥曝气。对 N2 池的氧浓度进行测量，依据测量结果通过曝气系统的开闭

图 7.5　泽农 MBR 实验污水处理装置

（摘自 van der Roest，H. F. 等，Membrane Bioreactors for Municipal Wastewater Treatment，IWA Publishing，London，U. K.，2002；Judd，C.，The largest MBR plants worldwide，2014.）

控制 N1 池中的曝气量。膜系统中的大气泡曝气孔安装在固定位置，对 4 个膜组件中的两个进行不间断循环曝气的方式运行。

泽农 MBR 污水处理厂设计参数和系统配置　　　　表 7.3

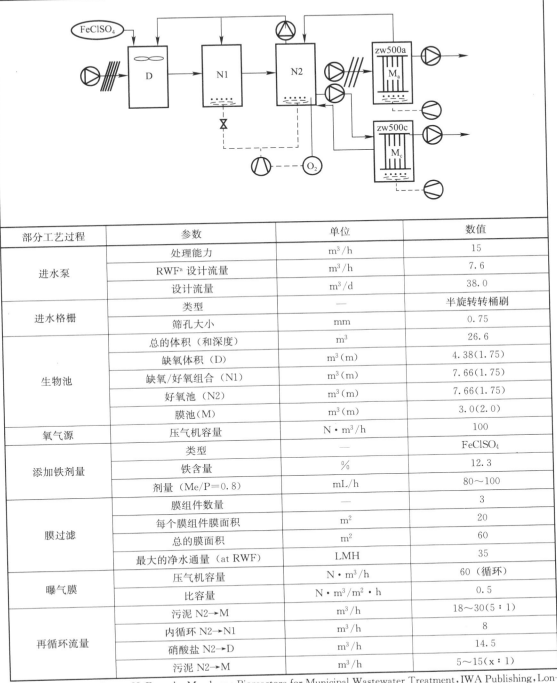

部分工艺过程	参数	单位	数值
进水泵	处理能力	m³/h	15
	RWFª 设计流量	m³/h	7.6
	设计流量	m³/d	38.0
进水格栅	类型	—	半旋转转桶刷
	筛孔大小	mm	0.75
生物池	总的体积（和深度）	m³	26.6
	缺氧体积（D）	m³(m)	4.38(1.75)
	缺氧/好氧组合（N1）	m³(m)	7.66(1.75)
	好氧池（N2）	m³(m)	7.66(1.75)
	膜池(M)	m³(m)	3.0(2.0)
氧气源	压气机容量	N·m³/h	100
添加铁剂量	类型	—	FeClSO₄
	铁含量	%	12.3
	剂量（Me/P=0.8）	mL/h	80～100
膜过滤	膜组件数量	—	3
	每个膜组件膜面积	m²	20
	总的膜面积	m²	60
	最大的净水通量（at RWF）	LMH	35
曝气膜	压气机容量	N·m³/h	60（循环）
	比容量	N·m³/m²·h	0.5
再循环流量	污泥 N2→M	m³/h	18～30(5∶1)
	内循环 N2→N1	m³/h	8
	硝酸盐 N2→D	m³/h	14.5
	污泥 N2→M	m³/h	5～15(x∶1)

摘自：van der Roest，H. F. et al.，Membrane Bioreactors for Municipal Wastewater Treatment，IWA Publishing，London，U. K.，2002；Judd，C.，The largest MBR plants worldwide，2014.

7.3.1.2 生物性能

7.3.1.2.1 工艺条件

试验运行的总体工艺条件如表 7.4 所示。由于降雨量过大，试验阶段的平均进水流量波动很大，达到设计流量的 140%。设计污泥浓度为 10 kgMLSS/m³。

泽农 MBR 工艺条件 　　　　　　　　　　　　　　　　　　　　表 7.4

参数	单位	数值
进水流量	m³/d	44
工艺温度	℃	平均 20
	温度范围	10～28
pH 值	—	7.5
生物负荷	kg COD/kg MLSS	0.086
污泥浓度	kg MLSS/m³	11.2
有机物比例	%	64
污泥产量	kg MLSS/d	10.1
污泥龄（SRT）	d	29
铁的剂量	L/d	0
铁剂量比例	mol Fe/mol P	0

摘自：van der Roest, H. F. et al. , Membrane Bioreactors for Municipal Wastewater Treatment, IWA Publishing, London, U. K. , 2002；Judd, C. , The largest MBR plants worldwide, 2014.

7.3.1.2.2 试验结果

表 7.5 列出了平均进水和出水浓度。由于膜分离系统对不溶解物质的完全去除，出水 COD 浓度相对较低。MBR 系统平均 COD 去除率为 95%。出水含氮量相对稳定。即使没有加入化学药剂，出水磷含量维持在 1.9 mg P_{total}/L。

泽农 MBR 污水处理厂进水和出水平均水质 　　　　　　　　　表 7.5

参数		单位	数值
COD	进水	mg/L	605
	出水	mg/L	33
	效率	%	95
N_{kj}	进水	mg/L	59
	出水	mg/L	2.7
NO_3-N	出水	mg/L	5.8
总氮	出水	mg/L	8.5
	效率	%	86
总磷	进水	mg/L	12
	出水	mg/L	1.9
	效率	%	84

摘自：van der Roest, H. F. et al. , Membrane Bioreactors for Municipal Wastewater Treatment, IWA Publishing, London, U. K. , 2002；Judd, C. , The largest MBR plants worldwide, 2014.

7.3.1.2.3 污泥特性

主要的污泥特性如表 7.6 所示。稀释污泥体积指数（DSVI，沉淀 30 min 后每克活性污泥所占的体积）在相对稳定水平的 100～120 mL/g。毛细抽吸时间（CST，一种测量活性污泥过滤性能的方法）和 Y-流动（一种测量活性污泥动力学黏度）与污泥浓度有关。MBR 污泥的黏度在 5～12 MPa·s 范围内变化，对于循环使用的污泥浓度，污泥的黏度相对低些。污泥黏度似乎与污泥浓度有关。较低的污泥浓度，黏度进一步降低到 2 MPa·s。

5～15 kg·MLSS/m³ 的污泥浓度，曝气的 α 因子在 0.24～0.77 范围内变化。10.5 kg·MLSS/m³ 的污泥浓度，α 因子在 0.4～0.6 范围内。在污泥的重力浓缩测试中，依污泥浓度不同，平均沉降速度达到 3～6 cm/h。24 h 重力浓缩之后，最大的 MLSS 浓度低于 3%，也就是说，重力浓缩效果不大。通过机械浓缩的污泥最大浓度，可以达到 6%～8%。图 7.6 显示了泽农 MBR 污泥的微观视图。

泽农 MBR 污水处理厂污泥特性 表 7.6

	单位	数值
污泥特性		
DSVI	mL/g	100
CST	S	50
Y-流动	S	120
黏度		
黏度值	MPa·s	7.6
剪切速率	L/s	110
α-因子		
表面曝气	—	0.52
气泡曝气	—	0.64
重力浓缩		
沉降速度	cm/h	4.3
最大浓缩浓度	%	2.4
机械浓缩		
MLSS 在 3900 r/min/10 min 下离心	%	7.9
MLSS 在 1000 r/min/3 min 下离心	%	3.4

摘自：van der Roest，H. F. et al.，Membrane Bioreactors for Municipal Wastewater Treatment，IWA Publishing，London，U. K.，2002；Judd，C.，The largest MBR plants worldwide，2014.

在污水处理厂启动期间，会出现一些丝状微生物。在运行初期，发现单细胞的微生物，通常比污泥絮体大。可以观察到大部分为爬行类（楯纤虫）和纤毛虫类（褶累枝虫）。这些生物的出现表明曝气系统有较小的波动，在运行阶段没有发现变形虫。

7.3.1.3 膜性能

测量实际渗透通量与温度校正为 15 ℃下的渗透通量的区别如图 7.7 所示。温度校正为 15 ℃（贝弗韦克污水处理厂的平均污水温度）下的渗透通量没有与运行温度下的实际渗透通量有太多差别。即使在这个温度下，校正后的渗透通量仍然稳定。

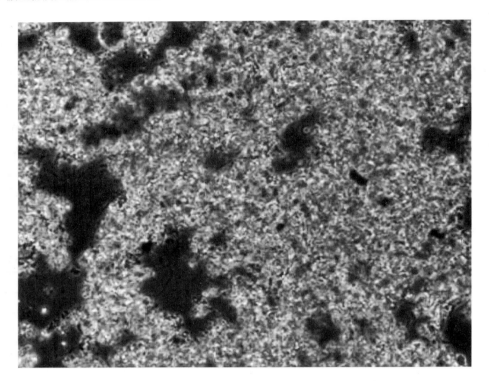

图 7.6　泽农 MBR 污水处理厂活性污泥的显微照片

（摘自 van der Roest，H. F. et al，Membrane Bioreactors for Municipal
Wastewater Treatment，IWA Publishing，London，U. K. ，2002；
Judd，C. ，The largest MBR plants worldwide，2014. ）

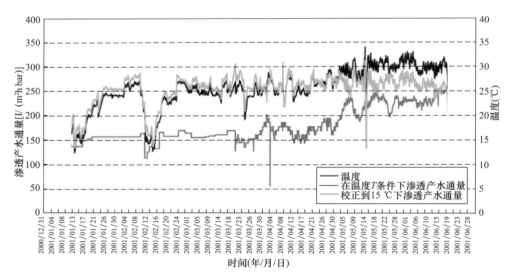

图 7.7　泽农 MBR 污水处理厂渗透产水通量与温度校正的关系

（摘自 van der Roest，H. F. 等，Membrane Bioreactors for Municipal
Wastewater Treatment，IWA Publishing，London，U. K. ，2002；
Judd，C. ，The largest MBR plants worldwide，2014. ）

为了维持膜性能，用次氯酸钠和柠檬酸对其进行常规化学清洗。清洗之后，膜的渗透性能从 150 LMH/bar 增加到 320～350 LMH/bar，达到了泽农膜产品期望的水平。每隔一周，联合使用次氯酸钠和柠檬酸进行一次维护性清洗。

为了确保能够在每天、每周、每月和每年的进水峰值流量条件下正常运行，需要进行峰值流量测试。在峰值流量测试过程中，生物负荷保持不变。所有的渗透出水返回到生物反应器中以增加膜系统的水力负荷，但是要避免生物系统超负荷。总的水力负荷为 7667 L/h，这与净通量 41.7 LMH 和总通量 50 LMH 有关。

峰值流量测试结果通过图表列出，如图 7.8 所示。每个峰值通量条件下测试时间为 24 h。峰值测试时间进一步延长到 104 h，使得渗透性能从 350 LMH/bar 下降到 240 LMH/bar。峰值测试在平均温度为 22.5 ℃下进行。

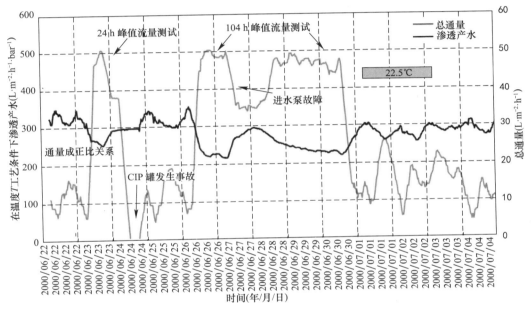

图 7.8　Zenon MBR 实验污水处理厂峰值实验过程中渗透产水通量
（摘自 van der Roest，H. F. 等，Membrane Bioreactors for Municipal
Wastewater Treatment，IWA Publishing，London，U. K.，2002；
Judd，C.，The largest MBR plants worldwide，2014.）

7.3.1.4　结论

COD 去除率在较高水平内保持恒定；由于氧的输入，氮的去除率也在预期水平。同时，生物除磷较沉淀除磷具有更好的出水水质。曝气池中的污泥浓度保持在 10～11 kg MLSS/m³，避免在膜系统区域内积累太多的污泥，最优的 α 因子也使得能量消耗达到最优。

在 5～10 ℃的较低温度下，净峰值流量为 41.3 LMH 时满足超过 3 d 的连续运行周期的需求。

使用常规维护清洗，减少了膜组件的污染问题。

7.3.2 久保田

7.3.2.1 系统结构

使用双层膜箱的久保田 MBR 试验污水处理厂的图片和设计配置如图 7.9 和表 7.7 所示。膜运行过程中所需的曝气也为微生物生化过程提供氧气。在双层装置中，N1 和 N2 池有一个单独的压缩机为污泥曝气。N1 隔池中的曝气由曝气控制系统控制开闭。通过检测 N2 隔池的氧浓度为曝气控制系统提供信号。膜池中的曝气依据膜设置，保持恒定流量。通常中泽农 MBR 污水处理厂中需要研究生物除磷的可行性。缺氧池（D）混合液采用间歇式曝气（开 10 min，停 10 min）。

图 7.9　久保田 MBR 实验污水处理厂

（摘自 van der Roest，H. F. 等，Membrane Bioreactors for Municipal Wastewater Treatment，IWA Publishing，London，U. K. ，2002；Judd，C. ，The largest MBR plants worldwide，2014. ）

久保田 MBR 污水处理厂设计参数和系统配置　　　　　表 7.7

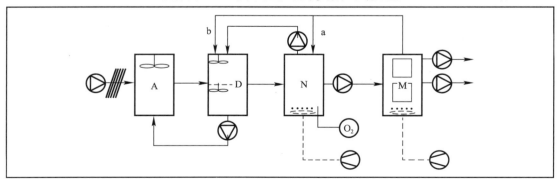

部分工艺过程	参数	单位	数值
进水泵	处理能力	m³/h	15
	RWF 设计流量	m³/h	7.8
	设计流量	m³/d	39
进水格栅	类型	—	旋转转桶
	筛孔大小	mm	1.0
生物池	总的体积（和深度）	m³	42.8
	厌氧体积（A）	m³(m)	13.5(2.7)
	缺氧体积（D）	m³(m)	8.4(2.7)
	分割比例（D/N）	m³(m)	—
	好氧隔室（N）	m³(m)	8.4(2.7)
	膜池（M）	m³(m)	12.5(4.1)
氧气源	压气机容量	N m³/h	80
添加铁剂量	类型	—	FeClSO₄
	铁含量	%	12.3
	性能（在 Me/P=0.8）	mL/h	160
膜过滤	膜组件数量	—	2(×150 片)
	总的膜面积	m²	240
	最大的净水通量（RWF）	LMH	41.7
曝气膜	压气机容量	N m³/h	115
	比容量	N m³/m² h	0.5
再循环流量	污泥 D→N/M	m³/h	—
	内循环 N→M	m³/h	10～30(5∶1)
	硝酸盐 N→D	m³/h	15
	污泥 D→A	m³/h	9

摘自：van der Roest, H. F. et al., Membrane Bioreactors for Municipal Wastewater Treatment, IWA Publishing, London, U. K., 2002；Judd, C., The largest MBR plants worldwide, 2014.

7.3.2.2　生物性能

7.3.2.2.1　工艺条件

运行研究试验的总体工艺条件如表 7.8 所示。久保田 MBR 系统处理日本市政污水的典型污泥浓度为 15～20 kg MLSS/m³。

久保田 MBR 工艺条件　　　　　　　　　表 7.8

参数	单位	数值
进水流量	m³/d	51
工艺温度	℃	19
	温度范围	10～28
pH 值	—	7.4
生物负荷	kg COD/kg MLSS d	0.100
污泥浓度	kg MLSS/m³	10.8
有机物比例	%	63

参数	单位	数值
污泥产量	kg MLSS/d	10.3
污泥龄（SRT）	d	30
铁的剂量	L/d	0
铁剂量比例	mol Fe/mol P	0

7.3.2.2.2 试验结果

进水和出水的平均浓度如表 7.9 所示。

久保田 MBR 污水处理厂进水和产水平均水质　　　　表 7.9

参数		单位	数值
COD	进水	mg/L	621
	出水	mg/L	32
	效率	%	95
N_{kj}	进水	mg/L	58
	出水	mg/L	3.0
$NO_3\text{-}N$	出水	mg/L	7.9
总氮	出水	mg/L	10.8
	效率	%	81
总磷	进水	mg/L	10.9
	出水	mg/L	0.8
	效率	%	93

由于膜的完全截留，出水中不溶解性 COD 浓度相对较低。探究从膜池中直接回流到缺氧池中的影响。出水水质在这一过程中没有得到改善。停止化学除磷，强化生物除磷。厌氧池中的水力停留时间大约为 1 h。出水磷含量降低到一个极低水平（<0.1 mg/L），在进水峰值浓度条件下也保持稳定。从 2001 年 9 月开始，出水磷含量增加到平均值水平，1.5 mg P_{total}/L。

7.3.2.2.3 污泥特性

污泥的主要特性如表 7.10 所示。DSVI 数值相对稳定在 80～90mL/g 水平，与泽农污水处理厂相比是很低的。这一稳定性来源于良好的污泥絮体结构。CST 和 Y-流动值也很低。MBR 污泥黏度的平均值在 8 MPa·s，这与泽农污水处理厂相对一致。

久保田 MBR 污水处理厂污泥特性　　　　表 7.10

	单位	数值
污泥特性		
DSVI	mL/g	90
CST	S	50
Y-流动	S	100
黏度		
黏度值	MPa·s	5.8
剪切速率	L/s	60

续表

	单位	数值
α因子		
表面曝气	—	0.50
气泡曝气	—	0.54
重力浓缩		
沉降速度	cm/h	5.0
最大浓缩浓度	%	2.8
机械浓缩		
MLSS 在 3900 r/min/10 min 下离心	%	10.4
MLSS 在 1000 r/min/3 min 下离心	%	5.1

在运行阶段，表面曝气 α 因子的平均值恒定在 0.50～0.55。大气泡曝气的 α 因子最终较表面曝气大。在重力浓缩测试开始时平均沉淀速度为 4～6 cm/h，依污泥浓度的不同而不同。浓缩污泥浓度（24 h 之后）在 2.8% 到 3.4% 之间变化（图 7.10）。

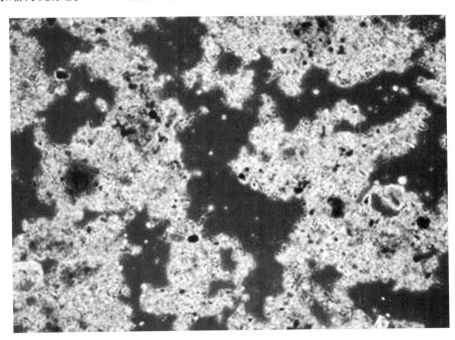

图 7.10　久保田 MBR 污水处理厂活性污泥的显微照片
（摘自 van der Roest，H. F. 等，Membrane Bioreactors for Municipal
Wastewater Treatment，IWA Publishing，London，U. K. ，2002；
Judd，C. ，The largest MBR plants worldwide，2014. ）

在启动阶段，污泥絮体具有中等大小尺寸的密实结构，也存在一些丝状菌。启动之后，每个样品可以观察到超过十倍的丝状菌。在运行初期阶段，大多数污泥絮体具有开放的结构，也存在纤毛虫和单细胞动物。正常情况下，可以观察到一些爬行类（楯纤虫）和自由游泳型纤毛虫（褶累枝虫）。根据克莱布姆对丝状菌的鉴定方法，丝状菌数量降低到 1以下，是微生物群落的一部分。

7.3.2.3 膜性能

在现场，久保田膜在 42 LMH 峰值通量下运行。在温度降低之后，通过换热器微生物温度保持在 10 ℃。膜系统在 12～25 LMH 总通量下连续运行。在低温测试之后，久保田 MBR 系统所需的污泥浓度增加到 15 g/L。

为了增加单位面积内膜的装填密度，久保田提供了双层系统，具有两层膜组件。上层和下层膜组件也有不同的水头，即使在同一压力下进行抽吸，两层之间的跨膜压差也不同。需要优化上层和下层之间的通量平衡。库博塔推荐上层与下层之间的通量比为 60∶40。为了防止曝气管堵塞，每日要反冲洗一次（图 7.11）。

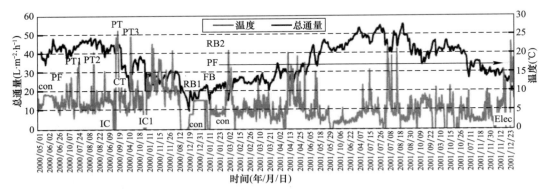

图 7.11 泽农 MBR 污水处理厂渗透产水与温度校正关系

峰值的测试结果如图 7.12 所示。在峰值测试开始之前，依 DWF 的变化，渗透性在 650～950 LMH/bar 范围内波动，也就是说膜是干净的。峰值测试以净通量 42 LMH 和总通量 52.5 LMH 运行，渗透性快速降低到 550 LMH/bar，随后在 48 h 内缓慢降低到 450 LMH/bar。渗透性进一步降低到最低水平 360 LMH/bar。峰值测试结束，渗透性在 12～24 h 之内恢复到大约 500 LMH/bar 的稳定值。在峰值流量下，这一运行过程中的停顿对膜性能产生了积极的影响。

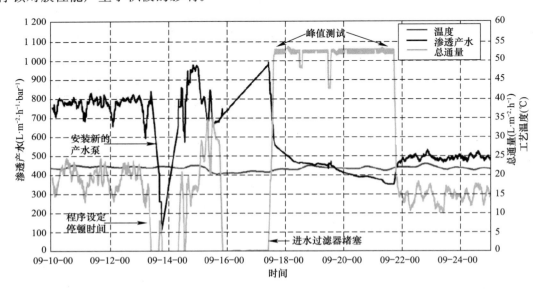

图 7.12 用泽农 MBR 污水处理技术进行峰值实验测试渗透出水

膜运行之后，在膜片之间形成的污泥浓缩层，浓度增加了 15%，膜片需要化学清洗；用 150 mg/L 的次氯酸钠溶液进行化学消毒。

清洗过程用两种化学试剂独立处理：首先用 5000 mg/L 的次氯酸钠溶液，1 d 之后用 1% 的草酸溶液清洗。两步均在生化池中原位清洗。次氯酸钠溶液清洗之后渗透性从 200 LMH/bar 增加到 700 LMH/bar。这个相当于清洗工艺开始时测量的渗透性。草酸溶液清洗对渗透性起到的额外影响很小。污染物主要是表面的微生物污染或者有机质污染。

机械清洗之后，渗透性立即恢复到 600～800 LMH/bar，保持了膜的完整性。

7.3.2.4 结论

COD 去除率稳定在较高水平，对氮的去除也在期望范围内。与沉淀除磷相比，添加的三价铁剂量很低，会在这个过程中产生协同除磷作用使出水有更好的水质。生物除磷使得出水磷浓度降低并且相对稳定。

曝气池中污泥浓度保持在 12 kg MLSS/m³ 的水平，α 因子达到了最优的氧传质效果。

在净通量为 42 LMH 的峰值流量，现场超过连续 3 d 间断运行；温度降低到 10 ℃，净通量为 42 LMH 的峰值流量下连续运行 24 h。

事实证明建议每年对组件进行两次清洗是没有必要的。双层结构建议每年进行一次加强清洗是更高效的。清洗应该安排在冬季之前。

双层装置存在一个可靠的渗透通量比。

7.3.3 三菱人造丝工程公司

7.3.3.1 系统结构

MBR 测试污水处理厂照片和 MRE 设计和结构见图 7.13 和表 7.11。用压缩机提供对 N1 和 N2 池中污泥曝气。如果需要 N2 池中曝气可以人为关闭。通过测量 N1 曝气隔池中氧浓度，对曝气进行控制。事实上运行的两个池中曝气是连续的。三菱曝气池初始设计流量设置在 34 m³/d。磷的去除仅靠微生物摄取。

图 7.13 MRE 的 MBR 实验水处理装置

设计参数和系统配置 表 7.11

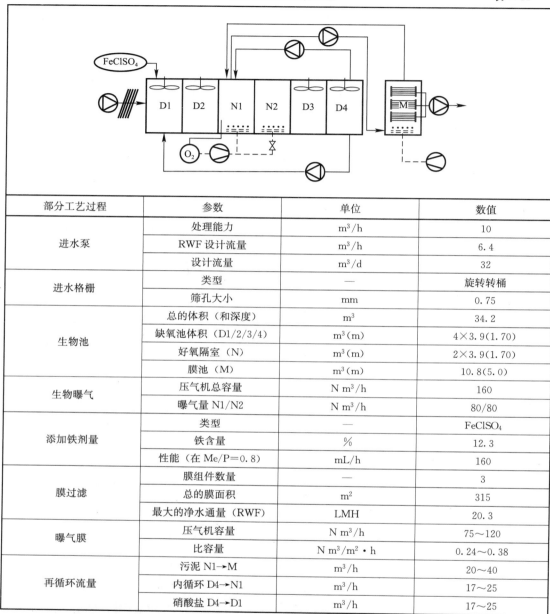

部分工艺过程	参数	单位	数值
进水泵	处理能力	m^3/h	10
	RWF 设计流量	m^3/h	6.4
	设计流量	m^3/d	32
进水格栅	类型	—	旋转转桶
	筛孔大小	mm	0.75
生物池	总的体积（和深度）	m^3	34.2
	缺氧池体积（D1/2/3/4）	m^3(m)	$4×3.9(1.70)$
	好氧隔室（N）	m^3(m)	$2×3.9(1.70)$
	膜池（M）	m^3(m)	10.8(5.0)
生物曝气	压气机总容量	N m^3/h	160
	曝气量 N1/N2	N m^3/h	80/80
添加铁剂量	类型	—	FeClSO$_4$
	铁含量	%	12.3
	性能（在 Me/P=0.8）	mL/h	160
膜过滤	膜组件数量	—	3
	总的膜面积	m^2	315
	最大的净水通量（RWF）	LMH	20.3
曝气膜	压气机容量	N m^3/h	75～120
	比容量	N $m^3/m^2 \cdot h$	0.24～0.38
再循环流量	污泥 N1→M	m^3/h	20～40
	内循环 D4→N1	m^3/h	17～25
	硝酸盐 D4→D1	m^3/h	17～25

7.3.3.2 生物性能

7.3.3.2.1 工艺条件

运行试验装置的总体工艺条件如表 7.12 所示。

由于降雨因素，在研究阶段平均进水流量变化较大。平均流量达到 40 m^3/d。设计污泥浓度为 10 kg MLSS/m^3。

7.3.3.2.2 试验结果

进水和出水的平均浓度如表 7.13 所示。

三菱人造丝工程公司 MBR 工艺条件　　　　　　表 7.12

参数	单位	数值
进水流量	m³/d	55
工艺温度	℃	18
	温度范围	7～31
pH 值	—	7.4
生物负荷	kg COD/kg MLSS d	0.084
污泥浓度	kg MLSS/m³	11.6
有机物比例	%	65
污泥产量	kg MLSS/d	15.5
污泥龄（SRT）	d	26
铁的剂量	L/d	0
铁剂量比例	mol Fe/mol P	0

三菱人造丝工程公司 MBR 污水处理厂进水和出水平均水质　　　　　　表 7.13

参数		单位	数值
COD	进水	mg/L	605
	出水	mg/L	34
	效率	%	94
N_{kj}	进水	mg/L	59
	出水	mg/L	4.2
NO_3-N	出水	mg/L	4.4
总氮	出水	mg/L	8.6
	效率	%	85
总磷	进水	mg/L	12.1
	出水	mg/L	1.1
	效率	%	90

由于膜过滤对不溶解成分的完全去除，出水中 COD 浓度相当低。出水浓度中氮素去除率较为理想，<10 mgN total/L。使用强化生物除磷工艺，磷去除率为 90 %。

7.3.3.2.3　污泥特性

污泥的主要特性如表 7.14 所示。DSVI 相对稳定在 100～140 mL/g 的水平。MBR 污泥黏度在 6～13 MPa·s 范围内变化，对使用的污泥浓度来说是相对较低的。

三菱人造丝工程公司 MBR 污水处理厂污泥特性　　　　　　表 7.14

	单位	数值
污泥特性		
DSVI	mL/g	100
CST	S	50
Y-流动	S	120
黏度		
黏度值	MPa·s	7.6
剪切速率	L/s	110
α-因子		

续表

	单位	数值
表面曝气	—	0.52
气泡曝气	—	0.64
重力浓缩		
沉降速度	cm/h	4.3
最大浓缩浓度	%	2.4
机械浓缩		
MLSS 在 3900 r/min/10 min 下离心	%	7.9
MLSS 在 1000 r/min/3 min 下离心	%	3.4

在 5～12 kg LSS/m³ 的污泥浓度下，曝气的 α 因子在 0.3～0.5 之间波动。10 kg LSS/m³ 的污泥浓度，平均 α 因子大约为 0.4。表面曝气的 α 因子要高 15%。依污泥浓度不同，重力浓缩测试的平均沉降速度达到 2～6 cm/h。24 h 之后，最大的污泥浓度低了 3%，也就是说，重力浓缩效果不太好，机械浓缩最大的污泥浓度达到 6%～9%。

由于 MBR 系统的启动，污泥絮体变成具有开放结构的尺寸较小的絮体。然后，出现单细胞生物。这些单细胞微生物稍微增大，有时比存在的絮体还要大。随着到达运行中期，这些生物的数量急剧下降。正常情况下，可以观察到一些爬行类（楯纤虫）和自由游泳型纤毛虫（褶累枝虫）。它们的出现表明，曝气系统稳定性较好。特别是在启动过程中，出现了一些丝状菌，但在运行过程中，丝状菌的数量下降到 1 以下。MRE 的 MBR 膜池中污泥的微观视图如图 7.14 所示。

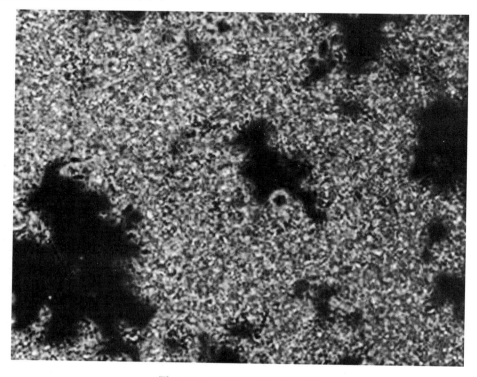

图 7.14　活性污泥的微观视图

7.3.3.3　膜性能

连续运行最大通量为 32.5 LMH（净通量 20.3 LMH）。每年清洗两次，采用 5000 mg/L 次氯酸钠溶液，之后用酸性溶液方式清洗。运行工艺中要停顿。三菱膜周期性停顿。维护性清洗有助于维持膜具有高且稳定的渗透性，大约 400 LMH/bar（图 7.15）。

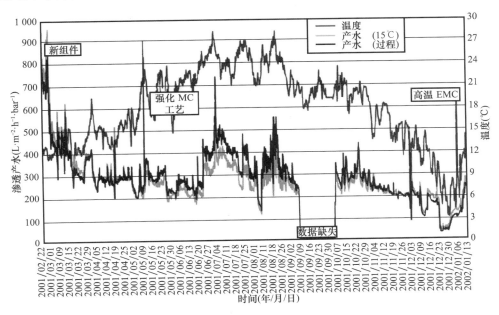

图 7.15　MRE 的 MBR 产水量与温度校正之间关系

7.3.3.4　结论

曝气池中污泥浓度保持在约 10 kgMLSS/m³ 的水平，以避免膜区域出现问题，并优化与 α 因子相关的氧传质。运行过程中 α 因子有所增加，主要是由于较低的污泥剪切力改善了系统的性能。

在 20 ℃以上，超过连续 3 d 的运行，净流量达到 28.1 LMH 的峰值。在现场，连续流方式似乎是最好的运行模式。

在 10 ℃以上，最大连续的设计通量确定为 15～18 LMH 净流量。在这些通量下，每运行 2～4 个月的周期内，进行一次现场或强化清洗。

7.3.4　滨特尔

7.3.4.1　系统结构

MBR 测试污水处理厂图片和 X-Flow 测试装置与设计如图 7.16 和表 7.15 所示。使用压缩机为 N1 和 N2 中污泥提供曝气，控制 N1 池的曝气装置可以关闭，测量第二个曝气池（N2）中氧含量进行曝气控制。

7.3.4.2　生物性能

7.3.4.2.1　工艺条件

试验装置运行期间的总体工艺条件如表 7.16 所示。

图 7.16　新建 X-Flow MBR 污水处理厂照片

X-Flow MBR 污水处理厂设计参数　　　　　　　　　　表 7.15

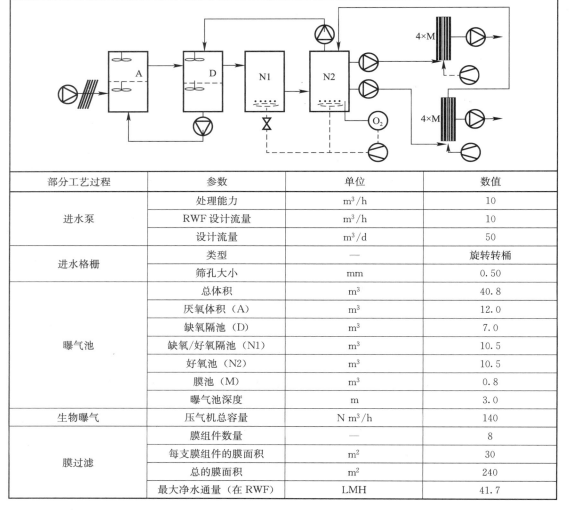

部分工艺过程	参数	单位	数值
进水泵	处理能力	m³/h	10
	RWF 设计流量	m³/h	10
	设计流量	m³/d	50
进水格栅	类型	—	旋转转桶
	筛孔大小	mm	0.50
曝气池	总体积	m³	40.8
	厌氧体积（A）	m³	12.0
	缺氧隔池（D）	m³	7.0
	缺氧/好氧隔池（N1）	m³	10.5
	好氧池（N2）	m³	10.5
	膜池（M）	m³	0.8
	曝气池深度	m	3.0
生物曝气	压气机总容量	N m³/h	140
膜过滤	膜组件数量	—	8
	每支膜组件的膜面积	m²	30
	总的膜面积	m²	240
	最大净水通量（在 RWF）	LMH	41.7

部分工艺过程	参数	单位	数值
膜曝气	空气冲洗	N m³/h	15～20
	空气冲洗开停比	s	7/200
	连续气提	N m³/h	10～15
再循环流量	泵 N2→M	m³/h	2×80
	内循环 D→A	m³/h	15
	内循环 N2→D	m³/h	15

工 艺 条 件　　　　　　　　　　表 7.16

参数		单位	数值
进水流量		m³/d	33
工艺温度	平均	℃	23
	温度范围	℃	15～35
pH 值		—	7.4
生物负荷		kg COD/kg MLSS d	0.054
污泥浓度		kg MLSS/m³	10.6
有机物比例		%	63
污泥产量		kg MLSS/d	8.8
污泥龄（SRT）		d	34
铁剂量		L/d	0
铁剂量比		mol Fe/mol P	0

在旱季设计流量为 50 m^3/d。污泥浓度的设置值为 10 kg MLSS/m^3。

7.3.4.2.2　试验结果

表 7.17 中总结了进水和出水的平均浓度。

由于膜过滤过程对不溶解物质的完全去除，出水的 COD 相对较低；COD 去除效率保持在 90%～94%。运行过程中，出水氮浓度低于 8 mgN_{total}/L。这在一定程度上是由于试验的污水处理厂的负荷较低。进水磷浓度相对较高，污泥负荷相对较低。因此，导致出水磷浓度大于 1 mg P_{total}/L。

X-Flow MBR 污水处理厂进水和出水平均水质　　　　表 7.17

参数		单位	数值
COD	进水	mg/L	569
	出水	mg/L	36
	效率	%	94
N_{kj}	进水	mg/L	56
	出水	mg/L	3.6
NO_3-N	出水	mg/L	4.2
总氮	出水	mg/L	7.8
	效率	%	86
总磷	进水	mg/L	11.3
	出水	mg/L	1.4
	效率	%	88

7.3.4.2.3 污泥特性

主要的污泥特性如表 7.18 所示。DSVI 值在 80～90 mL/g 的水平上相对稳定。MBR 膜池中污泥黏度在 5～10 MPa·s 之间变化，这是由于使用的污泥浓度相对较低。

X-Flow 污水处理厂污泥特性　　　　　　　　　　　　　　　　表 7.18

	单位	数值
污泥特性		
DSVI	mL/g	100
CST	S	70
Y-流动	S	120
黏度		
黏度值	MPa·s	7.0
剪切速率	L/s	100
α-因子		
表面曝气	—	0.58
气泡曝气	—	0.52
重力浓缩		
沉降速度	cm/h	4.3
最大浓缩浓度	%	2.3
机械浓缩		
MLSS 在 3900 r/min/10 min 下离心	%	6.4
MLSS 在 1000 r/min/3 min 下离心	%	2.3

在 7～11 kg MLSS/m³ 的污泥浓度下，曝气的 α 因子在 0.4～0.8 之间变动。在污泥浓度为 10 kg MLSS/m³ 时，大约为 0.6。在重力浓缩的开始阶段，平均沉降速度达到 3～10 cm/h，受污泥浓度影响很大。总体上，24 h 之后最大的污泥浓度低于 3%，也就是说，重力浓缩效果不是很好。机械浓缩的最大污泥浓度为 6%～8%。X-Flow MBR 膜池污泥的微观视图如图 7.17 所示。

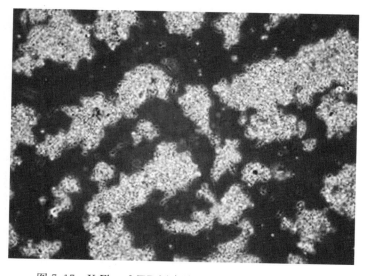

图 7.17　X-Flow MBR 污水处理厂活性污泥的显微视图

MBR 膜池中絮体结构发生了很大变化，从中等尺寸和紧凑的絮体结构变为较小尺寸、针状带有开放结构的絮体结构。当然，由于系统内干燥污泥含量的增加，絮体数量也有所增加。

在运行的初期阶段，污泥絮体变得密实，并且尺寸很小。每个样品中单细胞生物差不多稳定在较小数量范围。

在测试过程中，丝状菌增加到 1，但在运行的最后阶段，这个数量按照克莱布姆丝状菌分析方法在 1～2 之间变化。这种情况还不确定，但似乎出现了污泥絮体的结合。

7.3.4.3　膜性能

最大的净通量为 60 LMH。根据渗透性能进行间断清洗，每年 2～4 次。在工艺过程中使用反冲洗，并且没有其他恢复步骤或模式。X-Flow MBR 污水处理厂的渗透性和温度如图 7.18 所示。

三个垂直膜组件在恒定流量 3 m³/h 下运行。连续通量为 50 LMH。在峰值测试过程中，通量为 70 LMH。系统运行过程中每周以小于 1 m/s 的速度进行一次维护性清洗，采用 0.5 m/s 的速度时试验数据较好；对管中微生物提供 0.25～0.5 m/s 的气体流量，但在正常工艺条件下保持恒定。

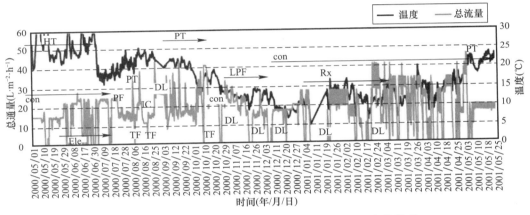

图 7.18　X-Flow MBR 污水处理厂产水流量与温度的关系

7.3.4.4　结论

曝气池中污泥浓度保持在大约 10 kg MLSS/m³ 的水平，以避免有关膜管的问题和优化与 α 因子有关的能量消耗。应用连续流模式，在 5 ℃ 以上，最大连续的设计通量确定为 22.5 LMH 的净通量，并进一步优化为 37 LMH 的净通量。在这些通量下，每周需要进行一次维护清洗，预计每年需要 4～8 次彻底清洗。

7.4　市政污水处理案例分析

世界上大多数大型 MBR 污水处理厂是市政污水处理厂，其中大多数都采用了 GE 泽农提供的 ZeeWeed 中空纤维膜。

7.4.1　塞纳河下游污水处理设施

最初，巴黎地区的污水应该在塞纳河下游的一个叫阿切雷斯的污水处理厂处理。这个污水处理厂在 1993 年设计，处理能力达到 270 万 m^3/d。法国公共卫生处理厂（SIAAP）在法国拥有并运营，包括塞纳河下游污水处理厂在内的五个污水处理厂（图 7.19）。

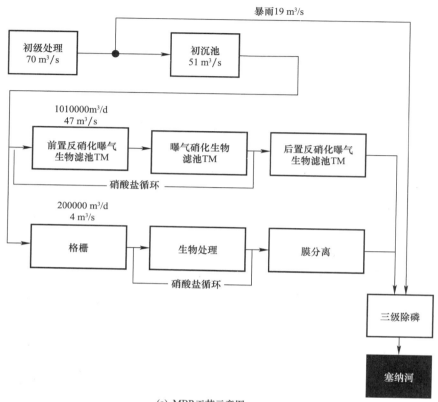

(a) MBR 工艺示意图

(b) 塞纳河下游防水处理设施远景图

图 7.19　MBR 工艺示意图和塞纳河下游防水处理设施远眺图

　　由于许多原因，这种集中式污水处理设计在 20 世纪 60 年代末首次受到质疑，在 90 年代末再次受到质疑。这就导致了两次降低其设计规模。第一阶段在马恩阿蛙勒污水处理厂建造的时候就缩减了规模，接着是塞纳河上游污水处理厂。第二阶段建造的污水处理厂包括塞纳河中心污水处理厂、塞纳河格雷西永污水处理厂、塞纳河摩里亚污水处理厂。同时，塞纳河下游现代化污水处理厂分不同阶段建设，第一阶段包括下水道溢流和水处理设施，用以去除磷。接着在 2007 年添加了一个氮处理装置。MBR 系统在 2016 年建设完成并运行（表 7.1）。

　　塞纳河下游污水处理厂 MBR 工艺示意图如图 7.5 所示。巴黎 75％以上的污水在塞纳河下游污水处理厂处理，平均进水量为 1210000 m³/d。污水处理厂将进水分别引入两个工艺过程，1010000 m³/d 的污水用传统工艺处理，200000 m³/d 的污水用 MBR 工艺处理。就 MBR 工艺而言，在初沉池之后，进水通过孔径为 1 μm 的筛网。活性污泥池分为 2 条通道和 6 个池子，总池体积为 118000 m³。污水处理厂采用 GE 泽农的 ZeeWeed™500 d 增强型中空纤维膜，膜组件采用浸没式垂直安装的方式。每道有 14 个空间或者区域。每个区域装有 11 个膜箱。总的有效膜面积为 462000 m²。

7.4.2　布赖特沃特废水处理设施

　　金恩郡布赖特沃特污水处理厂是第四大 MBR 污水处理厂，但是是世界上运行规模最大的 MBR 污水处理厂（其他三大污水处理厂仍在建造中）。该污水处理厂位于美国华盛顿州金恩郡。污水处理厂在 2011 年建造，并投入使用，用于处理市政污水。每日平均出水量为 117000 m³/d，PDF 为 170000 m³/d。采用 GE 泽农提供的 ZeeWeed™ 500 d 增强型中空纤维膜，膜组件为浸没式垂直安装（图 7.20）。

图 7.20　布赖特沃特污水处理厂

　　该污水处理厂采用通用电气水处理技术公司建造，施工完成后，所有权移交给了金恩郡污水处理部门。金恩郡污水处理部门为华盛顿州西雅图地区约 140 万人提供服务。由于该区域人口规模持续扩大，建造布赖特沃特污水处理厂就显得尤为必要。

　　由于布赖特沃特污水处理厂处理之后的水排放到皮吉特湾，对海洋环境的保护成为该污水处理厂选择水处理工艺的重要因素。此外，金恩郡还考虑生产再生水，允许处理之后的污水用于非饮用水用途，比如景观、农业灌溉、加热和冷却以及工业领域。从水处理设施产生的出水比传统活性污泥法的出水清澈 7～10 倍。

采购过程包括对两家 MBR 供应商的投标进行评估，最终选择了 GE 水处理和工艺技术提供的 ZeeWeed MBR 技术。2005 年，布赖特沃特污水处理厂被授予世界上最大的 MBR 污水处理厂，自从其调试运行后，也成为北美最大的 MBR 运行污水处理系统。

布赖特沃特污水处理厂处理工艺，从初步处理开始，包括粗筛网和沉砂池。在初步澄清后，污水经过细格栅进入 MBR 膜池。生物处理工艺包括好氧区和厌氧区，这样有助于提高污水中氮的去除效率，降低曝气量，改善系统的碱度。MBR 污水处理厂采用 ZeeWeed 中空纤维膜，能够进行高效的固液分离，几乎过滤掉所有的固体颗粒和甚至细菌。该设施包含 10 个廊道，但最初只有 8 个廊道安装膜组件，每个廊道装有 20 个膜箱就能满足现在流量需求。

ZeeWeed 膜组件的模块化特性允许对未来流量变化而扩大规模；2 个廊道将在 5 年内安装膜箱，满足未来处理规模扩大的需求。在膜过滤的下游，对处理过的水进行消毒。

布赖特沃特污水处理厂针对大流量进水采取了新型处理方法。当流量超过 MBR 处理能力时，就会分别流入传统初沉池和 MBR 系统。峰值流量超过 MBR 处理能力时就开始分流，简单地进行化学强化初级澄清，再与 MBR 出水混合。这一方法的选择是为了在峰值流量进入污水处理厂时最经济有效地满足二次处理要求。

在这个项目的采购过程中，有趣的事情是金恩郡联合布赖特沃特污水处理厂和卡纳欣镇污水处理厂一起交付使用。MBR 技术也作为卡纳欣镇污水处理厂的选择工艺，因为这一污水处理厂生产 A 级再生水用于补充附近湿地。这一小型污水处理厂作为大型布赖特沃特处理厂的培训和试验基地。卡纳欣镇污水处理厂有一个平均设计流量为 0.39 MGD，并使用和布赖特沃特污水处理厂同样的 ZeeWeed 膜产品。卡纳欣镇污水处理厂在 2008 年 5 月开始运行，几个月之后，被水再利用协会授予"年度小型项目"奖。

7.4.3 黄河水回收设施

黄河水回收设施是世界上第 11 大 MBR 水处理厂和第 5 大运行 MBR 水处理厂。该水处理厂位于美国佐治亚州利尔本。该污水处理厂在 2011 年安装并试运行，用于处理市政污水。每日平均流量为 69000 m^3/d，PDF 为 111000 m^3/d。采用由 GE 泽农性能提供的 ZeeWeed™ 500 d 膜和膜组件。污水处理厂由西图公司建造，建造完成后，所有权移交给格威纳特县。现场设施如图 7.21 所示。

7.4.4 戛纳阿夸维瓦废水处理设施

戛纳阿夸维瓦废水处理厂是世界上第 13 大 MBR 污水处理厂和第 7 大正在运行的 MBR 污水处理厂。该污水处理厂位于法国戛纳。该污水处理厂在 2012 年建造并试运行，用于处理市政污水。每日平均流量为 59000 m^3/d，PDF 为 106000 m^3/d。采用 ZeeWeed™ 500 d 膜和膜组件。该污水处理厂由法国得利满建造，建造后所有权移交给戛纳市。该污水处理厂的航拍照片和控制楼的照片如图 7.22 所示。

图 7.21　黄河水回收设施

7.4.5　釜山水营污水处理厂

釜山水营污水处理厂是韩国最大的 MBR 污水处理厂，采用完全地下式结构，采用 ZeeWeed MBR 组件设计，处理规模达 102000 m³/d，地上为住宅公园。该污水处理厂位于韩国釜山，是世界上第 14 大 MBR 污水处理厂和第 8 大运行的 MBR 污水处理厂。于 2012 年完成建造，用于处理市政污水。其每日平均出水流量为 59000 m^3/d，PDF 为 106000 m^3/d。采用 ZeeWeed™ 500 d 膜和膜组件。由 GS 工程公司建设，建成后移交给釜山市委员会。图 7.23 为现场和地上建筑的照片。

图 7.22　戛纳阿夸维瓦废水处理厂

图 7.23　釜山水营污水处理厂

作为韩国第二大城市，釜山拥有 350 多万人口。当该市决定更换老化的水营传统污水处理厂时，它面临包括污水处理排放标准严格和建设用地面积有限在内的一系列挑战。釜山水营污水处理厂的照片如图 7.23 所示。

该系统采用通用电气 ZeeWeed MBR 技术，包括 5760 个膜组件，有效膜面积为 31.6 m²，以及 120 个膜箱，每个膜箱有 48 个膜组件。每个膜道有 10 个膜箱，总共有 12 个膜道。系统无需二沉池和深度过滤，与传统水处理方法相比，占地面积少，降低了建设费用。

MBR 过程出水水质为 7 mg/L 的生物需氧量（BOD），40 mg/L 化学需氧量（COD）、20 mg/L 总悬浮物浓度（SS）、20 mg/L 总氮（TN）以及 2 mg/L 总磷（TP），达到了城市出水水质的严格要求。出水直接流入韩国久负盛名的海滨水营河。

系统有两级格栅过滤。进水首先通过 6 mm 的细格栅进入初沉池，然后通过 1 mm 的筛网。每个格栅的线性速度分别为 0.5 m/s 和 0.25 m/s。生物反应器采用典型的 A²O 工艺。反应器有厌氧池、缺氧罐和曝气池，膜池与曝气池隔离。除此之外，反冲洗池和化学清洗池安装在膜池附近。

膜元件运行条件为出水 12 min，反冲洗 0.5 min。反冲洗通量为出水通量的 1.5 倍。在运行过程中，需要额外的清洗过程。在膜箱底部提供间歇的循环曝气，开 10 s，停 30 s。当原水流量超过 PDF 时，曝气周期变为开 10 s，停 10 s，以降低膜的运行负荷。SAD$_m$ 为 0.54 N·m³/m³·h。200 mg/L 的次氯酸钠（每半周），1000 mg/L 的柠檬酸（每一周）进行反冲洗，对膜组件进行维护性清洗。当跨膜压差达到膜运行的极限条件或者间隔 6 个月的运行周期，采用 1000 mg/L 的次氯酸钠和 2000 mg/L 的柠檬酸（每一周）进行一次恢复性清洗。在恢复清洗阶段，将膜组件浸没在干净的溶液中曝气 6 h。

7.4.6 克利夫兰湾污水处理厂

克利夫兰湾污水处理厂是世界上第 23 大 MBR 污水处理厂，也是第 15 大正在运行的 MBR 污水处理厂。该污水处理厂坐落于澳大利亚昆士兰州汤斯维尔的克利夫兰湾，工厂于 2008 年建造并运行。平均日出水量为 29000 m³/d，PDF 为 75000 m³/d。采用 ZeeWeed™ 500 d 型膜和膜组件。该污水处理厂将二沉池改造后替换 ZeeWeed 膜组件以增加处理量，并满足大堡礁地区严格的出水水质要求。现场的航拍照片，如图 7.24 所示。

和澳大利亚其他地方一样，克利夫兰湾地区也面临严重的干旱问题。除了用水限制外，环境保护机构在大堡礁地区已实施更严格的许可协议。特别是对出水氮磷的限制。

汤斯维尔议会不得不采用先进技术重建克利夫兰湾污水处理厂。由于这一技术占地面积小，MBR 选用通用电气水处理技术公司提供的中空纤维超滤。该工艺采用由二沉池改

图 7.24　克利夫兰湾污水处理厂（一）

图 7.24　克利夫兰湾污水处理厂（二）

造的两组 MBR 膜道。采用新颖的圆形设计，膜池置于中心，外围是氧化沟形式。该污水处理厂通常每日产生 23 万 L 的出水，旱季每日产生 29 万 L 的出水。在雨季峰值设计流量达到 145 万 L/d，其中的 75 万 L 由二级处理和膜系统处理。

　　该污水处理厂经过 18 月的时间完成重建，已经成为南半球最大的 MBR 污水处理厂。每年避免了 140 m^3 的有机物排放到自然环境中，其中磷的量由每年的 43 m^3 降低到 8 m^3。排入环境中的水由于水质的改善，降低了对当地海洋生物的影响。随着克利夫兰湾生物的快速增加，当地委员会也在重拾对处理之后的水再利用的计划。处理之后的水可以供给市政和商业进行循环利用，这才是值得注意的地方。

7.5　工业污水处理案例分析

7.5.1　美国百信食品马铃薯加工厂

　　美国百信食品（BAF）马铃薯加工厂使用通用电气 ZeeWeed MBR 技术处理生产线排放的污水已经有 12 年的历史。这家加工厂坐落于美国爱达荷州布莱克富特，于 2002 年完成建造并运行，平均每日出水流量为 4900 m^3/d，采用 ZeeWeed™ 500 d 膜和膜组件。该污水处理厂隶属美国百信食品（BAF）。该污水处理厂如图 7.25 所示。

　　百信食品（BAF）总部在爱达荷州，是美国一家领先的马铃薯制造商。主要马铃薯加工厂成立于 20 世纪 50 年代，至今仍是最大的生产厂。该厂产生的污水含有高浓度的氮，因此，百信食品（BAF）采用先进的水处理技术用来处理难以处理的污水。先前水处理工艺包括澄清和土地灌溉。尽管普遍认为厌氧处理技术更适合马铃薯加工工艺，但厌氧不能去除污水中的氨氮。

图 7.25　百信食品（BAF）马铃薯加工厂污水处理设施

百信食品（BAF）需要一个无故障的系统来将污水处理到较高的标准，可以达到安全排放到自然环境的要求。

在考虑一系列选择之后，百信食品（BAF）选择了通用电气提供的 ZeeWeed MBR 系统。利用通用电气的设计和建造能力，仅在 7 个月内就完成了 4920 m³/d 的处理厂的建设和调试。

进水首先被送入初沉池。从沉淀池出来的水进入 4542 m³ 的缺氧池，然后进入 3028 m³ 好氧生物反应器。为了完成硝化反应，混合液以高的循环比从好氧池循环到缺氧池。为了达到最好的出水水质，混合液从三个好氧池进入三个分隔的膜池。为了避免悬浮物在三个膜池中积累，一部分循环流又回到好氧池。ZeeWeed 膜箱直接浸没在膜池中，总的抽吸压力为 −6.9～−55 kPa。处理之后的水从中空纤维内部汇集到主要的排水管道，然后安全排放到环境中。

7.5.2　菲多利工艺水回收处理厂

菲多利工艺水回收处理厂是一家屡获殊荣的工厂，使用 ZeeWeed MBR 技术回收食品加工用水。该污水处理厂坐落于美国亚利桑那州卡萨格兰德市，于 2010 年完成建造和调试。每日平均出水量为 2400 m³/d，采用 ZeeWeed™ 500 d 型膜和膜组件。该污水处理厂隶属于菲多利（图 7.26）。

亚利桑那州卡萨格兰德市的菲多利休闲食品加工厂是一家有远大目标的旗舰工厂项目：几乎整个工厂都使用可再生能源和循环水，只有小于 1％的水用于绿化。这一项目的关键组件是一种新型的 PWRTP，减少了污水处理厂用于绿化的水量，并为 5 MW 光伏太阳能系统提供空间和生物质锅炉系统，为这个项目的运行提供所需的蒸汽和电力。

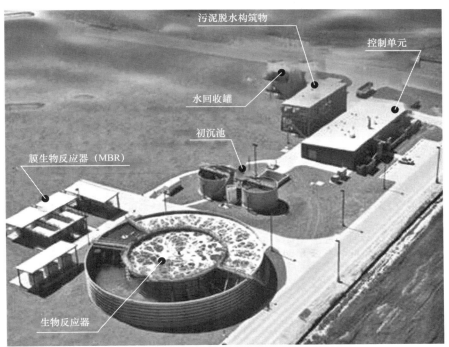

图 7.26 菲多利水回收处理厂

按照清洁发展机制设计并建造了处理量为 2650 m^3/d 的水回收和再循环设施，用于回收和再利用超过 75％ 的工艺用水。通用电气先进的膜技术达到了美国环保署一级和二级饮用水标准，回用系统净化和再利用大多数生产过程的污水用于其他清洗和生产需求。紧凑的设备大大降低了污水处理厂的排放水量，减少了目前绿化用水。

有赖于 MBR 工艺过程创新的设计，节省了用水量、减少了能耗并降低了污染物浓度，减少了菲多利加工厂设备运行对环境的压力。

2010 年，通用电气和菲多利收到了国际水务情报局对卡萨格兰德设施授予的年度环保贡献奖。

7.5.3 凯恩食品污水处理厂

凯恩食品污水处理厂位于英国伍斯特郡。该污水处理厂于 2001 年完成建造并调试，平均日出水量为 2400 m³/d，采用由安科碧公司提供的 AMBRLE 系统，该系统采用压力驱动型管式膜和膜组件。该污水处理厂所有权为凯恩食品所有。

该污水处理厂采用安科碧公司"AMBR"技术，是一个外置式 MBR 处理食品废水的例子，80%的水循环流量于 2001 年完成并调试运行。

工艺处理方案包括上游格栅、调节池、溶气气浮工艺（以去除细小蔬菜颗粒）、MBR 工艺和下游的反渗透处理，随后是消毒。出水与主要的工艺用水混合在工厂内使用。MBR 由两个 250 m³ 的生物反应池和四组错流式膜组件组成。最大的悬浮物浓度（MLSS）为 20 g/L，但反应器一般在 10 g/L 左右运行，导致有机负荷率（F/M）在 0.13 kg COD/kg MLSS d 左右。

当污泥龄超过 100 d 时，每去除 1 kg COD 计算出来的污泥产量在 0.14 kg 干污泥。每个膜堆由四个直径为 200 mmNorit MT 型超滤膜组成。膜组件在标准化到 25 ℃下后，平均通量为 153 LMH 运行。出水的 TSS、BOD 和 COD 分别为 4 mg/L、7 mg/L 和 16 mg/L。超滤出水经过两段反渗透，总的回收率达到 75%～80%。浓水排入下水道，出水电导一般值为 40～100 μS/cm，经过 UV 消毒单元，回到用户的供水水箱。

该污水处理厂由生物处理和膜分离性能相互配合，最终高品质的水得到回用。有一个膜堆作为备用，给工艺操作更大的富余量同时降低能耗，使得大多数时候膜的性能优于设计值。通过对工艺的检测，偶尔微生物活性不好时，降低运行通量。

7.5.4 辉瑞废水处理厂

辉瑞（Pfizer）废水处理厂位于爱尔兰，于 2001 年完成建造并调试运行。平均日出水量为 1500 m³/d，采用 ZeeWeed™ 500 d 膜和膜组件。该污水厂所有权属辉瑞所有。

制药废水使用传统物理/化学法很难处理。高浓度 COD、流量变化大和冲击负荷高这些因素限制了传统工艺的使用。物理/化学方法是处理制药废水的常用方法，然而，由于污泥产量高和溶解性 COD 的去除率低限制了该方法的使用。

生物曝气处理系统使用相对广泛，但在最后澄清步骤收效甚微。澄清池易出现污泥膨胀现象，经常产生各种溶解性固体，这也造成细菌絮体形成的不稳定性，在最后出水时导致微生物的流失。这样系统操作变量需要根据每日化学试剂的添加量调整，甚至随着进水流量每小时的波动而改变。

7.5.5 塔内克炼油厂污水处理厂

塔内克炼油厂污水处理厂位于俄罗斯鞑靼斯坦的下卡姆斯克，该污水处理厂于 2012 年完成建造并调试运行。平均日出水量为 17000 m³/d，采用 ZeeWeed™ 500 d 膜和膜组件。该污水处理厂由通用电气公司建造，建设之后所有权移交塔内克股份公司。现场航拍照片如图 7.27 所示。

图 7.27　塔内克炼油厂

7.5.6　浙江制药厂污水处理厂

浙江制药厂污水处理厂位于中国浙江省，于 2011 年完成建造并调试运行。平均日出水量为 400 m^3/d。采用上海蓝景膜技术工程有限公司提供的垂直安装的浸没式平板膜和膜组件。该污水处理厂由上海蓝景膜技术工程有限公司建造，之后所有权移交浙江制药厂。该设施的照片如图 7.28 所示。

图 7.28　浙江制药厂污水处理厂

经过几个月的现场试验来选择净化复杂工业废水混合液的最优工艺，对新项目进行设计。设计过程包括一级处理采用瓦洛萨比奥 UASB（上流式厌氧污泥床）PRO 技术，在预制的混凝土罐中做厌氧处理工艺和二级处理也是采用瓦洛萨比奥的 JET-LOOP SYSTEM 加 MBR 技术。

在基于生物工艺的二级处理（JET-LOOP SYSTEM＋MBR）的同时，还安装了一个化学与物理装置，以絮凝作用去除进水中难降解物质。

UASB-PRO 于 2011 年完成建造，并运行至今。这一强化工艺解决了原有大型 UASB 布水不平衡，在生物反应器内部容易形成短流，以及难以按照设计的模样保持污水上流状态的问题。

UASB-PRO 的运行甚至对进水中生物难降解有机物去除率超过 80％，有效降低了 COD 负荷。这个过程也产生了一定体积的生物气，这样就降低了运行费用，生物气燃烧可以产生一定的电能和热水。

JET-LOOP SYSTEM＋ MBR 工艺，与先前传统活性污泥法相比，水力停留时间（HRT）较短（少于 25％），并生产出非常高质量的出水。出水水质完全达到权威部门法定的标准。

>>> **参考文献**

Judd, C. (2014) The largest MBR plants worldwide?, http://www.thembrsite.com/about-mbrs/largest-mbr-plants.

van der Roest, H. F., Lawrence, D. P., and van Bentem, A. G. N. (2002) Membrane Bioreactors for Municipal Wastewater Treatment, IWA Publishing, London, U. K.